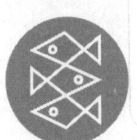

Das physikalische Phänomen des Quantensprungs hat schon einige namhafte Physiker an den Rand der Verzweiflung gebracht. Denn nichts scheint so unlogisch, unbestimmt und unvorhersehbar zu sein wie das Verhalten der Atome, die letztlich unsere Welt bilden. Der renommierte Wissenschaftshistoriker Ernst Peter Fischer erzählt die faszinierende Geschichte der Quantenphysik. Auf jeder Stufe seiner Hintertreppe stellt er kurz und prägnant einen großen Denker vor, der wegweisende Erkenntnisse zur Quantenphysik zutage gefördert hat – von Max Planck über Werner Heisenberg und Richard P. Feynman bis zu Anton Zeilinger.

Ernst Peter Fischer, Physiker und Biologe und einer der bekanntesten Naturwissenschaftler Deutschlands, unterrichtet Wissenschaftsgeschichte an der Universität Heidelberg. Er ist Autor zahlreicher Sachbücher, u. a. des Bestsellers »Die andere Bildung«.

Weitere Informationen, auch zu E-Book-Ausgaben, finden Sie bei www.fischerverlage.de

Ernst Peter Fischer

Die Hintertreppe zum Quantensprung

Die Erforschung der kleinsten Teilchen
von Max Planck bis Anton Zeilinger

Fischer Taschenbuch Verlag

*Für Manfred und Andrea,
die liebenswerten Freunde,
in herzlicher Verbundenheit
und mit tiefem Dank.*

2. Auflage: März 2013

Veröffentlicht im Fischer Taschenbuch Verlag,
einem Unternehmen der S. Fischer Verlag GmbH,
Frankfurt am Main, September 2012

Mit freundlicher Genehmigung der
Herbig Verlagsbuchhandlung GmbH, München
© 2010 F. A. Herbig Verlagsbuchhandlung GmbH, München
Druck und Bindung: CPI – Clausen & Bosse, Leck
Printed in Germany
ISBN 978-3-596-19406-3

Inhalt

Die alten Quantensprünge 7

Acht Pioniere 15
   Max Planck (1858–1947) 15
   Arnold Sommerfeld (1868–1951) 31
   Ernest Rutherford (1871–1937) 44
   Lise Meitner (1878–1968). 53
   Albert Einstein (1879–1955) 68
   James Franck (1882–1964) 86
   Max Born (1882–1970) 94
   Niels Bohr (1885–1962) 106

Acht Revolutionäre. 133
   Erwin Schrödinger (1887–1961) 133
   Louis de Broglie (1892–1987) 146
   Wolfgang Pauli (1900–1958). 154
   Werner Heisenberg (1901–1976). 171
   Enrico Fermi (1901–1954) 188
   Paul A. M. Dirac (1902–1984) 199
   George Gamow (1904–1968) 209
   Lew D. Landau (1908–1968) 221

Acht Erben. 233
   John Bardeen (1908–1991) 233
   John A. Wheeler (1911–2008). 247
   Carl Friedrich von Weizsäcker (1912–2007) 259
   David Bohm (1917–1992). 271

Richard P. Feynman (1918–1988) 281
John S. Bell (1928–1990) 294
Murray Gell-Mann (*1929) 308
Anton Zeilinger (*1945) 322

Die kommenden Quantensprünge 335

Literatur 339
Dank 343
Register 345

Die alten Quantensprünge

Quantensprünge kennt inzwischen jeder. Gemeint ist das Wort. Denn wer Unternehmern, Managern, Politikern oder anderen Festrednern zuhört, kann darauf wetten, dass es nicht lange dauert, bis in den jeweiligen Reden angekündigt oder gar versprochen wird, dass demnächst Quantensprünge in der Entwicklung eintreten würden. Damit sind plötzlich in Erscheinung tretende und außerordentliche Dimensionen annehmende Fortschritte sowie damit verbundene Gewinne gemeint, die dem Wohle des Volkes oder zumindest dem der Aktionäre dienen und mit deren Hilfe die Redner hoffen, die Zukunft meistern oder gestalten zu können.

Der doppelte Unsinn

Quantensprünge erfreuen sich also großer Beliebtheit, und niemand bemerkt, dass bei dieser fröhlichen Beschwörung einer wissenschaftlichen Idee und ihrer Einbettung in den sozialen Alltag das tatsächlich damit Gemeinte in doppelter Hinsicht auf den Kopf gestellt und also ziemlich unsinnig wird.

Zum einen bezeichnet die Physik, der wir das Konzept eines Quantensprungs verdanken, mit diesem Ausdruck und der entsprechenden Tatsache die allerkleinste Veränderung, die einem gegebenen Etwas – einem Atom oder einem Molekül – passieren kann, und wenn die damit verbundene Bewegung einsetzt, geht es gewöhnlich bergab, also nach unten. Ein Atom etwa, das einen Quantensprung ausführt, landet dabei zumeist in seinem Grundzustand, wie die Wissenschaft es nennt, und in dieser Position möchte es dann so lange wie möglich untätig verweilen. Ein Quantensprung bewirkt also etwas, das die erwähnten Manager und Politiker für das von ihnen Verantwortete unter allen Umständen vermeiden möchten. Und das macht die Frage unvermeidlich: Warum reden sie überhaupt von Quantensprüngen? Für außenstehende Laien gilt auf jeden Fall die Regel: Wenn sie demnächst hören, dass Wirtschaftsbosse oder führende Politikerinnen, die etwas von Physik verstehen, Quantensprünge für ein Unternehmen oder die allgemeine Lage ankündigen, und wenn sie das Gesagte ernst nehmen, dann sollten sofort alle relevanten Aktien auf den Markt geworfen bzw. eine andere Partei gewählt werden.

Während diese erste öffentliche Verdrehung einer wissenschaftlichen Einsicht inzwischen vielen auffällt, bleibt die zweite bislang noch unbemerkt. Da sie aber tiefer geht, sollte sie von allen sorgfältig bedacht werden, die sich seriös darauf einlassen wollen, die physikalische Wirklichkeit, so wie sie sich nach der Entdeckung der Quantensprünge und mit deren Hilfe darstellt, zu verstehen. Denn im Gegensatz zu den publikumswirksamen Beschwörern von (fantasierten und zugleich fantastischen) Quantensprüngen – meist begrüßen und bejubeln sie die dazugehörigen Veränderungen freudig und können eigentlich gar nicht genug von ihnen bekommen – zeigten sich die wissenschaftlichen Entdecker des ruckhaften und unsteten Verhaltens der Natur erst erstaunt und dann schockiert. Sie reagierten entsetzt, verzweifelt, erschrocken und verwirrt, wie ihren Biografien zu entnehmen ist, und sie litten unter ihren eigenen Befunden. Einige Physiker fühlten sich von der Quantenhopserei gar angewidert und angeekelt, und viele von ihnen hatten nur eines im Sinn, nämlich die unstetigen Elemente unter allen Umständen und so schnell wie möglich wieder loszuwerden. Paradox formuliert: Sie verstanden die Welt nicht mehr, obwohl sie sie gerade verstanden hatten (wie wir heute wissen und sagen können). Einer von ihnen, der Däne Niels Bohr, meinte, wer bei der Physik der Quantensprünge nicht verrückt werde, der habe sie überhaupt nicht begriffen, und seine jüngeren Kollegen zitierten als wiederkehrenden Orgelton den Satz, den Shakespeare seinem Hamlet in den Mund legt: »Ist dies schon Wahnsinn, so hat es doch Methode.« Wir werden diesem Hamlet-Prinzip des wissenschaftlichen Fortschritts noch häufiger im Buch begegnen. Das Besondere an ihm ist, dass es nahezu nichts mit der fiktiven Logik der Forschung zu tun hat, an der viele Wissenschaftstheoretiker bis heute festhalten.

Tatsächlich und zu unserem Glück kennt die Forschung Methoden und hält sich auch an diese, um nachvollziehbar argumentieren zu können. Gerade deshalb bedurfte es eines Akts der Verzweiflung, um die Quantensprünge überhaupt einzuführen, und es war der zwar große, aber stets bescheiden bleibende Max Planck, der ihn ziemlich pünktlich zum Beginn des 20. Jahrhunderts vollziehen konnte bzw. musste. Wenn ihn damals jemand gefragt hätte, ob ihm seine Theorie gefalle, hätte er sicher mit Nein geantwortet und hinzufügen können, »aber einer musste sie aufstellen«.

Planck wurde unfreiwillig auf den Weg zum Quantensprung geführt, als er versuchte, mit einem scheinbar schlichten Problem seiner Wissenschaft, der Physik, fertig zu werden. Es ging ihm um das Licht, das ein (möglichst schwarzer) Körper allein deshalb aussendet, weil ihm Wärme zugeführt wird. Ein Stück Eisen etwa, das in einem Ofen erhitzt wird, glüht erst rot, dann gelb und weiß, bevor es schmilzt, und die Aufgabe, die sich Planck gestellt hatte, klang harmlos genug. Er wollte herausfinden, wie die Farbe von der Temperatur abhängt – und vielleicht auch ableiten, welche Intensität das dazugehörige Licht aufweist. Er hoffte, dabei einen allgemeinen, universalen Zusammenhang zwischen dem Licht (genauer: seiner Farbe) und der Wärme entdecken zu können.

Nach langen und vergeblichen Mühen stellte Planck fest, dass er auf diese Fragestellung nur dann eine quantitativ zutreffende Antwort geben konnte, die mit den immer genauer werdenden Messungen vieler Physiker übereinstimmte und somit den Tatsachen bzw. den Phänomenen gerecht wurde, wenn er Folgendes annahm: Ein schwarzer Körper sendet dadurch Licht aus, dass seine Atome Quantensprünge ausführen. In diesem Fall kann das Licht in Form von unstetigen – manchmal sagt man auch diskontinuierlichen oder diskreten – Einheiten in Erscheinung treten, deren Existenz von den Messungen nahegelegt wurde. Diese für sich in Erscheinung tretenden und isoliert wirkenden Einheiten kann man als Lichtatome bezeichnen und sich als eigenständige Pakete vorstellen. Planck bezeichnete sie in seiner Fachsprache als Quanten, weil er noch Lateinisch konnte. Eine »quantitas« bezeichnet folglich eine Menge, für die man auch »quantus« sagen kann, woraus dann das Wort »quantum« entsteht, das ausdrückt, wie viel in einer Menge ist, wie viele Quanten also im Licht zu finden sind.

Ihre Quanten wirken und entstehen, wenn Atome von einem Zustand in einen anderen wechseln, was nur geht, wenn sie plötzlich springen. Bei diesen Quantensprüngen geben sie Energie ab, nämlich in Form von Licht, und genau dies konnte Planck berechnen, und zwar mit höchster Präzision. Wie sich zeigte, erklärte sich so die Intensität des Lichts und seiner Farben, die man seit dem 19. Jahrhundert mit großem Aufwand vermessen hatte, ohne bislang in der

Lage zu sein, sie zufriedenstellend deuten zu können. Jetzt endlich war Planck dem bunten Leuchten der schwarzen Körper mit den geheimnisvollen Quantensprüngen auf die Spur gekommen, und dafür hat man ihn 1918 mit dem Nobelpreis für sein Fach ausgezeichnet.

Die Löcher in der Welt

Atome also können springen und dabei leuchten. Wenn man das so unvermittelt hört, versteht man nicht, was daran bemerkenswert oder gar schockierend sein soll. Viele Dinge können springen oder hüpfen: Mücken im Gras, Menschen in die Luft und über einen Graben, Schachfiguren auf ein anderes Feld und vieles mehr. Warum regt man sich dann über die Sprünge von Atomen auf? Die Antwort steckt in dem, was bei der diskreten Bewegung selbst zwischen den Zuständen passiert, zwischen denen gewechselt wird.

Ein Kind, das von einer Mauer auf eine Wiese hüpft, befindet sich zwischendurch im freien Fall, und zwar für alle sichtbar. In jedem Augenblick lässt sich erkennen, wo und wie sich das Kind befindet, und diese Tatsache drückt man durch das Wort »stetig« aus. Das Kind ändert seine Position beim Sprung von der Mauer somit ständig und stetig (und zwar schön nach der Gesetzen der Physik). Wenn man eine Zeichnung von dem Aufenthaltsort des Kindes während des Sprungs machen würde, bräuchte man den Bleistift nicht abzusetzen und könnte eine durchgehende Linie zu Papier bringen.

Genau das geht bei Atomen nicht mehr, die bekanntlich aus einem Kern bestehen, den Elektronen wolkenartig umhüllen. Wenn Atome Quantensprünge ausführen, bewegen sich zunächst deren Elektronen. Diese nehmen Energie auf

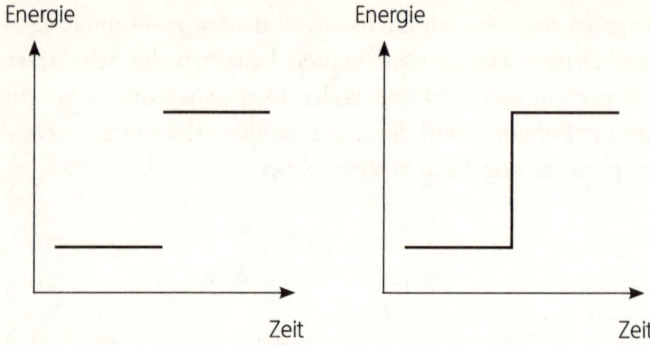

Bei einem Quantensprung muss man den Stift absetzen, wenn man ihn zeichnen will (links). Klassische Sprünge kann man als Strich zeichnen (rechts).

oder geben sie ab, und zwar unstetig. Das heißt: Wenn diese elementaren Bausteine »schwuppdiwupp und mit Elan auf die nächste Quantenbahn« hopsen, dann wissen wir nur, wo sie sich vor dem Absprung befanden und wo sie nach der Landung angekommen sind. Ihr Springen selbst jedoch scheint es nicht zu geben. Atome bzw. ihre Elektronen können sich zwar in verschiedenen und getrennten Zuständen befinden, aber zwischen diesen Wirklichkeiten gibt es keine weitere Möglichkeit. Da klafft eine Lücke in der Natur, und die bleibt immer leer. Es gibt für Atome kein Dazwischen. Die Natur gesteht ihnen keinen kontinuierlichen Wandel – dadurch bedingt, dass sie *durchgängig* existieren – zu, und bei diesem Verbot bleibt sie unerbittlich. Sie verhält sich so aus gutem Grund, wie wir später noch sehen werden.

Anschaulich formuliert: Wer den Aufenthaltsort von atomaren Bausteinen zeichnen möchte, wenn sie einen Quantensprung ausführen, muss den Bleistift absetzen und eine durchbrochene – diskrete, lückenhafte, unstetige – Linie zu Papier bringen. Zwischen dem Ausgangspunkt und dem

Endpunkt von Quantensprüngen klaffen Leerstellen, und es waren diese Löcher, deren Existenz Planck und seine Kollegen bis ins Mark erschüttert und erschrocken hat. Mit ihrem Vorhandensein konnte doch der schöne und beruhigende Satz nicht mehr stimmen, mit dem der Philosoph Leibniz rund zweihundert Jahre zuvor die ideale Überzeugung aller Forscher seit der Antike ausgesprochen und zusammengefasst hatte, als er – in lateinischer Sprache, wie es sich damals gehörte – festlegte, dass die Natur keine Sprünge macht: »Natura non facit saltus«. Und niemand hat vor Planck auch nur einen Moment an die Möglichkeit gedacht, dass an dieser Stelle eine andere Ansicht zutreffen und Vorrang haben könnte.

Ein Ganzes ohne Teile

Heute wissen wir: Die Natur macht die Sprünge aber doch, und das Merkwürdige ist, dass wir ihr dafür dankbar sein sollten, ebenso wie den mutigen Forschern, die das Unstete der Natur entdeckt und erschlossen haben. Wie nämlich der Verlauf der Geschichte zutage gebracht hat und wie in diesem Buch erzählt wird, zeigen die kleinen Quantensprünge eine wahrlich große Wirkung mit enormer Bedeutung. So paradox es auch klingen mag, es sind gerade die sich als Quantensprünge bemerkbar machenden Löcher der Wirklichkeit, die dafür sorgen, dass die Welt erstens stabil bleibt und zweitens ein Ganzes ist, zu dem wir selbst auch gehören. Wir können beide Behauptungen beweisen bzw. verstehen und wollen dies in diesem Buch Schritt für Schritt – von einer Stufe der Hintertreppe zur nächsten – unternehmen.

Mit den Quantensprüngen erweist sich die uns zugängliche Welt als eine Einheit, die gar nicht aus den Teilen besteht, obwohl wir dauernd von diesen reden. Das heißt, natürlich lassen sich da draußen Einzelteile identifizieren – Atome, Elektronen, Moleküle und viele andere –, und wir können ihnen passende Namen geben und uns damit über sie verständigen. Aber wenn wir diese Benennungen aussprechen, dürfen wir nicht denken, dass wir die dabei sprachlich anvisierten Dinge faktisch vom Rest der Welt getrennt haben. Ein Elektron gehört stets in einen Zusammenhang, und selbst das Wort »Elektron« gehört in einen Kontext und bekommt nur da seine Bedeutung. Das bleibt auch dann so, wenn ich die unvermeidliche Einbettung nicht direkt anspreche, wenn sie ausgeblendet oder übergangen wird, was deshalb leicht passiert, weil uns die Sprache dazu verführt. Mit ihren isoliert stehenden oder getrennt aussprechbaren Wörtern entsteht der Eindruck, dass sich die bezeichneten Teile ebenso separiert betrachten lassen wie Wörter. Doch das geht nicht und bringt nichts, wie uns die Quantensprünge verdeutlichen, die zwar selbst nichts zu sein scheinen, dafür aber alles in Beziehung setzen und zusammenhalten.

Die Welt und jedes Ich – beide gehören zusammen und bleiben untrennbar. Die Quantensprünge zeigen es, wenn wir uns auf sie einlassen. Und wir können dies beruhigt tun. Der ursprüngliche Schrecken der Entdecker ist längst einem staunenden Stolz der Anwender gewichen. Die folgenden Geschichten wollen helfen, daran teilhaben zu können. Wenn der Aufstieg über die hier angebotene Hintertreppe gelingt, könnte man riskieren, von einem Quantensprung im öffentlichen Verstehen von Wissenschaft zu sprechen – aber nur dann, wenn man weiß, wie anders er in der Wirklichkeit abläuft.

Acht Pioniere

1

Max Planck (1858–1947)

Physiker, Philosoph, Politiker, Prediger

Max Planck gehört zu den Menschen, vor denen man sich verneigen oder zumindest den Hut ziehen sollte. Er war ein aufrechter Mann, dem man nur mit Respekt begegnen kann. Als Physiker war Planck groß, sein Name ist durch das Planck'sche Quantum der Wirkung, das inzwischen als viel zitierter Quantensprung Eingang in die Populärkultur gefunden hat, unsterblich geworden. Sein untadeliger Ruf als vorbildlicher Wissenschaftspolitiker führte dazu, dass 1948 eine Gesellschaft zur Förderung der Wissenschaft nach ihm benannt wurde, die weltweite Anerkennung genießt. Und auch als Philosoph konnte Planck überzeugen, wobei sein Name hier für das stete Bemühen um ein einheitliches wissenschaftliches Weltbild steht, dessen Grenzen ihm so selbstverständlich waren wie die Qualität seiner Wissenschaft von der Natur und ihre Wirklichkeit. In einer Rede als Rektor der Berliner Universität erklärte Planck im Jahre 1913: »Auch für die Physik gilt der Satz, dass man nicht selig wird ohne Glauben, zum mindesten den Glauben an eine gewisse Realität außer uns.«

Lebensstufen

Plancks Leben lässt sich auf mannigfaltige Weise einteilen. Es findet zur einen Hälfte im 19. und zur anderen Hälfte im 20. Jahrhundert statt. Der am 23. April 1858 in Kiel geborene und in München aufgewachsene Planck ist zunächst vor allem mit dem Studium der Physik beschäftigt, obwohl ihm einer seiner Lehrer 1874 den immer wieder zitierten Rat gegeben hat, das Fach zu vermeiden, da »grundsätzlich Neues darin kaum mehr zu leisten sein wird«. Wir wollen an dieser Stelle nicht darüber spekulieren, warum der damals 16-jährige Planck den Rat eines 60-jährigen Professors ausschlägt, doch bemerkenswert ist, dass die Zunft der Wissenschaftstheoretiker an dieser Stelle feige kneift, nach Gründen zu suchen, weil sie ohnehin nicht an der psychischen Beschaffenheit ihrer Helden interessiert ist. Es darf angenommen werden, dass ihm andere (tiefere) Quellen als das rationale Abwägen geholfen haben, sich trotz der Warnung für die Physik zu entscheiden – so jedenfalls deute ich den Mut, den der junge, fast noch knabenhafte Planck zum Beginn seines Studiums zeigt.

Planck schließt seine Studien zügig ab. Im Alter von 21 Jahren promoviert er mit einer Arbeit über die Frage, was neben der Energie noch bestimmt, auf welche Weise physikalische Prozesse ablaufen und welche Richtung sie dabei einschlagen. Zwar beklagt sich Planck, dass niemand seine Doktorarbeit gelesen hat, aber ein Rebell wird er nicht. Schon 1885 übernimmt er eine Professur für Physik in Kiel, bevor die Universität Berlin ihn 1889 in die Hauptstadt ruft. Hier in Berlin wird er lange bleiben und Karriere machen, erst als Physiker und dann als Organisator der Wissenschaft. Berühmt werden seine *Vorlesungen zur Thermodynamik*, die 1897 erscheinen und viele Auflagen erleben.

Berühmt wird auch Plancks *Einführung in die Theoretische Physik*, die zwischen 1916 und 1930 in fünf Bänden herauskommt und das Ende seiner wissenschaftlichen Tätigkeit im engeren Sinne andeutet, für die er vielfach ausgezeichnet worden ist. 1918 erhält Planck den Nobelpreis für Physik, und zehn Jahre später – zu seinem 70. Geburtstag – stiftet die deutsche Wissenschaft die Max-Planck-Medaille, die er selbst als Erster entgegennehmen darf – und zwar aus den Händen von Albert Einstein, der dann als Zweiter durch den Namensgeber selbst ausgezeichnet wird.

In den folgenden Jahren publiziert Planck mehr philosophisch orientierte Texte wie die *Wege zur physikalischen Erkenntnis* und engagiert sich immer stärker als Wissenschaftspolitiker. Seit 1912 schon fungierte er als ständiger Sekretär der Preußischen Akademie der Wissenschaften, und 1930 wird er im eigentlich schon hohen Alter von 72 Jahren Präsident der Kaiser-Wilhelm-Gesellschaft, die 1948 – ein Jahr nach Plancks Tod am 10. April 1947 in Göttingen – einen neuen Namen bekommen wird, nämlich seinen.

Tiefe Überzeugung und tiefes Leid

Planck verstand Physik als »Suche nach dem Absoluten«, und er glaubte fest und voller Vertrauen, diese Wissenschaft bringe Gesetze hervor, die unabhängig vom Menschen absolute Gültigkeit besitzen. Als Student nahm er unter dieser Vorgabe das Prinzip von der Erhaltung der Energie »wie eine Heilsbotschaft« in sich auf. Das Bemühen um solche Zusammenhänge erschien ihm als »die schönste wissenschaftliche Aufgabe«, wobei er es als selbstverständlich erachtete, dass man dabei nie an ein Ende kommen würde, war es doch die Sehnsucht nach dem Suchen der natürlichen

Ordnung, »die das schönste Glück des denkenden Menschen bedeutete« und ihm das Bewusstsein verlieh, »das Erforschliche erforscht zu haben und das Unerforschliche ruhig zu verehren«.

Mit diesen Worten zitierte Planck Goethe, dem er sich sowohl gedanklich wie stilistisch verbunden fühlte. Plancks Aufsätze, die sich mit Themen wie *Wissenschaft und Glaube* oder *Kausalität und Willensfreiheit* befassten, machen bis in die Wortwahl hinein das klassische humanistische Erbe deutlich, das er vertreten und verteidigen wollte. Planck reicht auf diese Weise weit in die europäische Geistesgeschichte zurück, aber er dringt mit seinem wissenschaftlichen und persönlichen Leben auch weit mit ihr nach vorne. Dabei soll es zur Tragik seiner Biografie gehören, dass sein Land in Trümmern liegt und die deutsche Kultur umfassend vernichtet ist, als er im Alter von fast 90 Jahren in Göttingen stirbt. Die für den Ruin zuständigen Politiker konnte auch der sonst eher zurückhaltend formulierende Planck nur als »Mörderbande«, »Lumpen« und »infame Dunkelmänner« bezeichnen. Sie hatten ihm noch im Januar 1945 unsägliches Leid zugefügt, als sie seinen Sohn Erwin ermordeten, weil er zu den Widerstandskämpfern um Stauffenberg gehört hatte. Es ging Plancks Sohn darum, Pläne für den Aufbau eines Rechtsstaats auszuarbeiten, der nach der nationalsozialistischen Terrorherrschaft auf deutschem Boden errichtet werden sollte. Mit Erwins Hinrichtung verlor Planck das vierte Kind zu seinen Lebzeiten. Sein erster Sohn war bereits im Ersten Weltkrieg gefallen, und seine geliebten Zwillingstöchter sind beide zwischen 1917 und 1919 im Kindbett gestorben.

Wie hält jemand solch ein Schicksal aus? Wer diese Frage beantworten will, wird bei Planck vor allem den Hinweis geben müssen, dass er seine eigene Person stets hinter übergeordneten Ideen zurücktreten ließ. Für Planck gehörte das, was man oft hochnäsig bis abwertend als preußisches Pflichtgefühl bezeichnet, zu den bürgerlichen Selbstverständlichkeiten, und er bemühte sich darum bis zur Verleugnung der eigenen Person. Weder scheute er in den Jahren nach dem Ersten Weltkrieg den zweistündigen Fußmarsch zur Arbeit, noch zögerte er, bei Dienstreisen die Nacht auf der Bank eines Wartesaals zu verbringen, wenn durch die Inflation das Geld, das ihm zur Verfügung stand, nicht mehr für ein Hotelzimmer reichte. Dass Planck bei Eisenbahnfahrten niemals die erste Klasse benutzte, sondern sich in der damals noch angebotenen dritten Klasse mit den Holzbänken begnügte, sei hier nur am Rande vermerkt.

»In den vierzig Jahren, die ich Planck gekannt habe und in denen er mir allmählich sein Vertrauen und seine Freundschaft geschenkt hat, habe ich immer mit Bewunderung festgestellt, dass er nie etwas getan oder nicht getan hat, weil es ihm selbst nützlich oder schädlich sein könnte.« So hat Lise Meitner diese Qualität ihres Lehrers einmal beschrieben. Dabei stand die Verbindung zwischen beiden zunächst unter einem eher unglücklichen Stern, nachdem Planck sich früh im 20. Jahrhundert skeptisch gegenüber dem Frauenstudium ausgesprochen hatte. Doch 1912 stellte er Lise Meitner als Assistentin ein, weil er begriff, welche schöpferische Kraft in ihr zum Ausdruck kam. Planck half ihr nun, wo er konnte, wie er überhaupt sich für andere einsetzte, wenn er deren Talent erkannt hatte. Dazu gehörte auch Albert Einstein, der bis 1905 als völlig unbekannter Angestellter in Bern auf dem Patentamt arbeitete. Selbst nachdem er seine ersten Arbeiten zur Relativitäts- und Quantentheorie publiziert hatte, blieb Einstein ein obskurer Name im Reich der Physik. Erst Planck hat ihn für die

Wissenschaft entdeckt, und zwar gleich doppelt: Zum einen hat sich Planck – als Freund – bereits 1906 darum bemüht, Einstein nach Berlin zu holen, und zum anderen hat er sich – als Wissenschaftler – gleich an die Arbeit gemacht und versucht, mithilfe von Einsteins Ideen die klassische Physik Newtons relativistisch zu erweitern (wie es in der Fachsprache heißt).

Doch trotz der offenkundigen wissenschaftlichen Beweglichkeit schätzte Einstein seinen frühen Förderer Planck leider als stur ein. Der liberale Einstein verstand Plancks konservative Grundhaltung nicht, die ihm weniger demokratisch und mehr aristokratisch zu sein schien. Tatsächlich stand Planck dem allgemeinen Wahlrecht (das es im Kaiserreich in Deutschland noch nicht gegeben hatte) skeptisch gegenüber, denn er sah nicht, wie ein Volk genügend Kenntnisse und Bildung erwerben konnte, um politische Fragen auf der Basis der Vernunft entscheiden zu können.

Die Farben der schwarzen Körper

Es wird Zeit, sich der Physik Plancks zuzuwenden, und Einstein bietet dazu den Einstieg, denn eine seiner Arbeiten aus dem Jahre 1905 machte Gebrauch von einer Entdeckung, die Planck genau im Jahre 1900 gelungen war und die das herrliche Haus der Physik zum Einsturz bringen sollte, an dessen Errichtung Planck bis zu diesem Zeitpunkt höchstpersönlich kräftig mitgeholfen hatte. Planck war ganz zu Anfang des 20. Jahrhunderts zum Revolutionär wider Willen geworden. Dabei sah das Problem, mit dem er sich befasste, eher harmlos aus. Es ging um die Strahlung, die ein schwarzer Körper aussendet, dessen Temperatur erhöht wird. Wie jeder weiß (oder wissen sollte), wird zum Beispiel ein Stück Stahl bei Erhitzung erst rot-, dann gelb- und zuletzt weißglühend, und die Frage an die Wissenschaft lautete, ob und wie das Auftreten dieser Farben erklärt werden kann. Der Ausdruck »schwarzer Körper« meint dabei im Vokabular der Physik einen Gegenstand, der kein Licht reflektiert und dessen Farben somit allein aus seiner eigenen Beschaffenheit verstanden werden müssen.

Warum beschäftigte sich Planck mit den Farben eines schwarzen Körpers und der Frage, wie das, was er ausstrahlte, von seiner Temperatur abhing? Zum einen ging es um das Thema der Umwandlung und Erhaltung von Energie, das die Physik des 19. Jahrhunderts dominiert hatte, wobei in diesem Fall Wärmeenergie (Temperatur) die Form von Strahlungsenergie (Licht) annimmt. Zum anderen hatten vor allem die Arbeiten von Robert Kirchhoff in Heidelberg gezeigt, dass dieser Vorgang nicht von dem Körper abhängig war, den man betrachtete, sondern dass hier ein universelles physikalisches Gesetz seine Wirkung zeigte. Genau dies hoffte Planck zu finden, wobei der besondere Reiz der Aufgabe darin lag, dass berühmte Kollegen vor ihm etwas angeboten hatten, was man »halbe Gesetze« nennen könnte: Es gab eine Formel für die langen Wellenlängen der roten Farbe, die ein schwarzer Körper bei niedrigen Temperaturen zeigt; es gab eine Formel für die kurzen Wellenlängen der ultravioletten Strahlen, die ein schwarzer Körper bei hohen Temperaturen aussendet; es gab aber keinen Weg, die beiden Ansätze zu einer Einheit zu verbinden.

Die erwähnten Formeln waren unter der Annahme abgeleitet worden, dass das Licht des schwarzen Körpers von seinen Atomen stammte. Doch so selbstverständlich sich dieser Zusammenhang heute aussprechen lässt, so umstritten war die Idee eines atomaren Aufbaus der Materie vor 1900, als unter den Physikern noch heiße Debatten über die Frage stattfanden, ob es Atome wirklich gibt oder nicht. In einem Rückblick auf diese Auseinandersetzungen und in Hinblick auf die dickköpfige Haltung vieler Physiker, die sich durch nichts überzeugen lassen wollten, hat Planck einmal folgende bemerkenswerte Formulierung gebraucht, die man als Plancks Prinzip der Wissenschaftsgeschichte bezeichnen könnte: »Eine neue wissenschaftliche Wahrheit pflegt sich nicht in der Weise durchzusetzen, dass ihre Gegner überzeugt werden und sich als belehrt erklären, sondern vielmehr dadurch, dass die Gegner allmählich aussterben, und dass die heranwachsende Generation von vornherein mit der Wahrheit vertraut gemacht ist.«

Für Planck selbst stand die Realität der (unsichtbaren) Atome außer Frage, und er versuchte ihre Existenz aus beobachtbaren (und damit sichtbaren) Eigenschaften der Dinge abzuleiten. Die für ihn grundlegende Qualität der materiellen Prozesse bestand in dem, was unter Experten als Irreversibilität bekannt ist. Damit sind Vorgänge und Abläufe gemeint, die sich nicht vollständig rückgängig machen lassen.

Doch mit dem festen Glauben an die Existenz der Atome war nur der Weg zu der Strahlenformel für schwarze Körper vorgezeichnet, ohne dass eines der Hindernisse überwunden war, die darauf lagen. Wie konnte man sich vorstellen, dass Atome Licht hervorbringen? Klar schien, dass die Aussendung der entsprechenden Strahlen erneut als Umwandlung von Energie zu verstehen war, aber wie wurde aus der Energie der Atome die Energie des Lichts?

Das Quantum der Wirkung

Als Planck im Jahre 1900 vor dieser physikalischen Frage stand, an der viele Physiker vor ihm gescheitert waren, kam ihm die Idee, es mit einem mathematischen Trick zu probieren. Planck sah nämlich, dass die beiden oben erwähnten halben Gesetze zu einem ganzen verbunden werden konnten, wenn er – zunächst als rein rechnerische Hilfestellung – annahm, dass die Energie, die Atome als Licht abgeben, nicht als kontinuierlicher Strom, sondern in Form von diskreten Einheiten entweicht. Konkret ausgedrückt: Planck führte eine Hilfsgröße in die Physik ein, die er – vielleicht deshalb – mit dem kleinen Buchstaben h bezeichnete und die er sobald wie möglich wieder aus den Gleichungen entfernen wollte, was nichts anderes hieß, dass Planck daran dachte, am Ende seiner Bemühungen das h langsam, aber sicher gegen Null gehen zu lassen, um so zu dem stetigen Strömen der Energie zurückzukehren, das der klassischen Physik selbstverständlich war. Das kleine h schien ihm so wenig Bedeutung zu haben wie der Buchstabe h in dem Wort »Wahn«. Er brauchte diese Hilfsgröße nur als ein vorübergehendes Mittel, um die beiden Halbgesetze zu der Formel zusammenzuschweißen, deren Vorhersagen perfekt mit den experimentellen Daten übereinstimmte. Übrigens lud Planck die mit diesen Messungen bestens vertrauten Physiker der Berliner Universität eigens zu sich nach Hause ein, um ihre Daten bei einer Tasse Tee aus erster Hand zu bekommen und sicher zu sein, hier auch nicht die kleinste Abweichung zu übersehen.

> ### Das Quantum der Wirkung
>
> Das Quantum der Wirkung legt fest, wie groß Quantensprünge sind. Plancks Konstante h – der Quantensprung der Wirkung – kann heute extrem genau vermessen werden. Ihr Zahlenwert ist extrem winzig. Er liegt bei ungefähr $6 \cdot 10^{-27}$ (zehn hoch minus siebenundzwanzig) erg·sec, wobei die zuletzt genannte Einheit das Produkt aus der Maßeinheit für eine Energie (erg) und der Sekunde (sec) ist. Die Planck'sche Konstante wirkt jedoch noch viel winziger in der Einheit Joulesekunde (Js), in der sie in den Lehrbüchern und Lexika verzeichnet wird. Dann handelt es sich um den Wert von (ziemlich genau) $6{,}626 \cdot 10^{-34}$ (zehn hoch minus vierunddreißig) – was auch beim besten Willen unvorstellbar klein bleibt.

Tatsächlich zeigte sich, dass Planck mithilfe seines Parameters h die Farben des schwarzen Körpers so präzise vorhersagen konnte, wie es sich die Physiker des 19. Jahrhunderts erträumt hatten. Doch ein Gefühl des Triumphes wollte sich bei ihm nicht einstellen, denn der Preis für diesen Erfolg war eine Unstetigkeit in der Natur, die durch das kleine h ausgedrückt wurde, das heute als Planck'sches Quantum der Wirkung zu den fundamentalen Konstanten der Natur gerechnet wird. Das h tat Planck nämlich nicht den Gefallen, am Ende zu verschwinden. Es drängte sich vielmehr nach und nach in die Mitte der Atomphysik. Es nahm immer offenkundiger physikalische Realität an, es verlangte immer mehr Aufmerksamkeit, und zuletzt zwang es die Physiker, eine völlig neue Physik, die Quantenmechanik, aufzustellen.

Es ist übrigens wichtig, sich klarzumachen, dass es nicht die Energie selbst ist, in der sich das Sprunghafte (Quantenhafte) der Natur unmittelbar ausdrückt. »Quantisiert« ist primär das, was die Physiker »Wirkung« nennen, und damit meinen sie das Produkt aus Energie und Zeit. Wenn man eine so definierte Wirkung mit einer Frequenz multipliziert, hebt sich die Zeit auf, und man erhält eine Energie, und an dieser Stelle bekommt Plancks scheinbar oberflächlicher mathematischer Trick seine tiefe physikalische Bedeutung. Die Energie von Licht lässt sich jetzt nämlich berechnen, wenn man seine Frequenz mit dem Wirkungsquantum h multipliziert. Doch so selbstverständlich dieser Zusammenhang heute benutzt wird, so schockierend war er für die Physiker im frühen 20. Jahrhundert. Denn da sich eine Frequenz schlecht für einen Zeitpunkt festlegen lässt – man benötigt ein Intervall, um zu zählen –, musste man annehmen, dass die Energie selbst nicht zu allen Zeitpunkten definiert ist. Diese Einsicht war aber nur schwer mit dem Satz von der Konstanz der Energie zu vereinbaren, der damals zu den Grundpfeilern der Physik zählte.

Planck kannte diese Schwierigkeiten ganz genau, und er litt darunter, wobei es ihn auch nicht tröstete, dass man ihm dafür den Nobelpreis für Physik verlieh. Als er 18 Jahre nach der Entdeckung des Wirkungsquantums am Ende des Ersten Weltkriegs die Einladung aus Stockholm erhielt, war zwar die physikalische Bedeutung des Quantums deutlicher geworden, doch eine Theorie, die als neue Mechanik die alte von Newton ersetzen konnte, zeichnete sich noch nicht ab. Sie kam erst in der Mitte der 1920er-Jahre zustande, und zwar durch Werner Heisenberg und Erwin Schrödinger. Bis es so weit war, mussten sich die Physiker mit dem begnügen, was heute die alte Quantentheorie heißt. Sie ist durch die Tatsache charakterisiert, dass man verstanden hatte, dem Wirkungsquantum einen physikalischen Sinn zu verleihen, und dass man alle Versuche aufgegeben hatte, das Wirkungsquantum in die klassische Physik einzubauen (um es so an den Rand zu drängen).

Als Meister der alten Quantentheorie ist vor allem Bohr zu nennen, dem wir bald auf den nächsten Stufen der Hintertreppe begegnen werden. Bohr hatte Plancks Quantum nutzen können, um die wichtigste Sache der Welt zu erklären: die Stabilität der Atome und damit die Stabilität aller Materie.

Die experimentellen Befunden wiesen nach 1910 darauf hin, dass Atome einen positiv geladenen Kern hatten, um den negativ geladene Elektronen kreisten, und die Frage war, wie die Natur verhinderte, dass die Elektronen in den Kern stürzten. Denn eine Ladung, die sich in einem elektrischen Feld bewegt, strahlt nach den Gesetzen der klassischen Physik kontinuierlich Energie ab, und wenn ein Elektron im elektrischen Feld des Atomkerns sich daran hält, konnte es nur dasselbe tun und in den Kern stürzen. Mit anderen Worten: Die Physik konnte nicht erklären, wieso Atome festbleiben und nicht kollabieren. Das heißt genauer, die Physik konnte es nicht ohne die Hilfe des Quantums erklären, das Planck ihr zur Verfügung stellte. Es legte als Bedingung fest, dass die Energie des Elektrons einen Sprung – den heute sprichwörtlichen Quantensprung – tun musste, um seine Lage bzw. seinen Zustand zu ändern. Wenn ein Elektron angeregt war, konnte dieser Sprung spontan in den Grundzustand gelingen. In dem saß es aber fest. Für eine weitere Änderung – etwa eine Bewegung auf den Kern zu – brauchte es einen Anstoß von außen, und solange der ausblieb, passierte dem Elektron nichts. Dann blieb es auf seiner Bahn um den Kern, das Atom konnte stabil sein – und die Welt mit ihm.

Planck und die Feinde der Wissenschaft

Das eben geschilderte Atommodell geht auf Bohr zurück, und es charakterisiert die alte Quantenversion der Atome, die noch mit anschaulichen Begriffen wie »Umlaufbahn« operiert. All dies musste bald aufgegeben werden, was Planck nicht glücklicher machte, aber hinnahm, weil die neuen Theorien der wissenschaftlichen Nachprüfung standhielten und er nicht seinem eigenen Prinzip zum Opfer fallen wollte. Aktiv hat er sich an den Entwicklungen der neuen Physik aber nicht mehr beteiligt, denn zum einen ging er auf die siebzig zu, und zum anderen hielten ihn immer mehr politische Verpflichtungen von seiner geliebten theoretischen Physik fern. Man brauchte Planck zum Beispiel nach dem Ersten Weltkrieg, um die deutsche Forschung wieder in die internationale Gemeinschaft der Wissenschaftler zurückzubringen; von ihm wurde erwartet, dass er Gelder für die 1920 ins Leben gerufene Notgemeinschaft der deutschen Wissenschaft erst sammelte und dann fair und zukunftsweisend zugleich verteilte. Planck diente seinem Land, wie man es von ihm erwarten konnte. Er wirkte im sogenannten Elektrophysik-Ausschuss mit, der unter seinem Einfluss die theoretische Physik förderte und dabei die große Qualität ermöglichte, die diese Forschungsrichtung in den kommenden Jahren in Deutschland bekommen sollte. Zu den geförderten Physikern gehörte unter anderem Werner Heisenberg, dessen Leben und Leistung in diesem Buch noch zur Debatte steht.

Plancks exponierte Stellung verlangte oftmals deutliche Stellungnahmen von seiner Seite, wobei vor allem seine deutliche Warnung vor dem auffällt, was er das »spirituelle Element« nannte. Er hielt Autoren wie Oswald Spengler und Rudolf Steiner für »Feinde der Wissenschaft«, die er als seine geistigen Gegner betrachtete, weil sie die Schwierigkeiten der Gesellschaft – von ihnen »Krankheiten« genannt – auf die Hinwendung zu technischen Entwicklungen und die Abkehr von spirituellen Praktiken zurückführten. Planck sah in derartigen Verkündigungen ebensolche Gefahren für die abendländische Kultur wie im aufkommenden Nationalsozialismus. In diesem Fall hoffte er zuerst, die ganze Bewegung unter Hitler sei nur ein Spuk, der rasch verfliegen würde, doch spätestens im Mai 1933 merkte er, dass konkret etwas geschehen musste. Er bat als Präsident der Kaiser-Wilhelm-Gesellschaft um ein Gespräch mit Hitler, dem Reichskanzler, um ihn auf die Tatsache aufmerksam zu machen, dass die von den Nazis erzwungene Emigration der Menschen jüdischen Glaubens die Wissenschaft in Deutschland ruinieren würde. Tatsächlich gelang es ihm, ein Treffen mit dem Führer für den 16. Mai 1933 zu vereinbaren, über das er erst zwölf Jahre später – 1947 als fast 90-Jähriger – etwas zu Papier bringt. Er erzählt dabei von einem Führer, der ignorant, realitätsfern und borniert wirkt und etwas der Art sagt wie: »Unsere völkische Politik wird weder rückgängig gemacht noch abgeändert werden, auch nicht für die Wissenschaftler. Wenn die Entlassung jüdischer Wissenschaftler die Vernichtung der zeitgenössischen deutschen Wissenschaft bedeutet, dann werden wir eben einige Jahre lang ohne Wissenschaft auskommen.« Doch inzwischen zweifelt die Geschichtsschreibung an der Zuverlässigkeit des Berichtes, den Planck von seinem Besuch gegeben hat, und wir müssen wohl an dieser Stelle wenigstens ein klein wenig Abschied von dem heroisierten Bild nehmen, das sich die Nachwelt von der Rolle Plancks im Nationalsozialismus machte bzw. allzu gerne machen wollte.

Wir wissen, wie traditionsbewusst Planck dachte, und als Präsident der Kaiser-Wilhelm-Gesellschaft befürwortete er sicher den Satz, den sein Vorgänger Adolf von Harnack 1909 – also in der heilen Welt der Monarchie – formuliert hatte und der behauptete, dass die deutsche Wehrkraft und die Wissenschaft die beiden starken Pfeiler der Größe Deutschlands seien. Planck wird versucht haben, die von ihm vertretene Forschung vor »unsachlichen Beunruhigungen durch Ereignisse der Tagespolitik« zu schützen, um so ihre »im höchsten Sinne nationale Arbeit erfüllen« zu können. Und so erreichte er in dem Gespräch die Zusage Hitlers, über die bis dahin erlassenen Beamtengesetze hinaus nichts zu unternehmen, was »unsere Wissenschaft« erschweren würde. Mit anderen Worten, die Kaiser-Wilhelm-Gesellschaft konnte in dem gerade gezogenen engen Rahmen weiterhin eigenständig bleiben und funktionieren, was für Planck – und nicht nur für ihn – beruhigend sein musste.

Planck hielt auch wenig davon, dass Professoren gegen die nationalsozialistische Politik an den Universitäten und Forschungsinstituten protestierten. Er riet vielmehr mit der Bemerkung ab, dass solche Demonstrationen nicht helfen würden, denn »was jetzt geschieht, ist wie eine Lawine, die den Berg herunterrast; da kann sich kein Einzelner dagegenstellen; man muss warten, bis die Lawine unten angekommen ist, und dann retten, was zu retten ist. Dem Einzelnen bleibt im Augenblick nur die Wahl auszuwandern oder das Unglück mitzuerleiden.« Und er bat seine Kollegen, »trotz aller Misslichkeiten in Deutschland zu bleiben«. Planck fühlte sich seinem Vaterland und seiner Kultur sehr verbunden, und wollte seinen Platz in ihr nicht räumen. Ihn hätte sonst ein anderer eingenommen, was erst recht Unheil über und durch die Wissenschaft gebracht hätte.

Im Ausland wurde seine Haltung verstanden. Als die Royal Society in London ihre ursprünglich für das Jahre

1942 geplanten Feiern zum 300sten Geburtstag von Isaac Newton endlich nach dem Ende des Zweiten Weltkriegs durchführen konnten, war Planck der einzige Deutsche, den die Engländer eingeladen hatten. Man schickte eigens eine Militärmaschine nach Niedersachsen, um ihn abzuholen und in die britische Hauptstadt zu bringen. Planck wurde von der Festversammlung voller Bewunderung empfangen – trotz der zeitlichen Nähe des von den Deutschen begonnenen und verlorenen Krieges, der Zahl der Toten und des Ausmaßes der Zerstörungen, die die Völkerschlacht gekostet und mit sich gebracht hat.

Doch ungeachtet des überwältigenden Empfangs, der Planck in London zuteil wurde, muss es ihm wenigstens einen leichten Stich versetzt haben, als der Zeremonienmeister, der jeden Gast vor dessen Betreten des Festsaals durch Angabe des Namens und des Heimatlands einführte, bei Planck kurz zögerte, bevor er schließlich in den Saal rief: »Professor Planck, representing no country.« Das stimmte sogar für den Augenblick. Denn tatsächlich – das Deutschland, das Planck vertreten konnte, gab es nicht mehr. Aber seine Wissenschaft blühte nach wie vor. Er konnte weiter hoffen, dass sie durch »die wertvollen Schätze ästhetischer und ethischer Art«, die sie zutage fördert, ihren Einfluss auf die Geschichte der Menschen stärken wird.

2

Arnold Sommerfeld (1868–1951)

Der große Lehrer

»Am 26. April 1951 starb im 83. Lebensjahr in München an den Folgen eines etwa vier Wochen vorher erlittenen Verkehrsunfalls Arnold Sommerfeld, einer der bedeutendsten Physiker seiner Generation. (…) Sommerfeld vereinte in glücklicher Weise den Typus des Forschers und des Lehrers, wie es nur wenigen gelungen ist. Zahlreiche Professuren für theoretische Physik in den verschiedensten Ländern wurden mit Schülern Sommerfelds besetzt, die jetzt, um ihn trauernd, sein Werk fortsetzen werden.« Mit diesen Worten verabschiedet sich einer der berühmtesten Schüler von seinem hochverehrten Lehrer. Die Rede ist von Wolfgang Pauli, den wir später noch vorstellen und der stets mit allen Kollegen – selbst mit Einstein – respektlos bis frech umgegangen ist. Er hat nur bei einem eine Ausnahme gemacht: Arnold Sommerfeld. Dieser aus Königsberg stammende Physiker, der über Göttingen, Aachen und Clausthal nach München gekommen war, ist von all seinen Schülern verehrt und dabei vielfach mit Superlativen beschrieben worden, so etwa von Werner Heisenberg, der in seiner Autobiografie *Der Teil und das Ganze* beschreibt, wie Sommerfeld nicht nur als »einer der glänzendsten Lehrer der Hochschule«, sondern auch als ein Freund der Jugend seine Studenten für sich einnehmen konnte: »Der kleine, untersetzte Mann mit dem etwas martialisch anmutenden dunklen Schnurrbart machte zunächst einen strengen Eindruck«, wie Heisenberg das erste Zusammentreffen mit Sommerfeld noch vor Beginn des Studiums im Jahre 1920 schildert. »Aber schon aus den ersten Sätzen schien mir eine unmittelbare Güte zu sprechen, ein Wohlwollen für den jungen Menschen, der hier Führung und Rat suchte.«

Einer der Ratschläge Sommerfelds lautete, dass diejenigen, die sich vor allem mit der Theorie der Physik beschäftigen, darauf achten sollten, sich zunächst »mit großer Sorgfalt kleine und zunächst unwichtig scheinende Aufgaben« vorzunehmen. Denn »wenn solche großen bis in die Philosophie reichenden Probleme zur Diskussion stehen wie die Einstein'sche Relativitätstheorie oder die Planck'sche Quantentheorie, so gibt es auch für den, der über die Anfangsgründe hinaus ist, viele kleine Probleme, die gelöst werden müssen und die erst in ihrer Gesamtheit ein Bild des neu erschlossenen Gebiets vermitteln.« Sommerfeld versprach dem ehrgeizigen und unverzagt fragenden Schüler ferner, ihm »schon sehr bald ein kleines Problem vorzulegen, das mit Fragen der neuesten Atomtheorie zu tun hätte« – mit der Folge, dass sich Heisenberg begeistert und glücklich fühlte, und somit war über seine »Zugehörigkeit zur Sommerfeld'schen Schule für die nächsten Jahre entschieden.«

Theoretische Physik

Wenn Sommerfeld als Lehrer gelobt wird, dann meint man nicht nur den ehrlichen, zuvorkommenden, ermutigenden und offenherzigen Umgang eines Professors mit Studenten und seine Fähigkeit, ihre jeweilige Leistungsfähigkeit herauszufordern und anzustacheln, indem er sie vor Probleme stellte, die auf die jeweilige Person zugeschnitten waren. Man meint auch seine souveränen Vorlesungen und die populären

Lehrbücher, die aus ihnen hervorgegangen sind. Sommerfeld hatte dabei das Glück des Tüchtigen gehabt, nämlich zur rechten Zeit am rechten Ort bzw. in der rechten Disziplin tätig zu sein. In den letzten Jahren des 19. und den ersten des 20. Jahrhunderts entstand nämlich eine neue Wissenschaft, in der sich das experimentelle Können und die praktisch erprobten Naturerfahrungen von Physikern mit dem analytischen Geschick und rechnerischen Vermögen von Mathematikern zusammenfand, um das eigenständige Gebiet der theoretischen Physik zu begründen. In diesem sollten bald die souveränen Gestalten der Wissenschaft ihren Platz finden und ihre Ideen präsentieren können: Max Planck, Albert Einstein und andere, die wir noch kennenlernen werden und denen es in großem Stil und mit höchster Eleganz gelungen ist, die theoretische Physik als eine Fortsetzung der Philosophie mit mathematischen Mitteln zu betreiben.

Sommerfeld begriff, dass er mit von der Partie war, als gerade etwas ganz Großes für unsere Kultur entstand, und er pflegte dabei voller Freude zu zitieren, was Friedrich Schiller einmal über Immanuel Kant und seine Interpreten gesagt hatte: »Wenn die Könige baun, haben die Kärrner zu tun.« Es war selbstverständlich, dass sich Sommerfeld für einen Kärrner hielt – also für einen, der unter körperlicher Anstrengung den mit mathematischen Lasten bepackten Wagen (Karren) durch den Dreck zu ziehen hatte, um das theoretische Material an den richtigen Ort zu schaffen, an dem das wissenschaftliche Werk der Könige im Reich der Physik zu vollbringen war. Aber Sommerfeld gab stets Obacht, ob nicht irgendwo jemand von seiner Arbeit profitieren und das begonnene Gebäude der Physik so besser oder verlässlicher vollenden konnte.

Schon als Student in Königsberg hatte sich Sommerfeld für geometrische Methoden in der Physik interessiert und nach und nach die Bedeutung der mathematischen Wissenschaften für die Ingenieure und ihre technischen Aufgaben kennen und schätzen gelernt. Er kümmerte sich bei seinen Forschungen um Probleme von Schwingungen, versuchte die raffinierten Bewegungen von Kreiseln genau zu berechnen und arbeitete als erster Physiker eine elegante Theorie der Reibung aus, die einem bei Schmiermitteln begegnet bzw. dabei gerne im Stich lässt und zum Ausrutschen und zu Stürzen führt.

Mit diesem mathematischen Rüstzeug aus der sinnlich zugänglichen Wirklichkeit wagte sich Sommerfeld an die submikroskopisch kleine Welt der Elektronen und Atome, wobei ihn vor allem die Frage beschäftigte, ob sich diese Partikel auf ähnliche Weise bewegen können wie Billardkugeln oder Tischtennisbälle. Seine entsprechenden Ergebnisse brachten ihm 1906 den Ruf auf den Lehrstuhl für Theoretische Physik an der Universität München ein, und von hier aus entfaltete er seine legendäre Wirkung als Lehrer der neuen Physik, die zu dem führte, was seine Schüler gerne die Sommerfeld'sche Schule nannten. Dass darunter keine Institution, sondern eine Gemeinschaft des Geistes zu verstehen ist, versteht sich von selbst.

Umsturz im Weltbild

Wie heutige Historiker im Rückblick leicht sagen können, vollzog sich in den ersten Jahrzehnten des 20. Jahrhunderts das, was man oft und gerne den Umsturz im Weltbild der Physik genannt hat. Konkret gemeint ist damit das Auftauchen der Quantentheorie von Planck nach 1900 und der Relativitätstheorie von Einstein um 1905 – wobei bemerkenswert ist, dass der Lehrer Sommerfeld bereits 1907 Einsteins revolutionäre Ideen von Raum und Zeit in seine Vorlesungen aufnahm und sie den Studenten vorstellte. Sommerfeld wurde damit nicht nur zu einem der frühen Förderer des zunächst noch unbekannten Einstein. Er sorgte überhaupt dafür, dass die neue Theorie eine erste Breitenwirkung erzielen und von der Forschergemeinde erörtert und akzeptiert werden konnte.

Dieser Vorgang gehört ebenso zu einer Revolution in der Wissenschaft wie die Generierung der ursprünglichen Idee selbst, auch wenn das oft übersehen wird. Ein neuer Gedanke, der in einem Kopf steckt und da bleibt, kann nicht die Änderung bewirken, die wir als Revolution verstehen. Diese kommt erst mit der geeigneten Verbreitung der neuen Sicht zustande, und daran war Sommerfeld zweimal beteiligt – sowohl bei der Relativitäts- als auch bei der Quantentheorie.

Wir konzentrieren uns hier auf die Quantentheorie, und die hatte nach den ersten tastenden Schritten von Planck (1900) und Einstein (1905) ihren ersten großen Erfolg, als der dänische Physiker Niels Bohr ein Atommodell vorlegte, das die Stabilität der elementaren Bausteine der Materie mithilfe von Quanten erklären konnte. Wir werden diesen Schritt genauer betrachten, wenn es um Bohr selbst geht, können an dieser Stelle aber schon einmal verraten, dass das berühmte Bohr'sche Atommodell mit seinen wohldefinierten Bahnen der Elektronen um einen Kern herum genauer als Bohr-Sommerfeld-Modell bezeichnet werden müsste. Schließlich hat der Münchener Physiker die ersten Überlegungen von Bohr um die entscheidenden Elemente erweitern können, die für eine bessere Übereinstimmung mit den experimentellen Resultaten sorgte und ihm neben Bohr weltweite Anerkennung unter den Physikern einbrachte.

Sommerfeld arbeitete seine Beiträge in enger Korrespondenz mit Bohr aus, was zwar aus heutiger Sicht selbstverständlich klingt, aber für die Zeit des Ersten Weltkriegs eine besondere Anmerkung wert ist. Denn während es Physiker gab, die die nationalen Konflikte in den Laboratorien weiter austrugen, vertraute Sommerfeld dem internationalen Charakter der Wissenschaft und pflegte im Krieg dieselben Kooperationen wie in Friedenszeiten.

Bohrs erste Vorschläge, wie sich das Umlaufen von Elektronen um einen Atomkern berechnen ließ, stammten aus dem Jahr 1912. Ab 1913 machte sich Sommerfeld daran, die ursprünglichen Kreisbahnen um Ellipsen und andere Formen zu erweitern, und er schlug zudem vor, den Zustand eines Atoms durch Quantenzahlen zu erfassen. Entscheidend ist dabei zum einen die Einsicht, dass sich die durch Quantensprünge getrennten, also diskreten Zustände von Atomen überhaupt durch Zahlen charakterisieren lassen (Letztere sind übrigens auf ihre Weise unstetig und diskret, da sie etwa bei den natürlichen Zahlen quantenartige Sprünge etwa von 1 nach 2 oder von 7 nach 8 machen, wenn wir zählen). Und zum anderen gilt die Erkenntnis, dass es mehrere solcher Quantenzahlen braucht, um etwa anzugeben, in welchem Zustand sich ein Elektron in einem Atom befindet. Die Frage, wie viele Quantenzahlen insgesamt benötigt werden, konnte erst einige Jahre später Wolfgang Pauli, der erwähnte Schüler von Sommerfeld, beantworten, wobei uns die Begründung, die er für die Antwort »Vier« gegeben hat, noch wundern wird.

Das Atomkonzept von Bohr und Sommerfeld wird oft unter dem Namen »Schalenmodell« beschrieben, da man davon ausging, dass die Natur nach außen größer werdende Schalen bereitstellte, in denen die kreisenden Elektronen unterwegs sein konnten. Die erste Quantenzahl, die dann einem Elektron in einem Atom von Sommerfeld zugewiesen wurde, gab die Schale an, zu der es gehörte, und man zählte sie wie die natürlichen Zahlen von Eins an aufwärts.

Dieser Hauptquantenzahl fügte Sommerfeld eine Nebenquantenzahl hinzu, mit deren Hilfe die Form der jeweiligen Umlaufbahn in der Schale bestimmt wurde, wobei dafür vor allem Kreise oder Ellipsen infrage kamen. Auch die Nebenquantenzahlen wurden als natürliche Zahlen von Eins an gezählt – mit der physikalisch begründeten Vorgabe, stets kleiner als die Hauptquantenzahl zu sein.

Es ist für Leser nicht nötig, dieses Zahlenspiel im Detail nachvollziehen zu können. Sie sollten sich aber klarmachen, dass die moderne Atomphysik auf diese Weise etwas Zahlenmystisches bekommt, das an den antiken Grundgedanken des Pythagoras erinnert. Der hatte betont: »Alles ist Zahl« – das heißt, alles verdankt seine Existenz den Zahlen. Pythagoras verehrte bekanntlich die Vier als heilige Zahl – als Tetraktys –, weshalb es vielleicht doch bemerkenswert erscheint, dass es, wie oben erwähnt, vier Quantenzahlen sind, die ein physikalisches System festlegen.

Aufspaltungen

Sommerfeld haben diese Zahlenspielereien gefallen und amüsiert. Mehr nicht. Ihn beschäftigte etwas anderes, nämlich die immer zahlreicher werdenden Messungen, die Physiker in den Jahren des Ersten Weltkriegs unternahmen, um mit ihrer Hilfe den Aufbau der Atome zu verstehen. Sie nahmen vor allem verstärkt Messungen der Lichtstrahlen vor, die Atome aussenden. Seit dem 19. Jahrhundert wusste man, dass dieses Licht durch eine feste Wellenlänge ausgezeichnet war, was sich im Experiment als Linie zu erkennen gab. Die Physiker sprachen dabei von Spektrallinien – Linien aus dem sichtbaren Spektrum des Lichts –, und da die Idee der Quantensprünge diese diskreten Linien unmittelbar verständlich machen konnte, nahm die Gemeinschaft der Physiker Plancks Vorschlag zunächst überhaupt ernst, obwohl viele ansonsten eher skeptisch blieben.

Die Skepsis wuchs eher, als bei Experimenten immer deutlicher wurde, dass die Linien des Lichts beim genaueren Betrachten eine »Feinstruktur« offenbarten. Mit diesem Wort drückt man aus, dass einzelne Linien durch geeignete Anordnungen dazu gebracht werden konnten, auseinanderzulaufen und sich aufzuspalten. Aus einer Linie wurden oft zwei oder manchmal drei, und zwar dann, wenn man ein Atom in ein Magnetfeld oder in ein elektrisches Feld brachte und das von ihm ausgesendete Licht unter diesen Umständen registrierte.

Erste Beobachtungen dieser Art waren bereits im ausgehenden 19. Jahrhundert durch den Holländer Pieter Zeeman gemacht worden – man spricht seitdem von Zeeman-Effekten –, und nach 1913 hat vor allem der Deutsche Johannes Stark immer wieder Aufspaltungen von Spektrallinien erkundet, die entsprechend als Stark-Effekt bezeichnet werden. Sowohl Zeeman als auch Stark sind dafür mit dem Nobelpreis ausgezeichnet worden, wobei wir noch anfügen müssen, dass der deutsche Physiker später im Dritten Reich höchst unrühmlich und zum Teil schändlich und scheußlich gehandelt hat.

Kehren wir zur Physik und den genannten Aufspaltungen der Spektrallinien zurück. Sommerfeld fand diese Befunde wunderbar, und er konnte sie alle in seinem 1919 fertiggestellten Lehrbuch *Atombau und Spektrallinien* zusammenbringen, das so etwas wie die Bibel der Atomphysik wurde – allerdings nur, bis seine Schüler Heisenberg und

Pauli in der Mitte der 1920er-Jahre zeigten, dass man das atomare Geschehen ganz anders verstehen kann und muss.

Richtig an Sommerfelds Darstellung der vielen Spektrallinien und ihren mehrfachen Aufspaltungen bleibt die Idee, dass die Elektronen eines Atoms über eine Möglichkeit verfügen müssen, das Magnetfeld zu spüren, dem sie ausgesetzt sind. Physiker sprechen im dem Fall davon, dass das Elektron und das Magnetfeld miteinander wechselwirken, und das geht nur, wenn die atomaren Bausteine ein magnetisches Moment besitzen, wie Sommerfeld erkannte. Er wies ihnen deshalb eine dritte Quantenzahl zu, die aus einsichtigen Gründen als magnetische Quantenzahl bezeichnet wird.

Für einen Laien muss der hübsche Begriff des »magnetischen Moments« trotz der Alliteration rätselhaft bleiben. Es soll genügen, dass wir uns an dieser Stelle die physikalische Tatsache in Erinnerung rufen, dass ein stromdurchflossener Draht um sich herum ein Magnetfeld aufbaut. Dies wurde zu Beginn des 19. Jahrhunderts entdeckt und sorgte für Verwirrung. Denn wie erzeugt etwas Elektrisches etwas Magnetisches?

Das Geheimnis bleibt zwar bis heute ungelöst, aber wir wissen jetzt, dass bewegte (elektrische) Ladungen magnetisch wirken, und da ein kreisendes Elektron eine einzelne solche bewegte Ladung ist, kann man ihm ein magnetisches Moment zuordnen. Nichts anderes hat Sommerfeld getan, wobei noch anzumerken ist, dass es sich bei diesem Moment nicht um einen zeitlichen Augenblick handelt, der zwar genauso heißt, allerdings grammatisch gesehen männlichen Geschlechts ist: Es heißt bekanntlich der entscheidende Moment, wenn es um einen Zeitpunkt geht, und es heißt das magnetische Moment, wenn es um eine Wirkung geht. Dieses sächliche Moment haben die Physiker nach dem lateinischen *momentum* gebildet, womit eine bewegende Kraft bzw. eine Wirkung gemeint ist. In dieser Bedeutung taucht das Wort in der Alltagssprache als Drehmoment auf. Wenn sich zum Beispiel jemand beim Autokauf nach der Qualität eines Motors erkundigt, bekommt er als Antwort eine Auskunft über dessen Fähigkeit, die Achsen möglichst schnell in Drehung zu versetzen (um so Geschwindigkeit zu erzeugen). Das magnetische Moment von Elektronen besitzt die gleiche etymologische Herkunft, erfasst aber die Wechselwirkung der Elektronen mit einem magnetischen Feld, die den Spektrallinien die beobachtete Feinstruktur (Aufspaltungen) verleiht.

Sommerfelds Konstante

Als Sommerfeld an der Feinstruktur der Spektrallinien arbeitete, bemerkte er, dass das einzelne Elektron in einem Wasserstoffatom ziemlich nahe an die Lichtgeschwindigkeit herankam. Das jedoch hieß, dass man konsequenterweise Einsteins Relativitätstheorie zur Berechnung heranziehen müsste, was die Sache rasch kompliziert macht. Etwas genauer gesagt, betrug die Geschwindigkeit des Elektrons rund 137stel der Lichtgeschwindigkeit, wobei die Zahl 137, wie Sommerfeld nachwies, als Kombination aus drei fundamentalen Naturkonstanten zusammengesetzt werden konnte: aus dem Planck'schen Quantum der Wirkung h, aus der Elementarladung eines Elektrons e und der Lichtgeschwindigkeit c. Das heißt, man musste noch als vierte Zahl die berühmte Kreiszahl der Griechen hinzufügen, das π, und schon konnte man mit ihr und den drei Naturkonstanten eine neue Konstante formen, die den Vorteil hat, eine reine Zahl zu sein und keine Dimension zu haben – also etwa

Meter oder Joule oder etwas anderes anzugeben. Man spricht heute von der Sommerfeld'schen Feinstrukturkonstanten und weiß, dass sie sowohl die Häufigkeit als auch die Stärke von physikalischen Abläufen festlegt. Für viele Physiker steckt in dieser Zahl das eigentliche Geheimnis der materiellen Existenz – da ist er wieder, der Gedanke des Pythagoras –, und sie träumen von einem Argument, das ihnen erläutert, warum die Feinstrukturkonstante gerade diesen Wert von rund 137 annimmt. Erst mit einem solchen Argument glaubt man, die Welt wirklich verstehen zu können. Sommerfeld hätte das mit einem Schmunzeln gesehen: »Ich kann nur die Technik der Quanten fördern«, pflegte er zu sagen, »die Philosophie müssen andere machen.«

Sommerfelds Nachfolger

So trickreich Sommerfelds Atommodelle aufgrund mehrerer Quantenzahlen und der Feinstrukturkonstanten auch wurden und so viel Erfolg sie auch erzielten, sie behielten eine Eigenschaft bei, von der man heute weiß, dass sie mit der Wirklichkeit der Quantenwelt und ihren Sprüngen nicht zu vereinbaren ist. Gemeint ist die Eigenschaft des Sommerfeld'schen Atoms, anschaulich zu sein. Bei ihm liefen zwar winzige, aber zugleich auch irgendwie vorstellbare Elektronen auf ebenso vorstellbaren und wirklich erscheinenden Bahnen umher. Aber genau dies kann nicht durchgehalten werden, wie die beiden berühmtesten Schüler von Sommerfeld, Pauli und Heisenberg, Mitte der 1920er-Jahre entdecken mussten.

Zu deren notwendigen Erkenntnisschritten konnte Sommerfeld nur noch dadurch beitragen, dass er in den Jahren nach der Machtergreifung durch die borniterten Nationalsozialisten bestmöglich dafür sorgte, dass die Blütezeit der theoretischen Physik nicht einfach erstickt wurde. Allerdings: Wegen dieser aufrechten und allein an wissenschaftlichen Kriterien orientierten Haltung wurde Sommerfeld frühzeitig in den Ruhestand geschickt und durch einen namenlosen Nazi ersetzt. Genauer gesagt, hatte es um Sommerfelds Nachfolge zunächst einen erbitterten Streit unter den Physikern gegeben, die in zwei geistige Lager zerfielen: in ein traditionell unpolitisches und ein opportunistisch antisemitisches Lager. Als sich herausstellte, dass Sommerfeld gerne seinen Schüler Werner Heisenberg auf dem vakanten Lehrstuhl sehen wollte, wurde beiden vorgeworfen, sich nicht ausreichend von Einsteins jüdischer Physik distanziert zu haben. So kam es, dass die Nazis sofort und brutal reagierten, als die Münchener Fakultät trotz dieser Beschuldigungen eine vom bayerischen Kultusministerium angeforderte Liste der Kandidaten im November 1935 vorstellte, an deren Spitze der Name Heisenberg stand – die anderen Kandidaten rangierten »in weitem Abstand« hinter ihm. Ende Januar 1936 erschien sodann in der offiziellen Parteizeitung *Völkischer Beobachter* – mit einer geschätzten Auflage von rund 500 000 Exemplaren – ein Beitrag mit dem Titel »Deutsche Physik und jüdische Physik«, in dem Heisenberg als Schüler Sommerfelds ausdrücklich beschuldigt wurde, »die Grundhaltung der jüdischen Physik« zu vertreten. Die Angegriffenen antworteten noch im Februar, indem sie zu erklären versuchten, warum »die theoretische Physik gerade für uns Deutsche wichtig« sei – weil sie nämlich im besten Sinne etwas mit Fragen der Weltanschauung zu tun habe. Doch die Angriffe wurden nur noch schärfer, solange Sommerfelds Nachfolger nicht bestimmt und der Lehrstuhl nicht mit einem zuverlässigen Kandidaten besetzt war. Das freie Geistesleben hatte in Deutschland keinen Platz mehr. Sommerfeld zog sich resigniert aus der Öffentlichkeit zurück und arbeitete an seinen sechsbändigen *Vorlesungen über Theoretische Physik*, die von 1942 an erscheinen konnten. Auch hierin zeigte er die Gabe, die man immer an ihm bewundert hatte, nämlich die Fähigkeit, »die Geister Ihrer Hörer und Leser zu veredeln und aktivieren«.

3

Ernest Rutherford (1871–1937)

Der Entdecker des Atomkerns

Ernest Rutherford wird gerne durch zwei Eigenheiten charakterisiert – zum einen weist man ständig darauf hin, dass er aus Neuseeland stammt. Denn so kann man ihn als einen der größten Wissenschaftler bezeichnen, der in diesem europafernen Teil der Welt geboren wurde, und zwar als viertes von zwölf Kindern eines schottischen Stellmachers und einer englischen Lehrerin, die beide um 1860 nach Neuseeland ausgewandert waren. Die Verehrung Rutherfords in seiner Heimat zeigt sich übrigens bis heute daran, dass sein Porträt auf dem 100-Dollar-Schein der neuseeländischen Notenbank zu finden ist. Zum zweiten gehört es zu Rutherford, dass er nie seine Meinung zurückhielt und sie zudem gerne mit lauter Stimme verkündete – aber erst, als er Professor in England war und der Regierung selbstbewusst als Berater in Energiefragen diente. Als solcher ließ er den Minister schon einmal warten, wenn es im Labor Wichtigeres zu tun gab. Zu seinen unvergänglichen Äußerungen zählt die Ein- bzw. Geringschätzung der wissenschaftlichen Bemühungen von Kollegen in anderen Disziplinen als der eigenen. Entweder, so tat Rutherford kund, ist etwas Physik, oder es ist Briefmarkensammeln. Mit anderen Worten, die wahre Qualität des wissenschaftlichen Forschens zeigt sich seiner Ansicht nach nur in seinem Fach, das natürlich seit ein paar Hundert Jahren – seit Isaac Newton – an ihren Methoden gefeilt hat und nun weiß, wie sie aus Datenmengen

Schlüsse ziehen kann. Und wenn wir Rutherford an dieser Stelle gerne zugestehen wollen, dass er ein großer Physiker war und mit seinen Experimenten wesentlich zur Entwicklung der Leitwissenschaft seiner Zeit beigetragen hat, so brauchen wir doch unser Schmunzeln nicht zu verbergen. Denn im Jahre 1908 wurde ihm zwar der Nobelpreis zuerkannt, aber eben der für Chemie – »nur« der für die Chemie, wie böse Zungen dann zu spotten nicht lassen konnten.

Auf dem Weg nach England

Rutherfords Karriere umfasst ziemlich genau die Periode, die heute als Frühphase der Kernphysik bezeichnet wird und die er begründet und lange Zeit dominiert hat. Gemeint ist die Phase, die 1896 beginnt, als der Franzose Henri Becquerel als Erster das Phänomen der Radioaktivität beschreibt, und die 1938 endet, als Otto Hahn in Zusammenarbeit mit Fritz Straßmann in Berlin bemerkt, dass Atomkerne gespalten werden können, wenn sie entsprechend beschossen werden. (Wir erfahren mehr darüber im nächsten Kapitel, das Lise Meitner gewidmet ist.) Leider hat Rutherford von der erfolgreichen Kernspaltung nichts mehr erfahren, da er völlig überraschend im Jahre zuvor an einem Nabelbruch gestorben war.

Bis 1894 besuchte der junge Ernest Schulen und Hochschulen im neuseeländischen Nelson und Wellington, wobei er durch außerordentlich gute Leistungen auffiel. Sie brachten ihm schließlich ein Stipendium ein, mit dem er nach England gehen konnte. Genauer gesagt, ging er nach Cambridge, um hier an dem damals bereits berühmten Cavendish Laboratorium zu arbeiten, das zum Trinity College gehört. Und um noch präziser zu sein, ging Rutherford zu dem Physiker Joseph John (J.J.) Thomson, der 1897 das Elektron als Baustein eines Atoms entdecken sollte, was damals als Sensation empfunden wurde. Schließlich hatte J.J. gezeigt, dass das Atom, welches seit der Antike, als unteilbar galt, tatsächlich aus Teilen bestand. Jetzt war plötzlich das Atom im eigentlichen Wortsinne (griechisch *a-tomos*: unteilbar) gar nicht mehr das, was es sein sollte. Aber was war es dann? Thomson schlug kurzerhand vor, sich das Atom im Modell wie einen Rosinenkuchen oder einen Plumpudding vorzustellen, in dem die Elektronen wie Rosinen in einem Teig umhertrieben und von ihm zusammengehalten wurden.

Rutherford hingegen kümmerte sich zunächst genauer um die radioaktive Strahlung, die, wie erwähnt, in Frankreich entdeckt worden war. Bei seinen ersten Untersuchungen fiel ihm auf, dass man zwei Komponenten unterscheiden konnte, die verschieden stark von Hindernissen aufgehalten (absorbiert) wurden. Rutherford nannte sie Alpha- und Betastrahlen, wobei sich die zweite Form als sehr durchdringend erwies und lange rätselhaft blieb. Sie wird uns bei Lise Meitner und Wolfgang Pauli erneut begegnen.

Die Verwandlung der Elemente

Wir benutzen die Namen »Alphastrahlen« und »Betastrahlen« bis heute, wissen aber inzwischen, dass es sich im ersten Fall um Heliumkerne und im zweiten Fall um Elektronen handelt. Herausgefunden haben dies schon Rutherford und seine Mitarbeiter, als er Professor für Physik in Manchester war. Diese Position hatte er 1907 bekommen, nachdem er zuvor einige Jahre in Kanada verbracht hatte, wo er in den ersten Jahren des 20. Jahrhunderts als Professor an der Universität von Montreal tätig war. In dieser Zeit kooperierte er mit dem Chemiker Frederick Soddy. Die beiden analysierten gemeinsam, was mit den Atomen passiert, die strahlen. Und bei ihren Experimenten machten sie eine fantastische Entdeckung. Sie stellten nämlich fest, dass sich die Atome umwandelten, wenn sie Alpha- bzw. Betastrahlen abgaben. Aus dem Element Thorium, einem Mineral, wurde zum Beispiel das Edelgas Argon, und damit nicht genug. Die zwei Wissenschaftler kamen regelrecht nicht mehr aus dem Staunen über ihre eigenen Entdeckungen heraus. Atome schienen einen »Hang zum Selbstmord« zu haben, wie Rutherford trocken meinte, bevor er registrierte, dass er dank der neuen wissenschaftlichen Methoden das beobachten konnte, wovon die alten Alchemisten früher geträumt hatten: die Umwandlung eines Elementes in ein anderes. Die Alchemisten des Mittelalters und der frühen Neuzeit hatten stets gehofft, Blei in Gold »transmutieren« zu können, wobei sie eher meinten, in dem Wertlosen (Blei) etwas Wertvolles (Gold) zu finden. Dies vermochte selbst jemand wie Rutherford nicht, aber mit der Umwandlung von Thorium zu Argon war ihm ein erster Schritt gelungen. (1937 publizierte er sogar ein Buch mit dem Titel *The Newer Alchemy*, das allerdings nur von Physik handelt.)

Rutherfords Interesse galt vielmehr der Frage, was überhaupt bei einem radioaktiven Zerfall passiert, wenn etwa aus Radium Helium entsteht, um ein anderes Beispiel zu nennen. Und er entdeckte dabei, dass es Gesetzmäßigkeiten gab, die er unter anderem mit dem wunderbaren Begriff der »Halbwertszeit« (*half life*) erfasste. Gemeint ist damit die Zeit, die vergeht, bis die Hälfte der Ausgangsmenge eines radioaktiven Elements sich in ein anderes umgewandelt hat.

Auf dem Weg zum Atomkern

Als Rutherford sich 1907 in Manchester einrichten konnte, wählte er zu seinen Mitarbeitern die beiden Physiker Hans Geiger und Ernest Marsden. Der Name des Deutschen Geiger ist heute berühmt durch die – ihm gemeinsam mit Rutherford gelungene – Erfindung eines Zählrohres, mit dem sich radioaktive Strahlung messen lässt. Man spricht dabei von einem Geigerzähler, der heute wenig kostet, der Forschung damals aber zunächst viel einbrachte, weil er auch in der Lage war, die Art der Strahlung zu unterscheiden. So konnten Geiger und Rutherford nachweisen, dass Alphastrahlen tatsächlich aus Teilchen bestehen, und zwar genauer aus Heliumatomen, die zwei Elektronen verloren haben. Heute würde man sofort davon sprechen, dass es sich um Heliumkerne handelt, doch als Rutherford in Manchester tätig wurde, kannte man diesen Begriff noch nicht. Die Fachwelt orientierte sich an dem Rosinenkuchenmodell von J.J. Thomson, und in diesem Bild findet sich keine Struktur, die dem heutigen Atomkern ähnelt. Er musste erst entdeckt werden, und diesen merkwürdig mühsamen Schritt verdanken wir Rutherford.

1911 erschien seine wegweisende Schrift mit dem Titel *The Scattering of Alpha- and Beta-Particles by Matter and the Structure of Atoms*, in der Rutherford die Messungen und Überlegungen zusammenfasste, die er in den letzten zwei Jahren dazu angestellt hatte. Es ging – wie es die Überschrift ausdrückt – um Streuversuche, bei denen besonders wirksam Alphateilchen eingesetzt wurden. Die Männer in Manchester lenkten einen entsprechenden Strahl zum Beispiel auf eine Goldfolie, und sie taten dies primär in der Absicht, genauer herauszufinden, wie sich der Strahl hinter der Folie verteilte bzw. wie er von den Goldatomen gestreut wurde. Dies ist ein bewährtes Vorgehen in den physikalischen Wissenschaften, die dann aus den vermessenen Streuungen, den sogenannten Streuquerschnitten, auf die jeweils untersuchte Struktur rückzuschließen versuchen – ein Verfahren, das niemals einfach, oft aber von Erfolg gekrönt ist. Dieser wird vor allem dann möglich, wenn sich Überraschungen bei den Streuexperimenten zeigen, und vermutlich übertreiben wir nicht, wenn wir sagen, dass es Rutherford war, der die größte aller Überraschungen erleben durfte, die ein Experiment mit sich bringen kann.

Wie es sich gehörte, fing alles normal an, als im Jahre 1909 eine Goldfolie angefertigt wurde, die so dünn war, dass nur wenige Atome hintereinander und den Alphateilchen im Weg lagen, deren Streuung man hinter der Folie messen wollte. Tatsächlich konnte man dort im Rückraum der Folie Strahlung finden, aber ein paar Anteile schienen zu fehlen. Sie konnten erst gefunden werden, als man auch einmal vor der Folie nachschaute. Zur riesengroßen Verblüffung von Rutherford und seinen Mitarbeitern war nämlich ein Teil der Alphateilchen an den Goldatomen abgeprallt und von dort wieder zur Quelle zurückgeschickt worden. In Rutherford Worten: »Es war das unglaublichste Ergebnis, das mir je in meinem Leben widerfuhr. Es war fast so unglaublich, als wenn einer eine 15-Zoll-Granate auf ein Stück Seidenpapier abgefeuert hätte und diese zurückgekommen wäre und ihn getroffen hätte.«

Das Erstaunen war so groß – vor allem, nachdem nachfolgende Versuche das Verhalten der Alphastrahlen bestätigen konnten – dass Rutherford sich erst von dem Schock erholen musste und fast zwei Jahre brauchte, um seine Beobachtung in einem physikalischen Modell deuten zu können. Die heute leicht nachvollziehbare und längst zum Allgemeinwissen gehörende Lösung lautet: Es gibt einen

Atomkern, in dem der Löwenanteil der Masse eines Atoms versammelt ist und um den die Elektronen kreisen. In Rutherfords Worten von 1911: Ein Atom besteht »aus einer zentralen, punktförmig konzentrierten elektrischen Ladung, die von einer gleichförmig sphärischen Ladungsverteilung des entgegengesetzten Vorzeichens und des gleichen Betrags umgeben ist.«

Probleme mit dem Kern

Dieser Vorschlag muss Rutherford arge Kopfschmerzen bereitet haben. Zum einen fügten sich seine neuen Daten überhaupt nicht mit dem sonst so geschätzten Rosinenkuchen- oder Plumppuddingmodell des berühmten J.J. Thomson zusammen. Zum anderen hatte Rutherfords These zum Aufbau des Atomkerns mit der Schwierigkeit zu kämpfen, dass dort alle positiven Ladungen des Atoms auf engstem Raum versammelt sein sollten. Während die (negativ geladenen) Elektronen auf ihren Umlaufbahnen sich noch ausweichen konnten, hockten die Kernbausteine dicht beieinander, was aber nicht sein konnte, da sie sich durch ihre gleichen Ladungen heftig abstoßen mussten. Wieso passierte das nicht? Und zum dritten schien der Atomkern im Vergleich zu dem ganzen Atom so klein zu sein, dass man sich ernsthaft fragen musste, was sich zwischen ihm und den Elektronenschalen befinden konnte. Bei dem Rosinenkuchen war alles besetzt und verklebt und in Ordnung – nur dass damit nicht die beobachtete Streuung der Alphastrahlen bzw. der dazugehörenden Partikel zu verstehen war.

Rutherford rätselte und rätselte und erfand dabei hübsche Formulierungen wie etwa die, dass in seinem Saturnmodell des Atoms »der Raum zwar besetzt, aber nicht gefüllt« sei – »space occupied but not filled«, wie es im Original heißt. Was man bei all dem Ringen um Worte festhalten kann, ist: Rutherford konzipierte das Atom als winziges Planetensystem, in dem der Atomkern die Stelle der Sonne einnahm und die Elektronen als Planeten agierten – mit viel Platz (Leere) dazwischen. Zwar wurde ihm schon früh vorgehalten, dass er damit in das Denken der Renaissance zurückfiel, in der das Große einfach analog zum Kleinen (Mikro- und Makrowelt) verstanden wurde, und außerdem wäre es doch logisch merkwürdig, das makroskopische Planetensystem durch ein mikroskopisches zu erklären, das denselben Gesetzen unterliegt. Aber Rutherford konnte und wollte die Ergebnisse seiner Streuversuche nicht leugnen, weil sich hier die eigentliche Qualität der Naturwissenschaften zeigte. Sie mussten die Welt unter der erschwerten Bedingung des Experiments erklären, und an den zurückprallenden Alphateilchen führte kein spekulativer Ausweg vorbei.

Nach dem Kern

Der Physiker, der die Idee eines Kern rettete und als Erster wirklich verstand, wie ein Atom gebaut ist, hieß Niels Bohr, und er traf 1912 in Manchester ein, um mit Rutherford zu arbeiten. Wir berichten darüber in dem entsprechenden Kapitel und wollen an dieser Stelle noch andere Arbeiten und Leistungen Rutherfords würdigen. 1919 erschien sein Aufsatz mit dem Titel *Zusammenstoß von Alphateilchen mit leichten Atomen*, in dem Rutherford berichtete, dass ein Beschuss von Stickstoff dazu führte, dass Wasserstoffatome entstanden. Er vermutete sogleich, dass es durch die auftreffenden Alphateilchen zu Umwandlungen bei den Atomen gekommen war, und diese Beobachtung machte ihn letztlich zum Entdecker der künstlichen Radioaktivität: Er verwandelte Stickstoff in Sauerstoff und setzte dabei Wasserstoff frei. Rutherford war wirklich ein Alchemist geworden, sodass uns nicht verwundern darf, warum ihm, erstens, der Nobelpreis für Chemie zugesprochen wurde und warum man, zweitens, das Element mit der Ordnungszahl 104 nach ihm benannt hat – eben als Rutherfordium.

1920 äußerte Rutherford in einem Vortrag den Verdacht, dass es neben den positiv geladenen Kernteilchen, die inzwischen Protonen hießen, noch weitere elementare Bausteine im Inneren der Atome geben könnte, und er vermutete, dass sie elektrisch neutral seien. Heute wissen wir, dass es solche Neutronen gibt. Entdeckt hat sie 1932 James Chadwick, ein Schüler Rutherfords. John Cockroft und Ernest Walton, ebenso geistige Ziehsöhne Rutherfords, »vergriffen« sich an der Entdeckung ihres Lehrers: Sie waren als Erste in der Lage, die Atomkerne zu zertrümmern, die Rutherford gefunden hatte. 1951 wurden sie dafür mit dem Nobelpreis für Physik ausgezeichnet.

4

Lise Meitner (1878–1968)

Eine kluge Frau in der Männerwelt

Lise Meitner hat nie einen deutschen Pass besessen, obwohl sie mehr als dreißig Jahre – von 1907 bis 1938 – in Berlin gearbeitet hat. Als sie nach dem Anschluss Österreichs im März 1938 als »Wiener Jüdin«, wie es im Jargon der Nazis hieß, aus Deutschland vertrieben wurde und fliehen musste, hat sie in Schweden eine neue Heimat gefunden. 1946 ist sie dann Staatsbürgerin dieses Landes geworden. Nach Deutschland oder in ihre Heimatstadt Wien ist sie nicht mehr zurückgekehrt. Gestorben ist sie fast neunzigjährig im britischen Cambridge.

Offen gesagt, gab es für Lise Meitner auch keinen Grund, wieder nach Deutschland zu kommen. Hier hatte sich nahezu jeder, der mit ihr zu tun hatte, blamiert so gut er konnte (von den Verbrechen der Nazis ganz zu schweigen), und von irgendeiner Art von Entschuldigung war bis zum Jahre 1991 nichts zu sehen und zu hören. Erst dann hat man ihr nach vielen mündlichen und schriftlichen Protesten einen Platz im Ehrensaal des Deutschen Museums in München eingeräumt: Als eine Art Alibi-Ehrenfrau prangt nun ihr Konterfei in der Nachbarschaft der Köpfe von Otto Hahn und Max Planck. Abgesehen von dieser reichlich spät erfolgten Geste der Wiedergutmachung stellt der Umgang mit Lise Meitner der deutschen, meist von Männern dominierten Forschungselite ein Armutszeugnis aus, und ein biografisches Lexikon, das 1985 in zweiter Auflage erschienen ist und *Große Naturwissenschaftler* vorstellt, informiert seine Benutzer sogar über Heinrich den Seefahrer und Marco Polo, aber von Lise Meitner keine Spur. Sie scheint den männlichen Herausgebern unbekannt geblieben oder zumindest keinen Eintrag wert gewesen zu sein.

Man hält es oft schlichtweg nicht für möglich, wie deutsche Ehrenmänner mit einer großen Frau umspringen können: Als Lise Meitner 1907 frisch promoviert in Berlin eintrifft und an der Universität die Vorlesungen von Max Planck hören will, wird sie von diesem gefragt: »Sie haben doch schon den Doktortitel; was wollen Sie denn jetzt noch?« Und als sie mit Otto Hahn zusammenarbeiten will, darf sie das Gebäude auf Anweisung des Direktors nur durch den Hintereingang betreten. Außerdem hat sie ausschließlich Zugang zu einer eher schlichten Holzwerkstatt und darf sich nicht außerhalb dieses Raumes blicken lassen. Wir wollen nicht fragen, was für eine Toilette ihr zur Verfügung stand, dafür aber erwähnen, dass sie zwar nach ihrer Habilitation 1926 die zu den akademischen Pflichten gehörende Antrittsvorlesung hält, aber dabei von der Presse grob verunglimpft wird: Den Vortrag »Über kosmische Physik«, den die Privatdozentin Lise Meitner hält, verwandelt der fantasielose Berichterstatter der Berliner Presse in einen Vortrag »Über kosmetische Physik«, den ein »Fräulein Meitner« hält.

Wer meint, mit dieser Form der Diskriminierung sei nach dem Zweiten Weltkrieg Schluss gewesen, unterschätzt die Borniertheit der deutschen Nobeleliten. (Manchmal ist zu hören, dass Otto Hahn den Nobelpreis, der Lise Meitner zugestanden wäre, bekommen hat – das könnte stimmen.) Denn als sie Anfang der 1950er-Jahre im Kreise von Kollegen über ein ausschließlich physikalisches Thema referiert, stellt man sie als »langjährige Mitarbeiterin« Otto Hahns vor und unterschlägt dabei einfach, dass sie es war, die im

Winter 1938/39 als Erste verstanden hat, wie viel Energie freigesetzt wird, wenn es zu einer Kernspaltung des Elements Uran kommt.

Noch bis in die 1980er-Jahre führte das Deutsche Museum in München in seinen Katalogen Lise Meitner als schlichte Assistentin von Hahn auf, obwohl sie seit 1926 eine unabhängige Professorin war und der Akademie Leopoldina in Halle sowie der Akademie der Wissenschaft zu Göttingen angehörte. Ihr war der Enrico-Fermi-Preis und die Leibniz-Medaille verliehen worden, und im Ausland hatte man ihr zahlreiche Ehrendoktorhüte aufgesetzt und viele weitere Ehrungen zukommen lassen. Eingeweihte wussten immer schon, dass sie die führende geistige Kraft in dem zu Recht so gelobten Team Hahn/Meitner war. Aus diesem Grunde haben auch die Mitarbeiter der beiden in formalen Schreiben oftmals korrigierend eingegriffen: Den Unterschriften »Otto Hahn, Lise Meitner«, die unter amtlichen Bekanntmachungen und Anordnungen zu finden waren, haben sie durch eine kleine Schlangenlinie eine neue Bedeutung gegeben, die eher den Tatsachen entsprach: »Otto Hahn, lies Meitner«. Ihr häufig zu hörender Ratschlag, »Hähnchen, lass mich das machen, von Physik verstehst du nichts«, ist jedenfalls niemals ernsthaft auf Widerspruch gestoßen. Sie verstand wirklich etwas von Physik, aber sie war eine Frau und musste sich deshalb dauernd hinten anstellen oder gar verstecken.

Aller Anfang ist schwer

Die 1878 in Wien geborene Lise Meitner kann 1901 in ihrer Heimatstadt nur deshalb mit dem Studium der Physik beginnen, weil die österreichischen Universitäten ihre Tore gerade noch rechtzeitig vor der Jahrhundertwende für Frauen geöffnet haben. Sie freut sich damals darauf, die Vorlesungen des berühmten Ludwig Boltzmann zu hören, und durch seine meisterhafte Beherrschung der Wärmelehre angestachelt, steuert sie zielstrebig auf das Thema ihrer Doktorarbeit – Wärmeleitung in homogenen Körpern – zu, die sie 1906 abschließt. Sie ist jetzt 28 Jahre alt und hat bereits einige Umwege in einer von Männern beherrschten Welt in Kauf nehmen müssen. Denn obwohl ihr Vater, ein Wiener Rechtsanwalt mit jüdischen Vorfahren, ihre sich früh zeigende Neigung zur Physik förderte, hatte er verlangt, dass sie erst einen »anständigen« Beruf erlernte. Zu gering schätzte er die Chancen seiner Tochter ein, als Wissenschaftlerin je eine Stelle zu finden. Und Lise tat ihm den Gefallen. Bevor sie sich an der Universität Wien für das Studium der Physik einschrieb, absolvierte sie die notwendigen Prüfungen, um Lehrerin für Französisch werden zu können.

Doch zurück zur Physik. An der naturwissenschaftlichen Fakultät fühlt sich Lise Meitner durch und durch als »Schülerin von Boltzmann«, wie sie selbst 1958 geschrieben hat. An ihrem ersten Lehrer fasziniert sie besonders, wie sehr er »erfüllt war von der Begierde für die Wunderbarkeit der Naturgesetze und ihrer Erfassbarkeit durch das menschliche Denkvermögen«. Von Boltzmanns Schwung regelrecht »mitgerissen«, ist sie zunächst enttäuscht, als sie die unpersönlichen und eher nüchternen Vorlesungen besucht, die Max Planck in Berlin über theoretische Physik hält. Lise Meitner studiert bei ihm seit dem Herbst 1907. Anbei bemerkt, war es damals Frauen nicht ohne Weiteres gestattet, auf preußischen Hochschulen ein Studium aufzunehmen. So konnte Lise Meitner auch nicht einfach in den Hörsaal hineinspazieren – dazu war vielmehr eine persönliche Erlaubnis des Dozenten erforderlich. Und obwohl, wie bereits gesagt, das erste Treffen mit Planck eher unerfreulich verlaufen war, hat sie letztlich seine Zustimmung erhalten und im Laufe ihres Lebens immer mehr Respekt vor seiner Persönlichkeit bekommen. Max Planck sei »als Mensch so wunderbar gewesen«, hat sie gegen Ende ihres Lebens einmal erzählt, »dass, wenn er in ein Zimmer kam, die Luft im Zimmer besser wurde.«

Planck selbst hat bald begriffen, was für ein Talent Lise Meitner besaß, und sie folgerichtig zu seiner Assistentin gemacht. Diese Position behielt sie bis in den Ersten Weltkrieg hinein. 1915 meldete sie sich freiwillig als Röntgenschwester, um in einem Krankenlazarett an der österreichischen Front zu arbeiten. Sie hatte sich eigens durch medizinische Kurse auf diese Aufgabe vorbereitet.

Der Erste Weltkrieg

Aus Sicht der Wissenschaft hat der Erste Weltkrieg insofern eine entscheidende Bedeutung, als dass hier zum ersten Mal mit direkter Hilfe der Chemiker und Physiker gekämpft wurde. Bekannt geworden ist vor allem der Einsatz chemischer Waffen, den alle Kriegsparteien mit Macht erprobt haben – nicht nur die Deutschen. Deren Anstrengungen waren unter der Führung von Fritz Haber nur die größten »Erfolge« beschieden, wenn man die tatsächlich erfolgte Tötung von Tausenden von Menschen so nennen darf. Zwar hat Lise Meitner nichts mit diesem gefährlichen und inhumanen Aspekt der Forschung zu tun, aber der Gaskrieg soll hier deshalb erwähnt werden, um den Kritikern der Wissenschaft an Meitners Beispiel zu zeigen, dass man es sich nicht zu einfach machen sollte, wenn man bestimmte Handlungen von Personen moralisch be- oder verurteilen möchte. Immer gilt es, die Zeitumstände zu berücksichtigen. Lise Meitner hat nämlich trotz ihres grundsätzlichen Abscheus vor kriegerischen Auseinandersetzungen sehr wohl verstanden, warum sich einige ihrer Kollegen um den Einsatz chemischer Waffen bemühten: Denn »vor allem ist jedes Mittel barmherzig, das diesen schrecklichen Krieg abzukürzen hilft«, schreibt sie im März 1915. Und wer will sie für diesen Gedanken wirklich tadeln, der dreißig Jahre später seitens der Amerikaner erneut auftauchte, nachdem die erste Atombombe auf Hiroshima abgeworfen worden war?

Radiochemie

Lise Meitner wollte mit dem oben zitierten Schreiben ihren Freund und Kollegen Otto Hahn trösten, der damals im Fronteinsatz stand. Ihm verdankte sie viel. Denn Hahn hatte ihr acht Jahre zuvor die große Chance gegeben, selbstständig experimentell zu arbeiten. Wie kam es dazu?

Otto Hahn hatte sich im Frühjahr 1907 habilitiert und dabei für die Wissenschaft ein neues Gebiet erschlossen, das er Radiochemie nannte. Es ging darum, die radioaktiven Substanzen, mit denen zum Beispiel das Ehepaar Marie und Pierre Curie in Paris beschäftigt war, chemisch sorgfältig zu charakterisieren. Hahn hatte verstanden, dass es – modern ausgedrückt – auf Teamwork ankam, und so suchte er als Chemiker einen Physiker, der ihm zur Hand gehen konnte. Da er gerade aus den USA zurückgekommen war, wo er mit gleichaltrigen jungen Forscherinnen zusammengearbeitet hatte, und er zudem »eine ausgesprochene Schwäche für das weibliche Geschlecht« zeigte, wie es ein Biograf formuliert hat, konnte es auch eine Physikerin sein, und so bekam Lise Meitner ihre Chance in der Wissenschaft.

Wenngleich Meitner nur in einer Holzwerkstatt experimentieren durfte, erlebte sie nun in Berlin-Dahlem ihre »unbeschwertesten Arbeitsjahre«: »Die Radioaktivität und Atomphysik waren damals in einer unglaublich raschen Fortentwicklung; fast jeder Monat brachte ein wunderbares, überraschendes, neues Ergebnis in einem der auf diesem Gebiet arbeitenden Laboratorien. Wenn unsere eigene Arbeit gut ging, sangen wir zweistimmig, meistens Brahmslieder, wobei ich nur summen konnte, während Hahn eine sehr gute Singstimme hatte. Mit den jungen Kollegen am Physikalischen Institut hatten wir menschlich und wissenschaftlich ein gutes Verhältnis. Sie kamen uns öfters besuchen, und es konnte passieren, dass sie durch das Fenster der Holzwerkstatt hereinstiegen, statt den üblichen Weg zu nehmen. Kurz, wir waren jung, vergnügt und sorglos, vielleicht politisch zu sorglos.«

Bald waren die unbeschwerten Tage in der Werkstatt gezählt. Die 1911 gegründete Kaiser-Wilhelm-Gesellschaft – die heutige Max-Planck-Gesellschaft – richtete in kurzer Zeit in Dahlem ein stattliches Kaiser-Wilhelm-Institut für Chemie ein, in welches das Gespann Hahn/Meitner 1913 umzog. Nach den Schrecken des Ersten Weltkriegs und ihrer Arbeit in österreichischen Frontspitälern übernahm 1917 Lise Meitner dort ihre eigene Abteilung, die »physikalisch-radioaktive«, und durfte fortan offiziell den Professorentitel führen.

Es ist Lise Meitner keineswegs leichtgefallen, 1917 nach Berlin zurückzukehren. Doch ein Brief von Hahn, der in höchster Aufregung war, stimmte sie um. Er schrieb, »dass unsere Abteilung für militärische Zwecke verwendet würde«, falls sie sich nicht dort blicken ließ, und zwar für längere Zeit. Lise Meitner reagierte. Denn »da unsere Untersuchungen über das [chemische Element] Proaktinium als

Muttersubstanz des Aktiniums sehr genau reproduzierbare Messungen mit festgeschraubten Apparaten usw. erforderten, hätte die Wegnahme unserer Abteilung unsere jahrelange Arbeit zunichte gemacht. Daher kam ich im September 1917 für dauernd nach Dahlem zurück, um die Arbeit zu Ende zu führen« – etwas, das sie ohne die Hilfe von Planck nicht geschafft hätte, der ihr die militärischen Herren vom Hals halten konnte.

Betastrahlen

Proactinium und Actinium – damit sind konkrete Hinweise auf das wissenschaftliche Thema gefallen, um das sich das Hahn-Meitner-Team gekümmert hat. 1908 konnte das Duo seine erste gemeinsame Arbeit publizieren, die von dem chemischen Element Actinium handelte, das radioaktiv und etwas schwerer war als das berühmte Radium des französischen Ehepaars Curie. Damals gab es schon ein Periodensystem der Elemente, in das die erkannten Atomsorten mit einer Ordnungszahl eingetragen wurden. Diese Ordnungszahl reihte die Atomsorten der Größe nach auf, wobei die Zählung beim Wasserstoff mit 1 begann und vorläufig beim Radium bei 89 endete. Was aber dieser aufsteigende Zahlenwert physikalisch bedeutete, darauf konnte sich um 1908 niemand einen so rechten Reim machen. Lise Meitner wusste nur, dass es eine »Muttersubstanz« für das Actinium gab, womit ein Element gemeint war, das selbst radioaktiv strahlte, und zwar so, dass dabei Actinium herauskam. Gemeinsam mit Hahn machte sie sich auf die Suche nach diesem Element, das sie Proactinium nannten und schließlich 1917 fanden. Sie konnten ihm die Ordnungszahl 91 zuweisen, was eins kleiner ist als der entsprechende Wert für das Uran, das als Element 92 berühmt werden sollte, nachdem mit ihm Atombomben konstruiert werden konnten.

Bei ihren Untersuchungen konzentrierte sich Lise Meitner auf Elemente, die als Betastrahler bekannt waren, das heißt auf Elemente, die von Rutherford als Betastrahlen bezeichnete Energieform aussendeten, von der man bald wusste, dass sie aus Elektronen bestand. Bei diesen Elektronen fiel Lise Meitner nun etwas Merkwürdiges auf. Sie konnte nämlich nachweisen, dass diese negativ geladenen Teilchen aus dem Atomkern kamen, also von dort, wo es gar keine Elektronen geben sollte bzw. konnte. Zudem konnten die Elektronen alle möglichen Geschwindigkeiten annehmen, was die Physiker dadurch ausdrückten, dass sie sagten, die Betastrahlen zeigen ein kontinuierliches Spektrum.

Beide Erkenntnisse waren sensationell, wenn dies auch heute nicht mehr leicht zu sehen ist. Zur Erinnerung: Die Physiker lebten damals in der Annahme, dass die Welt allein aus zwei Bausteinen besteht, dem Proton, das schwer und positiv geladen ist, und dem Elektron, das leicht und negativ geladen ist. Um 1912 hatte Ernest Rutherford bei Streuversuchen herausgefunden, dass Atome aus einem Kern und einer Hülle bestehen, wobei im Atomkern alle Protonen – und damit fast die ganze Masse – vereinigt sind, während die Elektronen dieses Zentrum auf Schalen umrunden. Zwar wurde dem Dänen Niels Bohr, der uns noch beschäftigen wird, sofort klar, dass damit das Ende der Fahnenstange der klassischen Physik erreicht war, weil mit ihr die Stabilität eines solchen kreisenden Systems nicht zu erklären war. Aber die neue Theorie, die an ihre Stelle treten sollte, kannte zunächst natürlich noch niemand. Sie wurde erst um 1925 als revolutionäre »Quantenphysik« der Atome aufgestellt. Es mussten also noch dreizehn Jahre vergehen, in denen weitgehend Verwirrung unter den theoretischen Physikern herrschte. In dieser Zeit galt es, sich an die Experimente zu halten und hier Orientierung zu suchen. Auf diesem Sektor war Lise Meitner wegweisend. Auch wenn ihre zuverlässigen und genauen Messungen eher noch mehr Überraschungen an den Tag brachten, die der klassischen Physik zuletzt das Genick brachen, so gaben ihre Daten und Beobachtungen doch den neuen geistigen Rahmen vor, in dem man Halt finden und sich umsehen konnte.

Meitners Ergebnisse waren tatsächlich die große Herausforderung für die Physiker: Wie kamen die Elektronen, die sie bei Betastrahlern wie Proactinium untersuchte, erstens in den Kern der Atome hinein und zweitens wieder heraus? Dass hierin eine schwerwiegende Besonderheit stecken musste, zeigte vor allem die von Lise Meitner mehrfach bestätigte – wenn auch von Kollegen gerne als Fehlmessung zurückgewiesene – Tatsache, dass die Elektronen der Betastrahler alle möglichen Energien annehmen konnten und damit deutlich von all den scharfen Linien und diskreten Übergängen abwichen, die man sonst von den Atomen her gewohnt war.

Eben dieses kontinuierliche Spektrum der beim Betazerfall freiwerdenden Elektronen hat Niels Bohr eine Zeit lang auf den kühnen Gedanken gebracht, dass bei diesem Prozess die Erhaltung der Energie aufgeweicht sein und nur statistisch gelten könnte. Gelöst wurde die Frage später durch Wolfgang Pauli, der vorschlug, dass in der Betastrahlung neben den Elektronen noch ein weiteres physikalisches Etwas – das heutige Neutrino – zu finden sei, und dass sich die beiden Zerfallsprodukte die Energie zufällig aufteilten.

Das Neutron

Der ganze Vorgang des Atomzerfalls konnte erst dann wirklich gut verstanden werden, als zu Beginn der 1930er-Jahre der Brite James Chadwick nachweisen konnte, dass es neben den Elektronen und Protonen tatsächlich noch mindestens einen anderen – und zwar ungeladenen – Baustein der Materie gibt, den man seiner Neutralität wegen Neutron nannte.

Mit dem Auftauchen des Neutrons beginnt für Lise Meitner – und nicht nur für sie – ein völlig neuer Arbeitsabschnitt. Überall auf der Welt besorgen sich Wissenschaftler Neutronenquellen, um die ungeladenen Partikel auf Atome und deren Kerne zu lenken. Sie unternehmen dies in der Hoffnung, dass es den Neutronen gelingt, bis zu den Atomkernen vorzudringen und sich in ihnen einzunisten. Dahinter steckt bis zu einem gewissen Grad der alte Traum der Alchemisten, unedle Stoffe in edle umzuwandeln; dahinter steckt auf jeden Fall aber auch die Neugierde, verstehen zu wollen, wie die Stabilität eines Atomkerns zustande kommt. Was hält die positiv geladenen Protonen dort wie zusammen? Welche Kraft agiert hier? Und können die Neutronen etwas von ihr spüren und dem Experimentator vermelden?

Aufschluss auf all diese Fragen sollte das Bombardement der Atome mit ungeladenen Teilchen bringen. Wenn diese von einem Atomkern eingefangen würden, konnte dabei ein neues, künstliches Element entstehen. Unter der Prämisse machte sich die Gemeinschaft der Physiker, unter anderem auch Lise Meitner, an die Arbeit: Bringe Neutronen in einen Urankern und produziere auf diese Weise ein größeres Element, das als Transuran bezeichnet wurde.

Vertreibung

Was für Lise Meitner eine spannende wissenschaftliche Zeit mit einem internationalen Wettlauf hätte werden können, erfuhr plötzlich eine brutale Unterbrechung. Wir sind im Jahre 1938, und die Nationalsozialisten marschieren in Österreich ein und schließen das Land an ihren Staat an. Der Schutz, den Wiener Juden bis dahin noch hatten, verschwindet über Nacht, und Lise Meitner droht die Verhaftung. Sie flieht nach Schweden, und wenn dadurch auch das nackte Leben der inzwischen 60-jährigen Frau gerettet wird, so ist sie von heute auf morgen zur Untätigkeit verdammt, da ihre sämtlichen Arbeitsmittel in Berlin bleiben. Man sollte sich da nichts vormachen. So freundlich sie in Schweden aufgenommen wird, und so großzügig man ihr ein Gehalt zahlt und Gerätschaften zur Verfügung stellt – sie ist plötzlich allein und von der Welt abgeschnitten, was auch mit der Sprache zu tun hat, die sie erst lernen muss. Im März 1939 schreibt sie: »Ihr könnte Euch nicht vorstellen, was es für einen Menschen meines Alters bedeutet, seit neun Monaten in einem kleinen Hotelzimmer zu wohnen und mit der Angst, dass niemand die nötig Zeit hat, um meine Angelegenheiten in Berlin vorwärtszubringen. Und hier im Institut bin ich auch ganz ohne Hilfe. Mein Leben ist so leer, dass es wirklich nicht dafür steht, ein Wort darüber zu sagen.«

Einige der genannten »Angelegenheiten« werden schon weitergebracht. Otto Hahn und sein neuer Mitarbeiter Fritz Straßmann untersuchen mit zunehmender Neugierde, was passiert, wenn Neutronen auf Uran treffen, und unter anderem gehen sie einer vagen Nachricht aus Paris – aus dem Laboratorium der Tochter von Marie Curie – nach, der zufolge bei dem Beschuss gar keine Transurane mit höherer Ordnungszahl (höher als 92) entstehen. Man mutmaßt nun vielmehr, dass Elemente mit kleinerer Ordnungszahl – wie das Radium mit 88 – gebildet werden. Hahn und Straßmann wollen das überprüfen und kommen bald aus dem Staunen nicht mehr heraus. Die vermuteten Radiumatome verhielten sich eher wie Bariumatome, und die mussten, da das Element Barium die Ordnungszahl 56 trug, ungefähr halb so groß wie die von Neutronen getroffenen Uranatome sein. Der Schluss, den sie daraus zogen, war unumgänglich: Der Kern des Uran musste zerplatzt sein.

Kernspaltung

Lise Meitner, die untätig in Schweden ausharren musste und ungeduldig auf Nachrichten aus Berlin wartete, hat 1963 in einem Beitrag über »Wege und Irrwege zur Kernenergie« beschrieben, was im Dezember 1938 passiert war, als erst die Kernspaltung von Hahn und Straßmann in Berlin entdeckt und danach von ihr im hohen Norden Europas verstanden werden konnte: »Ich möchte betonen, dass der Nachweis des Bariums bei der geringen Intensität der zu identifizierbaren Präparate wirklich ein Meisterstück radioaktiver Chemie war, das in der damaligen Zeit kaum jemand anderem hätte gelingen können als Hahn und Straßmann. Hahn teilte mir brieflich Weihnachten 1938 das sowohl ihn als auch Straßmann sehr überraschende Resultat ihrer letzten Versuche mit. Ich war damals an der schwedischen Westküste in Kungälv, um dort mit [meinem Neffen] Otto Robert Frisch, der von Kopenhagen herübergekommen war, ein paar gemeinsame Weihnachtsfeiertage zu haben. Begreiflicherweise klang Hahns Brief richtig aufgeregt und er fragte, was ich als Physikerin über dieses Ergebnis dächte. Ich wurde beim Lesen des Briefes selbst ganz aufgeregt vor Erstaunen und –

ehrlich gesagt – auch beunruhigt. Ich kannte zu genau Hahns und Straßmanns ungewöhnliches chemisches Wissen, um auch nur eine Sekunde an der Richtigkeit ihrer überraschenden Ergebnisse zu zweifeln. Ich begriff, dass diese Resultate einen ganz neuen wissenschaftlichen Weg eröffneten – aber wie sehr waren wir in den frühen Arbeiten [bei der Suche nach Transuranen] in die Irre gegangen.«

Nach der Lektüre von Hahns Brief beginnt Lise Meitner bei einem Spaziergang durch die weihnachtliche Stille mit ihrem Neffen eine Diskussion über die Frage, was mit und in einem Urankern passiert, der von einem Neutron (oder mehreren) getroffen wird und dabei in Stücke zerspringt. Als Vorstellung legten sie ein – heute zwar als unzureichend erkanntes, damals aber hilfreiches – Modell des Atomkerns zugrunde, das auf Niels Bohr zurückging und bei dem ein Kern als Tröpfchen gesehen wurde, dessen runde Form wie die eines Wassertropfens durch eine Oberflächenspannung zustande kommt: »Wir kamen in der Diskussion zu folgendem Bild: Wenn in dem hochgeladenen Urankern – in dem durch die gegenseitige Abstoßung der Protonen die Oberflächenspannung stark vermindert ist – durch das eingefangene Neutron die kollektive Bewegung der Kerne genügend heftig wird, so kann sich der Kern in die Länge ziehen; es bildet sich eine Art Taille, und schließlich erfolgt die Trennung in zwei ungefähr gleich große, leichte Kerne, die dann wegen ihrer gegenseitigen Abstoßung mit großer Heftigkeit auseinanderfliegen. Wir konnten aus diesem Bild auch die dabei frei werdende Energie abschätzen.« Und diese war so gewaltig, dass die beiden Wissenschaftler zutiefst erschrocken sind und den Rest des Weges schweigend zurücklegten. Das Ergebnis des vorweihnachtlichen Gesprächs im Schnee wurde Anfang 1939 in englischer Sprache publiziert, und damit kam die Spaltung – die Fission – von Atomen in die Welt und die Geschichte.

Es ist schon merkwürdig, dass die Kernspaltung ausgerechnet am Vorabend des Zweiten Weltkriegs entdeckt wird, was unmittelbar zu einem riesigen Interesse an den ungeheuren Mengen an Energie führt, die dabei freigesetzt werden können. Schon im Januar 1939 war die Information darüber via Kopenhagen in Washington angekommen, und »die weitere Entwicklung ist bekannt«, wie Lise Meitner 1963 lakonisch feststellen konnte.

Als der Krieg zu Ende ging und die erste Atombombe zum Einsatz gekommen war, schreibt sie Otto Hahn einen Brief, der seinen Adressaten leider nie erreicht hat. Sie macht ihm wegen der Kernspaltung natürlich keine Vorwürfe, aber die damit zusammenhängenden Gräueltaten der Nazis spricht sie unverblümt an: »Das ist ja das Unglück von Deutschland, dass Ihr alle den Maßstab für Recht und Fairness verloren habt. Du hattest mir selbst im März 1938 erzählt, dass [man] gesagt hat, dass schreckliche Sachen gegen die Juden gemacht werden würden. (...) Ihr habt auch alle für Nazi-Deutschland gearbeitet und habt auch nie nur einen passiven Widerstand zu machen versucht. (...) Du wirst Dich vielleicht erinnern, dass ich, als ich noch in Deutschland war, Dir oft sagte: ›Solange wir nur die schlaflosen Nächte haben und nicht Ihr, solange wird es in Deutschland nicht besser werden.‹ Aber Ihr hattet keine schlaflosen Nächte. Ihr habt nicht sehen wollen, es war zu unbequem.«

Aus diesen wenigen Zeilen geht hervor, warum für Lise Meitner nach den Ereignissen des Zweiten Weltkriegs und angesichts des »verschleierten Blicks« ihrer Kollegen gegenüber dem Naziterror nach 1945 in Deutschland kein Leben mehr möglich war. Otto Hahn trifft sie noch einmal Ende 1945 in Stockholm, als ihm der Nobelpreis für Chemie zuerkannt wird. Lise Meitner selbst geht leer aus.

5

Albert Einstein (1879–1955)

Der Mann des Jahrhunderts

Albert Einstein wurde am 14. März 1879 in Ulm geboren und starb am 18. April 1955 in Princeton (New Jersey). Seine Schulzeit verbrachte er in München und im schweizerischen Aarau, sein Studium absolvierte er an der Eidgenössischen Technischen Hochschule (ETH) in Zürich. Nach dem Examen nahm Einstein die Schweizer Staatsbürgerschaft an, und von 1902 bis 1909 fand er Arbeit am Patentamt in Bern. In diese Zeit fällt sein als *Annus mirabilis* bezeichnetes Wunderjahr von 1905, in dem der 26-jährige Angestellte III. Klasse die Physik und unser Weltbild revolutioniert – zum einen, weil er eine neue Auffassung vom Wesen von Raum und Zeit vorlegt, in der beide zu einer Raumzeit verschmelzen, und zum anderen, weil er befindet, dass der Quantensprung, den Max Planck im Jahre 1900 als mathematische Hilfsgröße in die Wissenschaft gebracht hat, physikalisch real ist. Just mithilfe ebendieser mathematischen Größe, so Einstein, entsteht das Licht, und zwar in Quantenform, und das ist seiner Ansicht nach wahrlich eine revolutionäre Entdeckung.

Biografisches

Einsteins Gedanken sind so ungewohnt und geraten so sehr mit dem gesunden Menschenverstand in Konflikt, dass die offizielle Wissenschaft ein paar Jahre braucht, bis sie ihren künftigen Star überhaupt wahrnimmt. Er wird erst im Jahre 1909 als Professor nach Zürich berufen – und dann auch nur als ein außerordentlicher. Den Sprung zum Ordinarius schafft Einstein erst 1911, und zwar dank der Deutschen Universität in Prag, wo er aber nicht lange bleibt. Bereits 1912 kehrt er in die Schweiz zurück, die er zwar liebt, aber ihn oft genug peinlich beargwöhnt. Am Vorabend des Ersten Weltkriegs folgt (der einer breiten Öffentlichkeit nach wie vor völlig unbekannte) Einstein dem Ruf von Max Planck und wechselt in die deutsche Hauptstadt. In Berlin wird er Direktor des Kaiser-Wilhelm-Instituts für Physik ohne Lehrverpflichtung und hauptamtliches Mitglied der Preußischen Akademie der Wissenschaften.

1915 stellt Einstein auf einer Sitzung der Akademie eine wesentlich erweiterte Fassung seiner neuen Vorstellungen von Raum und Zeit vor, die als allgemeine Relativitätstheorie bekannt geworden sind und ein merkwürdiges Bild des Kosmos zeigen. Einstein zufolge leben wir nämlich auf der Oberfläche einer positiv gekrümmten vierdimensionalen Raumzeit. Das hört sich (nicht nur) für den Laien völlig unverständlich an, aber die dieser These entsprechenden physikalischen Ideen sind präzisen Messungen zugänglich und damit quantitativ überprüfbar. Als die geeigneten Experimente 1919 unternommen werden und offiziell bestätigen, dass Einsteins Ideen das Universum besser beschreiben als die Vorstellungen von Isaac Newton, an denen man sich seit Jahrhunderten orientiert hatte, ist ein neuer Star geboren. Einstein kommt auf die Titelseite der populären Zeitungen, und die Relativitätstheorie wird zum Stadtgespräch. Von nun an wächst er in die Rolle eines Weltweisen, und sein Gesicht entwickelt sich nach und nach zu einer Ikone.

Der 1921 mit dem Nobelpreis für Physik ausgezeichnete Einstein wird nach der Bestätigung seiner Theorie bald von aller Welt umworben, nur nicht in Deutschland und erst recht nicht von den Nazis. In seiner Heimat entsteht eher eine hässliche Stimmung gegen ihn. Bereits 1920 organisiert eine »Arbeitsgemeinschaft deutscher Naturforscher zur Erhaltung reiner Wissenschaft« eine Großkundgebung gegen Einstein und die Relativitätstheorien in der Berliner Philharmonie, und die Anfeindungen nehmen mit dem wachsenden Antisemitismus zu. 1933 tritt Einstein aus der Preußischen Akademie der Wissenschaft aus und emigriert in die USA. Im Oktober trifft er in New York ein, und 1935 bezieht Einstein in Princeton (New Jersey) das Haus in der Mercer Street, in dem er bis zu seinem Tode wohnen wird. Einstein arbeitet in den ihm verbleibenden zwanzig Jahren an dem Institute for Advanced Studies, das in Princeton eingerichtet worden ist und wie für ihn geschaffen wirkt.

1939 empfiehlt er in einem berühmten Brief dem amerikanischen Präsidenten F. D. Roosevelt, möglichen deutschen Bemühungen um eine Atombombe zuvorzukommen, deren Bau im Rahmen der damals entwickelten Physik gelingen kann. Die Tatsache, dass im Laufe seines Lebens mithilfe einer abstrakten Wissenschaft der Weg zu konkreten Vernichtungswaffen gefunden werden konnte, entlockt Einstein kurz vor seinem Tod die Bemerkung: »Wäre ich noch einmal ein junger Mensch und stünde ich erneut vor der Entscheidung über den besten Weg, meinen Lebensunterhalt zu verdienen, so würde ich nicht Wissenschaftler, Gelehrter oder Pädagoge, sondern eher ein Klempner oder Hausierer werden wollen, in der Hoffnung, mir damit jenes bescheidene Maß von Unabhängigkeit zu sichern, das unter heutigen Verhältnissen noch erreichbar ist.«

Seine wissenschaftliche Neugier kann Einstein aber nicht ablegen. Bis zuletzt beschäftigen ihn Fragen der Physik, deren theoretische Grundlegung ihm unlösbare Schwierigkeiten bereitet. Unermüdlich denkt Einstein etwa über die Frage nach, was Licht wirklich ist, das sowohl als Welle als auch als Partikel (als Quantum) in Erscheinung treten kann. Zwar meinen viele Zeitgenossen, die Antwort zu kennen, wie er ironisch anmerkt, aber Einstein zufolge sind sie im Irrtum. Das Geheimnis bleibt, und das Gefühl dafür gefällt ihm.

Das Wunderjahr 1905

1905 ist Einstein 26 Jahre alt. Er lebt in Bern, und sein Leben als Angestellter des Patentamtes lässt ihm Zeit genug, fünf Arbeiten zu publizieren, die jede für sich sensationell und nobelpreiswürdig ist (vgl. Tabelle zum Wunderjahr). Genauer gesagt, schließt Einstein zunächst zwischen dem 17. März und dem 30. Juni vier Manuskripte ab, die sich mit höchst unterschiedlichen Themen beschäftigen. Zwei haben mit der Dimension und der Diffusion von Molekülen zu tun – Letztere ist als Brown'sche Bewegung bekannt –, und zwei befassen sich mit der Natur und Ausbreitung von Licht. Im September fügt Einstein dem Quartett noch als eine Art Coda seine Antwort auf die eher langweilig klingende Frage hinzu: Ist die Trägheit eines Körpers von seinem Energieinhalt abhängig?

Einsteins Antwort »Ja« ist weniger wichtig als die Form, die er ihr gibt. Die Trägheit eines Körpers steckt in seiner Masse m, und Einstein entdeckt, dass ihr eine Energie E entspricht. Er leitet zwischen den beiden Größen die wohl berühmteste mathematische Formel der Welt ab. Sie hat längst den Weg auf viele T-Shirts gefunden und lautet: »E gleich m mal c Quadrat« oder kürzer: $E = mc^2$. Der Buchstabe c steht dabei für die Geschwindigkeit, mit der sich Licht in einem leeren Raum ausbreiten kann.

Die Lichtgeschwindigkeit taucht in der berühmten Einstein-Formel $E = mc^2$ nicht zufällig auf. Sie bekommt in seiner Physik die Doppelrolle, eine Naturkonstante zu sein und eine obere Grenze darzustellen. Nichts kann sich schneller als Licht bewegen, was auch heißt, dass die Übertragung von Information nicht beliebig schnell sein kann, sondern so viel Zeit braucht wie das Licht. Auch die Information über die Zeit selbst braucht Zeit, die nicht so absolut sein kann, wie es sich der gewöhnliche Menschenverstand denkt. Einstein erkennt, dass sie nur relativ zum Ort ihrer Messung bestimmbar ist, und die genaue Darstellung dieser Zusammenhänge heißt heute Relativitätstheorie. Sie erscheint zum ersten Mal 1905 unter dem eher unauffälligen Titel *Zur Elektrodynamik bewegter Körper* und wirkt auf Einsteins Zeitgenossen so merkwürdig, dass sie sich noch mehr als ein Jahrzehnt später scheuen, ihm dafür den Nobelpreis zu geben. Diese Auszeichnung bekommt er stattdessen für seinen Hinweis, der ebenfalls aus dem Wunderjahr stammt. Der besagt, dass sich die Eigenschaften von Licht nur erklären lassen, wenn man ihm zubilligt, sowohl Welle als auch Teilchen zu sein. Einstein selbst hält diese Einsicht in die Dualität des Lichts für seine eigentliche revolutionäre Tat von 1905. Sie gibt ihm allerdings zugleich das Gefühl, den Boden unter den Füßen verloren zu haben, an dem die Physik seit Jahrhunderten gezimmert hatte. Auf ihm sollten objektive Gesetze errichtet, die unabhängig von einem Beobachter galten und ohne ihn formuliert werden konnten. Zu seinem eigenen Erstaunen musste Einstein nun feststellen, dass dieser Boden brüchig war. Denn die Natur des Lichtes hing nicht allein von der untersuchten Strahlung ab, sondern auch von der Frage, die ein Physiker im Experiment stellte. Mit anderen Worten, Einstein hatte die erste Frage der Physik entdeckt, für die es keine objektive Antwort gab. Die klassische Epoche seiner Wissenschaft war damit zu Ende. Die Zeit der Moderne konnte beginnen.

Die fünf großen Arbeiten des Wunderjahres 1905

1) Über einen die Erzeugung und Verwandlung des Lichts betreffenden heuristischen Standpunkt, *Annalen der Physik,* Band 17, S. 132-184; eingegangen am 18. März 1905
2) Eine neue Bestimmung der Moleküldimension, Dissertation, beendet am 30. April 1905, gedruckt bei K.J. Wyss, Bern [später geringfügig verändert erschienen unter dem gleichen Titel in *Annalen der Physik,* Band 19 (1906), S. 289-305]
3) Über die von der molekularkinetischen Theorie der Wärme geforderte Bewegung von in ruhenden Flüssigkeiten suspendierten Teilchen, *Annalen der Physik,* Band 17, S. 549-560; eingegangen am 11. Mai 1905
4) Zur Elektrodynamik bewegter Körper, *Annalen der Physik,* Band 17, S. 891-921; eingegangen am 30. Juni 1905
5) Ist die Trägheit eines Körpers von seinem Energieinhalt abhängig?, *Annalen der Physik,* Band 18, S. 639-641; eingegangen am 27. September 1905

Das Licht

Einsteins Weltruhm gründet sich auf seine Relativitätstheorien, die er einmal in einem Satz zusammengefasst hat: »Früher hat man geglaubt, wenn alle Dinge aus der Welt verschwinden, so bleiben noch Raum und Zeit übrig; nach der Relativitätstheorie verschwinden aber Zeit und Raum mit den Dingen.«

In diesem Kapitel geht es vor allem um seine Beiträge zu den Quanten und ihren Sprüngen. Sie alle haben zunächst mit Licht zu tun. Wer will, kann Einsteins Leben und Leistung allein im Lichte von Licht sehen und darstellen: Erstens bestand seine frühe revolutionäre Tat in der Einsicht, dass die Frage nach der Natur des Lichts keine eindeutige Antwort kennt und sowohl von Wellen als auch von Teilchen handeln muss, wenn man die Ausbreitung von Strahlung sowie das Zusammentreffen des Lichts mit Atomen erfassen will. Für diese Einsicht in die Dualität hat er den Nobelpreis für Physik bekommen. Zweitens gelangte Einstein zu Weltruhm, als sich zeigte, dass der Weg eines Lichtstrahls durch die Sonne exakt so gekrümmt wird, wie er zuvor in seiner allgemeinen Relativitätstheorie ausgerechnet hatte. Ein dritter Gesichtspunkt steckt in der fünften Arbeit des Wunderjahres, mit der die berühmte Formel $E = mc^2$ in die Welt gekommen ist. Deren Kern hat Einstein einmal durch den simplen Satz ausgedrückt: »Masse und Energie sind wesensgleich.« Wenn aber die Masse eines Körpers ein direktes Maß für die in ihm enthaltene Energie ist, dann heißt das in Einsteins Worten: »Das Licht überträgt Masse«. Als ihm diese Einsicht kommt, kommentiert er sie mit den Worten: »Die Überlegung ist lustig und bestechend; aber ob der Herrgott nicht darüber lacht und mich an der Nase herumgeführt hat, das kann ich nicht wissen.«

Das Licht taucht erneut später in Einsteins Leben auf. 1929 stellen amerikanische Astronomen zu ihrer großen Überraschung fest, dass die Wellenlänge der von Sternen ausgehenden Strahlung zum roten (langwelligen) Ende hin verschoben wird, wenn ihr Abstand von der Erde zunimmt. Zum Glück konnten Einsteins Gleichungen die inzwischen als Rotverschiebung bekannte Beobachtung sofort erklären. Sie zeigen nämlich ein Universum, das sich ausdehnt (expandiert). Die Sterne, die wir sehen, sind also von uns weg flüchtende Objekte, und das von ihnen ausgesendete Licht verändert seine Wellenlänge so, wie es die Töne von hupenden Autos tun, die an einem Fußgänger vorbeirasen.

Es gab davor noch einen weiteren Fortschritt mit dem Licht, als sich Einstein der Frage zuwendete, wie wohl Sterne Licht aussenden. Genauer genommen, müsste die Frage eigentlich lauten: Wie senden die Atome der Sterne Licht aus? Einstein antwortet darauf im Jahre 1916, als ihm »ein prächtiges Licht aufgeht«, wie er damals schreibt. Ihm gelingt nämlich die »verblüffend einfache Ableitung« des Gesetzes, das die Lichtaussendung (Emission) von festen Körpern regelt und das ursprünglich von Planck aufgestellt worden war.

Wer sich die Aufgabe stellt, ein physikalisches Gesetz abzuleiten, muss allgemein mit einem Modell beginnen. In dem konkreten Fall der Lichtentstehung musste Einstein mit einem Modell des leuchtenden Materials beginnen und fragen, welche Eigenschaften die dort versammelten Atome benötigten, um die Strahlung zu produzieren, die im Experiment – also in der Wirklichkeit – nachgemessen worden ist. Einstein rechnete dabei mit Atomen, in denen die Elektronen auf Bahnen umliefen. Er versuchte nun, aus den Übergängen zwischen getrennten Elektronenbahnen und den frei werdenden Lichtenergien das Aussehen (Spektrum) der farbigen Strahlung vorherzusagen, die jeder beim Betätigen von Kochplatten oder beim Erhitzen von Metallen beobachten kann und sich von Physikern präzise vermessen ließ.

1917 publizierte Einstein die nur sieben Seiten umfassende Arbeit *Zur Quantentheorie der Strahlung*, in der er seine Ergebnisse und Einsichten vorstellte. In der Einleitung kündigt er selbstbewusst an, dass seine Abhandlung »über den für uns noch so dunklen Vorgang der Emission und Absorption der Strahlung durch die Materie einige Klarheit zu bringen scheint«.

Man kann darüber streiten, ob dieser Anspruch gerechtfertigt erscheint oder nicht. Man kann aber nicht darüber streiten, dass Einstein mit dieser Arbeit einen neuen Gedanken in die Welt der Physik gebracht hat, der heute in Lasern genutzt wird. Einstein stellt nämlich fest, dass es neben der bereits genannten spontanen Aussendung von Strahlung eine zweite höchst besondere Variante gibt, die zur Emission von Licht führt und die als erzwungene oder stimulierte Emission bezeichnet werden kann. Dieser Vorgang findet statt, wenn einem Atom, in dem zuvor ein Elektron angeregt und in eine höhere Bahn befördert wurde, genau die Energie geliefert wird, die dies bewirkt hat. Dann kann das Elektron nicht nur von selbst, sondern zusätzlich noch mithilfe dieser Stimulation in seinen Grundzustand zurückkehren.

Das wirkt zunächst nicht wirklich aufregend. Einem Vorgang, der Licht aussendet, scheint lediglich ein zweiter, der ebenfalls Licht aussendet, an die Seite gestellt zu werden. Doch bekommt das Ganze eine besondere Bedeutung durch Einsteins Hinweis, dass es sich hierbei um »vollständig gerichtete Vorgänge« handelt. Nur unter dieser Annahme kann er nämlich sein Ziel erreichen und Plancks Strahlung verstehen. Was heißt das nun im Klartext? Hinter der Formulierung steckt die – intuitiv einleuchtende – Annahme, dass sich das Licht, das stimuliert wird, genau so bewegt wie das Licht, das stimuliert. Mit anderen Worten: Aus einem Lichtteilchen sind zwei Photonen geworden, die sich beide auf die Suche nach anderen angeregten Atomen machen, die ebenfalls bereit sind, nach einer Stimulation Licht auszusenden. Und so ahnt man, dass aus zwei Photonen vier, aus vier Photonen acht und dann immer mehr werden – 16, 32, 64, 128, ...1024, ...131072, ...4194304, ...536870912, ... und immer die Zweierpotenzen weiter, bis so viele Photonen unterwegs sind, dass man sie als Lichtstrahl sehen kann. So entsteht ein Laserstrahl – in der

Theorie. Bis zur Praxis sollte es allerdings noch viele Jahrzehnte dauern, nämlich bis zum Beginn der 1960er-Jahre, und inzwischen ist Laserlicht in fast jedem Wohnzimmer technische Wirklichkeit geworden. Oder haben Sie dort keinen CD-Player?

Die Quanten

Bleiben wir noch in Einsteins Wunderjahr 1905. In der ersten damals publizierten Arbeit, für die Einstein mit dem Nobelpreis ausgezeichnet worden ist, geht es um Quanten. Seine Überlegungen behandeln dabei »die Erzeugung und Umwandlung des Lichts«, was konkret heißt, dass Einstein zu erklären versucht, warum die Energie, die von Licht auf Elektronen übertragen wird, von der Frequenz des Lichtes abhängt – und nicht von seiner Intensität, wie jedermann damals erwartete. Einsteins Idee besteht darin, die jahrhundertealte Auffassung, Licht breite sich kontinuierlich als Welle aus, durch folgende Annahme zu ergänzen: Die Energie des Lichts besteht aus »in Raumpunkten lokalisierten Energiequanten, welche sich bewegen, ohne sich zu teilen« und »nur als Ganzes absorbiert und erzeugt werden können«.

Diese Worte sind als der »revolutionärste« Satz bezeichnet worden, der je von einem Physiker des 20. Jahrhunderts zu Papier gebracht wurde, und das starke Attribut stammt von Einstein selbst. Die Idee von Quanten als einem unstetigen Element war 1900 von Max Planck in die Physik eingeführt worden, aber nur als eine mathematische Hilfsgröße, die man zuletzt aus den Naturgesetzen entfernen wollte. Einstein verlieh Plancks Konzept eine physikalische Bedeutung. Er erkannte, dass es die Quanten nicht nur in der

Theorie, sondern in Wirklichkeit gibt, wobei zu ergänzen ist, dass ihm diese Einsicht nicht leichtgefallen sein muss. »Es war, wie wenn einem der Boden unter den Füßen weggezogen worden wäre, ohne dass sich irgendwo fester Grund zeigte, auf dem man hätte bauen können«, wie er selbst einmal unter der Überschrift »Autobiografisches« geschrieben hat. Einstein war klar, dass seine Lichtquantenhypothese das Ende der klassischen Physik bedeutete, und es sollte noch Jahrzehnte dauern, bis der Ersatz in Form einer Quantenphysik kam, mit der er sich nie anfreunden konnte.

In der Geschichte der physikalischen Wissenschaften kann zwischen einer Quantentheorie und der Quantenmechanik unterschieden werden. Mit Quantentheorie werden die Bemühungen bezeichnet, die seit Newtons Tagen entwickelte klassische Physik zu erweitern, um Platz für die Quantensprünge von Planck und Einstein aus den Jahren 1900 bzw. 1905 zu schaffen. Wie ihr klassisches Vorbild wollte die Quantentheorie von messbaren Größen (Impuls, Energie) handeln, und ihre Gleichungen sollten die natürlichen Abläufe festlegen. Doch in der Mitte der 1920er-Jahre brach dieses Programm zusammen, und eine völlig neue Theorie – die Quantenmechanik – tauchte aus den Köpfen einiger Physiker auf. Sie operierte mit merkwürdigen mathematischen Größen, die nicht mehr direkt messbar waren, und ihre Gesetze waren nicht deterministischer, sondern statistischer Art. Wie sich in den folgenden Jahren und Jahrzehnten herausstellte, konnte die Quantenmechanik alle Phänomene im Bereich der Atome höchst genau erklären. Doch das hinderte Einstein nicht, sowohl ihre Allgemeingültigkeit als auch ihre Vollständigkeit in Zweifel zu ziehen. Für ihn konnte die Quantenmechanik »nicht der wahre Jakob« sein. Einstein bestritt nicht die Qualität der

Quantenmechanik, aber er vermutete und hoffte, dass sich eines Tages eine noch umfassendere Theorie finden würde, die mit bislang verborgenen Parametern operiert und zeigt, dass das, was jetzt nur statistisch erfassbar wird und also Zufälligkeiten unterliegt, doch streng kausal bestimmt ist. Einstein presste seine Abneigung gegen die Quantenmechanik in das berühmte Diktum »Gott würfelt nicht«, das er vor allem in seinen Diskussionen mit dem großen dänischen Physiker Niels Bohr einsetzte.

Einstein und Bohr

Diskussionen mit Einstein über erkenntnistheoretische Probleme der Atomphysik – so heißt ein Aufsatz, in dem Niels Bohr darstellt, wie er mit Einstein um die Lektion der Atome gerungen hat. Kommende Generationen, sofern sie noch Interesse an philosophischen Fragen haben, können in dem Dialog dieser beiden Männer nachlesen, welche Qualität das Denken im 20. Jahrhundert erreicht hat. Beide Physiker hatten allerhöchsten Respekt voreinander, wie sich etwa an der Bemerkung von Einstein ablesen lässt, Bohrs Beiträge zur Physik seien »höchste Musikalität auf dem Gebiet des Gedankens«. Diese Bewunderung hat ihn aber nicht davon abgehalten, die Deutung, die Bohr der Quantenmechanik gab, als »Beruhigungsphilosophie« zu bezeichnen.

Was ist damit gemeint? Die über mehr als zwei Jahrzehnte geführte Debatte handelte unter anderem von der merkwürdigen Rolle, die den Beobachtern bzw. der Beobachtung in der neuen Physik zukam. In der Quantenmechanik bekommt ein Elektron seine Eigenschaften erst durch eine Messung. Mit ihr wird bestimmt, was vorher unbestimmt war. Während Bohr sich auf diese Unbestimmtheit der physikalischen Realität einließ und sie in ein philosophisches Gerüst namens Komplementarität einbaute, blieb Einstein der Gedanke unerträglich, dass sich die Natur nicht festlegen ließ. Er dachte sich ein Gedankenexperiment nach dem anderen aus, um zu zeigen, dass die Unbestimmtheit hintergangen werden konnte. Doch Bohr konnte sie alle als untauglich entlarven.

Die Hartnäckigkeit, mit der Einstein das Thema verfolgte, hat den Gedanken aufkommen lassen, dass es in der Debatte um mehr als ein Verständnis der Wirklichkeit gegangen ist und ihr eigentliches Thema Gott war – und zwar im Angesicht der neuen Physik, die den Kosmos so gut kannte wie die Atome. Tatsächlich stellt Einsteins stures »Gott würfelt nicht« sein letztes Wort in dem Dialog dar, auf das Bohr noch geantwortet hat. Zum einen, so meinte er, könne niemand, nicht einmal Einstein selbst, Gott vorschreiben, wie er mit der Welt umgeht. Und zum zweiten wisse ebenfalls niemand, was ein Wort wie »würfeln« bedeutet, wenn es in Verbindung mit Gott gebraucht wird.

Gedankenexperimente

Einstein ist berühmt geworden für seine Gedankenexperimente. Dabei stellte er sich stets konkrete Situationen vor, in denen jemand eine Beobachtung oder Messung vornehmen kann. Nur hatten diese Situationen immer einen kleinen Haken: Aus technischen, finanziellen oder anderen – aber niemals prinzipiellen – Gründen war das Experiment nicht durchführbar. Als sich Einstein 1920 auf einer Tagung der Gesellschaft der Deutschen Naturforscher und Ärzte in Bad Nauheim an einer »Allgemeinen Diskussion über Relativitätstheorie« beteiligte, meinte er dazu: »Ein Gedankenexperiment ist ein prinzipiell, wenn auch nicht faktisch durchführbares Experiment. Es dient dazu, wirkliche Erfahrungen übersichtlich zusammenzufassen, um aus ihnen theoretische Folgerungen zu ziehen. Unerlaubt ist ein Gedankenexperiment nur dann, wenn eine Realisierung *prinzipiell* unmöglich ist.«

Als Erfinder der Gedankenexperimente kann Galileo Galilei gelten, der wissen wollte, ob Körper, die unterschiedlich schwer sind, unterschiedlich schnell fallen. Er ist dazu nicht auf den schiefen Turm von Pisa geklettert, sondern hat sich Folgendes überlegt: Angenommen, ein schwerer Körper fällt schneller als ein leichter, was passiert, wenn ich beide zusammenbinde? Der neue Körper müsste sowohl langsamer als der schwere als auch schneller als der leichte sein, woraus nur ein Schluss zu ziehen ist, nämlich der, dass beide Einzelkörper gleich schnell fallen.

Einstein hat sein erstes Gedankenexperiment als 16-Jähriger unternommen, als er sich überlegte, was passiert, wenn er einem Lichtstrahl mit Lichtgeschwindigkeit nachlaufen würde. Was sieht er dann – vom Licht und der Welt? Berühmt geworden sind seine Gedankenexperimente, in denen eine Kabine im Weltraum unterwegs ist. In ihr befindet sich ein Physiker, der wissen will, ob seine Bewegung durch irgendwelche Raketenantriebe oder durch die Anziehungskraft zustande kommt, die das Schwerefeld eines Himmelskörpers bewirkt. In einer Kabinenwand befindet sich ein Loch, durch das Licht eintreten kann, und der Physiker hat die Möglichkeit, mit höchster Genauigkeit die Stelle zu ermitteln, an der es die gegenüberliegende Wand erreicht.

In einem anderen großen Gedankenexperiment wollte Einstein 1935 gemeinsam mit dem Russen Boris Podolsky und dem Amerikaner Nathan Rosen zeigen, dass die Quantenmechanik unvollständig ist. Ein halbes Jahrhundert später haben es theoretische und technische Fortschritte der

Physik ermöglicht, das sogenannte EPR-Experiment tatsächlich durchzuführen. Das Ergebnis hätte Einstein nicht gefallen. Es zeigt, dass die Wirklichkeit anders ist, als er es sich vorstellte bzw. vorstellen wollte. Das EPR-Team dachte sich unter Anleitung von Einstein einen Versuch aus, in dem eine physikalische Größe auftaucht, die auf der einen Seite offenbar in der Wirklichkeit bestimmt ist, von der die Quantenmechanik aber auf der anderen Seite behauptet, dass sie unbestimmt ist. In dem heute durchführbaren Versuch wird aus Kalzium ein Gas bereitet, von dem aus sich einzelne Atome auf eine Kammer zubewegen. Bevor die Kalziumatome hier ankommen, werden sie von einem Laserstrahl aktiviert. In diesem angeregten Zustand treffen sie in der Kammer ein. Hier verlieren sie diese Energie blitzartig wieder, indem sie zwei Lichtquanten in entgegengesetzte Richtungen aussenden. Wenn nun eines der beiden Lichtteilchen in einem Messgerät registriert wird, kennt man auch – aufgrund von physikalischen Erhaltungssätzen – den Zustand des anderen. Sein Zustand, so die EPR-Argumentation, ist also nicht unbestimmt, selbst wenn keine Beobachtung erfolgt. Er kann sogar mit Sicherheit vorhergesagt werden und stellt folglich »ein Element der Wirklichkeit« dar. Ein solcher Tatsachenbestand ist aber in der Definition der Quantenmechanik nicht enthalten, weshalb Bohrs Behauptung falsch zu sein scheint, wonach ein Zustand so lang unbestimmt ist, solange er nicht registriert worden ist.

Nach Jahrzehnten des Denkens und Messens stellte sich allerdings heraus, dass Einsteins einleuchtende Gedankenführung nicht zutrifft, wie noch ausführlich auf höheren Stufen dieser Hintertreppe erläutert wird. Sie wird vor allem dann hinfällig, wenn es gilt, den rothaarigen Iren John Bell vorzustellen, der sich in den 1960er-Jahren Gedanken zum EPR-Experiment gemacht hat. Bell legt dar, dass das nicht beobachtete Teilchen doch durch die Messung seines Gegenstücks beeinflusst wird. Die Quantenmechanik bringt es nämlich mit sich, dass Objekte wie die erwähnten Lichtquanten, die einmal in physikalischer Wechselwirkung gestanden sind, miteinander korreliert bleiben, auch wenn keine direkte (physikalische) Verknüpfung mehr zwischen ihnen besteht. Die Physiker sprechen bei diesem Phänomen davon, dass die Quantenwelt »verschränkt« ist, wie es mit einem Wort von Erwin Schrödinger heißt. Und sie halten diese Verschränkung für das eigentliche Charakteristikum der Quantenmechanik, denn sie gibt uns eine Welt zu erkennen, die nur als Ganzes existiert, obwohl wir dauernd von ihren Teilen oder Teilchen reden.

Bose-Einstein-Kondensation

In den letzten Jahren ist in der Physik viel von Bose-Einstein-Kondensationen die Rede gewesen, deren Entdeckung 2001 mit dem Nobelpreis ausgezeichnet worden ist. Bose steht dabei für den Namen eines indischen Physikers, von dem Einstein 1924 ein Manuskript bekam. In ihm behandelte Bose Licht wie ein Gas, das sich aus den Lichtquanten zusammensetzte, die Einstein 1905 entdeckt hatte. Zwar konnte Bose in seiner Arbeit unter dieser Vorgabe ausrechnen, wie leuchtende Körper ihre Strahlen aussenden, aber Einstein fiel auf, dass Bose gar nicht gemerkt hatte, welch hohen Preis er dafür zu zahlen hatte. Seine Physik funktioniert nämlich nur unter der Annahme, dass Lichtteilchen ihre Identität aufgeben. Zwischen ihnen gibt es eine »gegenseitige Beeinflussung von vorläufig ganz rätselhafter Art«, wie Einstein damals schrieb. Sie führt überhaupt erst zu der Möglichkeit, dass sich immense Mengen von Lichtquanten kollektiv in einem Lichtstrahl zusammenfinden und es hell machen können. Inzwischen hat man andere Systeme gefunden, in denen einzelne Atome ihre Individualität aufgeben, um einen kollektiven Klumpen zu bilden, der als Bose-Einstein-Kondensat bekannt ist. Was Einstein sich da ausgedacht hat, ist also Wirklichkeit geworden, auch wenn es ihn mehr wundern als freuen würde.

Einstein und die Atombombe

Die Kurzformel, Einstein habe Präsident Roosevelt empfohlen, Atomwaffen zu entwickeln, ist nicht ganz korrekt. Es gibt den berühmten Brief vom August 1939, und in ihm erwähnt Einstein Uranvorräte in Belgien und rät dazu, sie nicht den Deutschen in die Hände fallen zu lassen. Er drückt seine Überzeugung aus, dass es sinnvoll sei, die technische Nutzung von Kernenergie zu erforschen, und zwar in großem Stil.

Geschrieben hat Einstein den Brief zusammen mit dem umtriebigen ungarischen Physiker Leo Szilard, der schon über die Möglichkeiten der Energiegewinnung aus Atomen mittels einer Kettenreaktion nachgedacht hatte, als die Kernspaltung noch gar nicht entdeckt war. Szilard und Einstein kannten sich von Berlin her, wo sich beide gemeinsam an einem Kühlschrankpatent versucht hatten. Im Sommer 1939 traf sich das Duo auf Long Island, wo Einstein den Sommer verbrachte. Satz für Satz wurde der Brief formuliert, der genau zwei Schreibmaschinenseiten lang war und von Einstein alleine unterschrieben wurde.

Allerdings tauchte ein neues Problem auf, nachdem der Text fertig war. Wie konnte man dafür sorgen, dass der Brief tatsächlich bei Roosevelt landete und von ihm gelesen wurde? Der normale Postweg kam nicht infrage, und so suchten die beiden Physiker einen Überbringer. Ihre Wahl fiel auf den Bankier Alexander Sachs, der Roosevelt gut kannte und der von ihm geschätzt wurde. Es dauerte zwar etwas, bis Sachs einen Termin bei seinem Präsidenten erhielt, aber am 11. Oktober 1939 war es so weit, und Roosevelt erfuhr, wie leicht es sei, »außerordentlich gefährliche Bomben« zu bauen. Einen Tag später ernannte der Präsident ein Advisory Committee on Uranium. Die Bombe war auf ihrem Weg.

6

James Franck (1882–1964)

Aufrecht im Sturm der Zeit

James Franck gehört nicht gerade zu den bekannten Wissenschaftlern. Die Historiker haben lange – bis 2007 – gebraucht, um eine Biografie des aus der Hansestadt Hamburg stammenden Physikers vorzulegen, obwohl sich sein Name in mindestens drei Fachbegriffen findet, mit denen sich die Spannweite seines Denkens und Könnens erkennen lässt.

Berühmt sollte der Franck-Hertz-Versuch werden, der die Existenz von diskreten Zuständen in Atomen nachweisen konnte und die Wissenschaftler endgültig dazu brachte, ja sie mehr oder weniger zwang, die Wirklichkeit mit Quantensprüngen zu verstehen. Erleichtert wird ihnen diese Aufgabe in komplexen Fällen mithilfe des Franck-Condon-Prinzips, bei dem es um Übergänge in Molekülen geht. Und neben diesen experimentellen und theoretischen Beiträgen hat Franck auch politisch nachhaltig gewirkt, nämlich durch den sogenannten Franck-Report, den er im Juni 1945 persönlich dem amerikanischen Kriegsminister übergab. In diesem trugen er und einige seiner Kollegen unverhohlen ihre moralischen Bedenken gegen den Einsatz von Atomwaffen vor.

Spitzenentladungen und ihre Folgen

James Franck wurde 1882 als Sohn eines (jüdischen) Bankkaufmanns geboren und machte zwanzig Jahre später in seiner Geburtsstadt sein Abitur. Als er seine Studien in Heidelberg begann, bemühte er sich erst um das Juristische und Ökonomische, wechselte dann aber nach Berlin und schrieb sich dabei auch in die geisteswissenschaftliche Fakultät ein. Schließlich wandte er sich den Naturwissenschaften zu, die ihn seit seiner Jugend fasziniert hatten und die damals in der Reichshauptstadt aufblühten. Hier wirkten neben Max Planck große Physiker wie Emil Warburg und Hermann Rubens, und später kam noch Albert Einstein hinzu, was die Wahl seiner Disziplin erleichterte. Es war somit die Physik, in der Franck 1906 mit einer Arbeit *Über die Beweglichkeit der Ladungsträger in Spitzenentladungen* promoviert wurde.

Spitzenentladungen – der Begriff ist durchaus wörtlich zu verstehen, denn er besagt, dass elektrisch geladene Metalle, die Strom leiten, ihre Ladung bevorzugt über eine Spitze abgeben, was seit dem 18. Jahrhundert bekannt war und Rätsel aufgab. In der Seefahrt taucht das Phänomen bei Gewittern unter dem Namen »Elmsfeuer« auf, die sich an den Masten von Segelschiffen entzünden, wenn an deren scharfen Spitzen elektrische Entladungen stattfinden. Umgekehrt kann man Blitze verlocken, statt in ein breites Hausdach in ein schmales Metallstück zu fahren – in einen Blitzableiter eben. Was genau aber hinter diesen Vorgängen steckte, verstand man noch nicht gut genug, und deshalb untersuchte Franck, wie und unter welchem Einfluss sich die Träger der Ladungen, die Elektronen, bewegen. Diese Fragestellung führte ihn nach und nach zu dem gemeinsam mit Gustav Ludwig Hertz durchgeführten Franck-Hertz-Versuch. Dieser belegte in den Jahren vor dem Ersten Weltkrieg die Existenz diskreter Energieniveaus von Atomen experimentell und signalisierte den Physikern, dass es nun höchste Zeit war, die Quanten und ihre Sprünge in die Wissenschaft einzuführen und ernst zu nehmen. Es gab sie wirklich.

Zu dem berühmten Versuch gehört ein Glaskolben, in dem ein Gas eingeschlossen ist – zum Beispiel Quecksilberdampf oder Neon. Außerdem befand sich in dem Kolben das übliche Trio von Vorrichtungen, das Physiker damals studierten und mit deren Hilfe sie die Röhren entwickelten, die bald in Radiogeräten oder Fernsehapparaten und damit im Alltag zu finden waren. Doch bleiben wir zunächst bei der Wissenschaft. Hier galt es, in dem Glaskolben eine elektrische Spannung zu erzeugen, und dazu brauchte man einen negativen und einen positiven Pol, insgesamt also eine Elektrode. Die negative Elektrode bzw. den negativen Pol nannten die Physiker Kathode – nach dem griechischen *kathodos*, das einen Weg nach unten bezeichnet. Und das Gegenstück tauften sie Anode – nach dem griechischen *anodos*, das einen Weg nach oben meint. Es war bekannt, dass bei geringem Druck und unter hoher Spannung von der Kathode in dem Glaskolben ein Strahl ausgeht, der aus Elektronen besteht und als Kathodenstrahl die physikalische Grundlage für die ersten Fernsehgeräte lieferte. Diese verfügten anfänglich noch nicht über Flachbildschirme, sondern ließen uns eben durch ihre Form in die Röhre schauen.

Franck und Hertz konstruierten also einen Glaskolben mit Kathode und Anode, und sie fügten zwischen den beiden Elektroden noch ein Gitter ein, an das ebenfalls eine Spannung angelegt werden konnte und mit dem man die Zahl der Versuchsanordnungen steigern konnte. Franck und Hertz erhöhten zunächst die Spannung zwischen Kathode und Gitter und beobachteten, dass der Strom in dem Glaskolben zunahm, was niemanden wunderte. Doch dann passierte etwas Merkwürdiges. Wenn die Spannung einen bestimmten Wert – nennen wir ihn U – erreichte, brach der

Strom zusammen, aber nur, um bei weiter steigender Spannung wiederzukehren, bis er bei dem doppelten Wert – also bei 2U – erneut abbrach. Und das Spielchen wiederholte sich bei 3U und 4U, und weiter kam die Anlage zunächst nicht.

Die Deutung des Versuchs bzw. seines Ergebnisses gelingt mit der Quantenvorstellung und dem Atommodell, das Niels Bohr 1912 entwickelt hatte. Dabei müssen wir unsere Aufmerksamkeit jetzt von den frei fliegenden Elektronen des Kathodenstrahls auf die Atome des Gases lenken, mit dem der Glaskolben gefüllt ist. Sie sind es nämlich, die von den Kathodenstrahlen getroffen werden, und das periodische Abbrechen des Stroms im Kolben zeigt, dass ihnen bei den Zusammenstößen nicht jede beliebige Energie (kontinuierlich) übertragen werden kann, sondern dass sie sich Energie nur in messbaren Quantenportionen einverleiben können. Und dies geschieht nur dann, wenn sie von einem Zustand in einen anderen – energetisch höheren – übergehen.

Zusammenstöße und andere Zustandsänderungen

Über Zusammenstöße zwischen Elektronen und Molekülen des Quecksilberdampfes und die Ionisierungsspannung desselben – in einer Arbeit mit diesem Titel fassten Franck und Hertz ihre Ergebnisse zusammen, für die sie erst 1925 mit dem Nobelpreis für Physik ausgezeichnet wurden. Ihr wegweisender Text erschien bereits 1914, also in dem Jahr, in dem die europäischen Staaten übereinander herfielen und das Schlachten begann, das sich zum Ersten Weltkrieg ausweitete. Franck meldete sich freiwillig zur deutschen Armee, und er konnte sich durch seinen Einsatz buchstäblich auszeichnen: 1917 verlieh man ihm das Eiserne Kreuz I. Klasse, nachdem er an der Front schwer verletzt worden war – und zwar ausgerechnet bei einem Gasangriff, mit dem die Wissenschaft der Chemie zum ersten Mal direkt in das Kriegsgeschehen eingriff.

Nach dem Ende der kriegerischen Feindseligkeiten wurde Franck nach Göttingen berufen, und damit war er zur richtigen Zeit am richtigen Ort, denn die neue Physik, die in dem kommenden Jahrzehnt geschaffen werden konnte, entstand an zwei Orten, in Kopenhagen und in Göttingen. An Francks Wirkungsstätte konnte man unter anderem auf Größen wie Max Born, Robert Oppenheimer, Werner Heisenberg treffen sowie auf den nicht ganz so berühmten Amerikaner Edward Condon. Mit ihm kooperierte Franck, und beide ersannen das Franck-Condon-Prinzip, das von Zuständen handelt, die Moleküle annehmen bzw. zwischen denen sie wechseln können.

Atome ändern ihren Zustand, wenn ihre Elektronen Energie aufnehmen oder abgeben. Im Gegensatz dazu stehen Molekülen mehr Möglichkeiten zur Verfügung. In ihnen können neben den elektronischen Änderungen noch Vibrationen, Schwingungen oder Drehungen (Rotationen) auftreten, und all dies mit unterschiedlicher Wahrscheinlichkeit. Das Franck-Condon-Prinzip bringt nun Ordnung in diese Zufälligkeit, indem es die Tatsache ausnutzt, dass Elektronen, die ihren Zustand in einem Molekül ändern, dies sehr viel schneller tun können als die Atomkerne, zu denen sie gehören. Die schweren Kerne agieren träger als die nahezu gewichtslosen Träger der negativen Ladung, und dies lässt bestimmte elektronische Zustandsänderungen im Molekül häufiger stattfinden als andere. Das Franck-Condon-Prinzip erfasst diese Zustandsänderungen jetzt erstmals in der Sprache der Mathematik, was es fortan erlaubt, die Übergänge mit den dazugehörigen Intensitäten zu berechnen.

Das Ende einer Kultur

Bekanntlich reichte die große Zeit der deutschen Physik nur bis zum Beginn der 1930er-Jahre, denn von 1933 an übernahmen Barbaren das Kommando, die fast die ganze Kultur, die mit dem Namen Deutschlands verbunden war, ruinierten. Als die Nationalsozialisten an der Macht waren, gab Franck am 17. April 1933 aus Protest gegen das judenfeindliche »Gesetz zur Wiederherstellung des Berufsbeamtentums« sein Amt als Professor auf und emigrierte in die USA. Über Baltimore kam er nach einem Zwischenstopp in Kopenhagen nach Chicago, wo er von 1938 bis 1949 als Professor für Physikalische Chemie lehren und forschen konnte. Der genannte Zeitraum beinhaltet die Jahre des Zweiten Weltkriegs, sodass es wenig überrascht, dass sich Franck – nachdem er amerikanischer Staatsbürger geworden war – an den Arbeiten beteiligte, die zur Gewinnung von kernwaffenfähigen Elementen wie Plutonium dienten. Doch bereits vor Ende des Zweiten Weltkriegs erkannten Franck und andere Wissenschaftler, dass die Angst vor einer deutschen Atombombe unbegründet war. Folglich gab es auch keinen Grund, die eigene Konstruktion zur Explosion zu bringen. Vielmehr versuchte man, ihren Abwurf zu verhindern. Im Juli 1945 wurde das Dokument vorgelegt, das als Franck-Report dem US-Verteidigungsminister übergeben wurde und heute im Internet öffentlich einsehbar ist. Die Autoren weisen darin darauf hin, dass die USA bei einem Einsatz von Kernwaffen die Anerkennung der übrigen Welt verlieren und ein Wettrüsten einleiten würden. Die Warnung war bekanntlich vergebens.

»Aufrecht im Sturm der Zeit«

Die 2007 erschienene James-Franck-Biografie von Jost Lemmerich trägt den ungewöhnlichen Titel *Aufrecht im Sturm der Zeit*. Damit erfasst der Autor jedoch einen bewundernswerten Charakterzug des Physikers, der seine wissenschaftliche Neugierde schon früh zu erkennen gab. So wird erzählt, dass Franck 1896 als 14-jähriger Knabe bei dem Physikalischen Eichamt seiner Heimatstadt vorsprach und sich nach einer Apparatur für Röntgenstrahlen erkundigte. Er hatte etwas von den erst im Jahr zuvor entdeckten neuen Strahlen gelesen, die damals noch X-Strahlen hießen, und wollte wissen, ob man damit prüfen könne, ob die Knochen an seinem Arm richtig zusammenwachsen würden, die er sich bei einem Unfall gebrochen hatte. Die Herren im Amt staunten zwar, fanden die Bitte aber angemessen, bauten die Röntgenapparatur zusammen und nahmen ein entsprechendes Bild des zwar gebrochenen, aber versorgten Arms auf. So kam die Hansestadt zu ihrer ersten Röntgenaufnahme, und alles war in Ordnung.

Längst nicht mehr in Ordnung war die Welt 1940, als deutsche Truppen unter anderem in Kopenhagen einmarschierten, was große und kleine Folgen hatte. Wir betrachten eine kleine, die damit zu tun hat, dass am Institut für Physik der dänischen Hauptstadt ein ungarischer Chemiker namens George de Hevesy den Vorschlag machte, die dort verwahrten goldenen Nobelpreismedaillen vor dem Zugriff der Besatzer zu schützen, indem man sie in Königswasser auflöste. Zur Erklärung: Das schöne Wort bezeichnet eine Mischung aus drei ätzenden Säuren. Eine dieser Medaillen gehörte Franck, der sie den Dänen zuvor aus dem gleichen Grund anvertraut hatte, nämlich um sie dem gierigen Zugriff der Nazis zu entziehen. Franck war einverstanden, und so löste man das Gold auf – aber nur, um es nach dem Krieg in gelöster Form nach Stockholm zu schicken mit der Bitte, die Medaillen neu anzufertigen. Dies wurde erledigt.

7

Max Born (1882–1970)

Vom Triumph des Verstandes und dem Versagen der Vernunft

Am Beispiel von Max Born kann man zwei eklatante Schwächen der Art und Weise erkennen, wie in Deutschland gerne mit Kultur umgegangen wird. Zum einen haben wir in Born zweifellos einen großer Forscher vor uns – immerhin hat er 1954 den Nobelpreis für Physik erhalten, und das sogar für eine mutige und ihm allein anrechenbare Leistung –, aber noch erheblich mehr Eindruck und Wirkung konnte Born als Lehrer entfalten. Doch das bringt hierzulande immer noch wenig öffentliche Anerkennung, wie auch das Beispiel von Arnold Sommerfeld zeigt. Aus dieser abschätzigen Einordnung folgt die zweite Schwäche im Umgang mit großer Geisteskultur: Deutschsprachige Wissenschaftshistoriker kümmern sich nicht um die Person Max Born. Jedenfalls haben sie es bis heute nicht für nötig gehalten, eine Biografie des bedeutenden Physikers und einflussreichen Lehrers zu verfassen. Die einzige buchlange Beschreibung des Lebens von Born verdanken wir Nancy T. Greenspan, einer amerikanischen Ökonomin (!), die uns im Jahre 2005 mit einem Werk über »the life and science of Max Born« überraschen konnte, dem sie den schönen Titel *The End of The Certain World* gegeben hat – das Ende einer Welt, in der es noch Gewissheit gab. Die deutsche Übersetzung (2006 erschienen) wagt sich weder an diese Formulierung heran, noch will sie den deutschen Lesern den englischen Untertitel zumuten: *The Nobel Physicist Who Ignited the Quantum Revolution*, also etwa der Nobelpreisträger, der die Quantenrevolution gezündet hat. Stattdessen verbirgt sie die Qualität des Helden hinter einem schlichten *Baumeister der Quantenwelt*, der Born natürlich auch gewesen ist.

Im Schatten von Riesen

Bevor wir zu einigen biografischen Daten kommen, soll noch einmal überlegt werden, was Born bei Historikern und in der Öffentlichkeit so leicht überseh- und übergehbar macht. Man könnte – neben dem erwähnten Aspekt, dass Lehre bei uns stets geringer als Forschung angesehen wird – noch darauf hinweisen, dass Born nicht nur im Schatten von wahrlichen Geistesgrößen stand, sondern darüber hinaus bereit war, dies auch neidlos anzuerkennen. Sein Ehrgeiz bestand vielmehr darin, sich sogleich an die Aufgabe zu machen, die von den Wissenschaftsriesen vorgelegten Einsichten unters Volk zu bringen. Wenn wir die beiden großen Errungenschaften der Physik als die Relativitätstheorie und die Quantenmechanik anführen und diese beiden Neuerungen mit den Namen von Albert Einstein und Werner Heisenberg verbinden, dann lässt sich sagen, dass Born jeweils am Rande des hellen Lichts, das beide ausgestrahlt haben, große Leistungen erbracht hat. Er konnte zum einen Einsteins komplizierter Relativitätstheorie eine lehrbare Form geben, und vermochte es zum zweiten, Heisenbergs genialen Durchbruch bei den Quanten in ein mathematisches Gewand zu kleiden. Dieses wird bis heute in den Lehrbüchern der Physik präsentiert – nur dass Borns Name dabei nicht genannt zu werden pflegt. Sogar von den Leuten, die in Schweden in Sachen Nobelpreis das Sagen haben, wurde Max Born zunächst übersehen. Obwohl die Theorie der Quantensprünge, wie wir sie heute kennen und lehren, 1925 von drei Herren niedergeschrieben wurde – neben Born und Heisenberg war noch Pascual Jordan an der sogenannten Drei-Männer-Arbeit beteiligt –, hat zunächst nur einer von ihnen, nämlich Heisenberg, die Einladung nach Stockholm und den dazugehörigen Nobelpreis bekommen. Es gibt gute Gründe, dem Genie Heisenberg eine Sonderrolle zuzugestehen, und sein Lehrer Born wäre der Letzte gewesen, der dies geleugnet hätte, aber es muss schon eine schmerzhafte Enttäuschung gewesen sein, als man 1930 Heisenberg zunächst alleine auszeichnete. Zum Glück lebte Born lange genug, um als 72-Jähriger endlich die Würdigung zu erfahren, die er sich so lange verdient hatte. Er erhielt sie für seine Interpretation der Quantenmechanik, die noch vorzustellen sein wird.

Zur Biografie

Max Born wurde 1882 in Breslau geboren und starb 1970 in Bad Pyrmont. Seine ersten Studiensemester in den mathematischen und naturwissenschaftlichen Fächern verbrachte Born in seiner Heimatstadt, bevor er nach Heidelberg, Zürich und Göttingen aufbrach, um hier die großen Mathematiker seiner Zeit zu hören. In Göttingen weckten seine Talente die Aufmerksamkeit des berühmten David Hilbert, der Born bald zu seinem Privatassistenten ernannte. Als solcher fiel ihm die Aufgabe zu, eine Mitschrift der Vorlesungen anzufertigen, um sie für den allgemeinen Gebrauch im Lesesaal auszuarbeiten. Es ist anzunehmen, dass Born dabei die Geschicklichkeit zum Schreiben von Lehrbüchern erwarb. Berühmt werden sollte seine Darstellung der elektromagnetischen Lichttheorie, die unter dem Titel *Optik* zum ersten

Mal 1933 erschienen ist und bis heute – in erweiterter Form – aufgelegt wird.

Born fühlte sich aber bald von der reinen Mathematik zur theoretischen Physik hingezogen, und 1915 publizierte er als sein erstes Buch eine Beschreibung der *Dynamik von Kristallgittern*, die lange Zeit als Bibel der Festkörperphysik diente. Born wurde nun als Extraordinarius nach Berlin berufen, und nach einem Zwischenspiel in Frankfurt am Main kehrte er 1922 als Ordinarius nach Göttingen zurück, wo er mit Geschick dafür sorgte, dass auch James Franck an die ehrwürdige Georg-August-Universität kam. Born und Franck waren zusammen mit dem als Lehrer unvergleichlichen Robert W. Pohl nun in der Lage, Göttingen zum Zentrum der Physik zu machen, und es waren wirklich aufregende Zeiten, die nun auf die Wissenschaftler zukommen sollten.

Dabei entwickelte sich vor allem das von Born geleitete Seminar bald zu einem *hot spot* der neuen Atomphysik. Ihr verliehen insbesondere zwei junge Burschen, die nacheinander Borns Assistenten wurden, eine besondere Dynamik: Wolfgang Pauli und Werner Heisenberg. Auch wenn, wie erwähnt, der entscheidende Durchbruch Heisenberg allein gelang, die bis heute tragfähige mathematische Formulierung jedoch verdanken wir Born. Einstein sprach 1926 deshalb von den »Heisenberg-Bornschen Gedanken, die alle Welt in Atem halten«.

Ein Elfenbeinturm für die Wissenschaft

Borns Seminar in Göttingen verdient noch eine besondere Anmerkung, weil dort etwas geschaffen wurde, was zwar von leichtfertigen Kritikern der Wissenschaft unserer Tage verachtet wird, aber trotzdem nötig ist, um geistig voranzukommen. Gemeint ist die Idee eines Elfenbeinturms, in dem sich Forscher zurückziehen – aber nicht, um sich vor der Öffentlichkeit nicht rechtfertigen zu müssen, sondern um den Freiraum zu finden, den ein Umsturz im Denken benötigt.

Zur Erinnerung: Als der Begriff vom Elfenbeinturm (im modernen Sinne) zum ersten Mal verwendet wurde, diente er als Symbol für die selbst gewählte Isolation eines Künstlers bzw. Wissenschaftlers, »der in seiner eigenen Welt (nur seinem Werk) lebt, ohne sich um Gesellschaft und Tagesprobleme zu kümmern« – so lässt es sich zum Beispiel im Brockhaus nachlesen. Dieser Elfenbeinturm ist eine Erfindung des 19. Jahrhunderts und geht auf den französischen Schriftsteller und Literaturkritiker Charles-Augustin Sainte-Beuve zurück, der damit das Werk des Dichters Alfred Comte de Vigny beschrieb. In dessen Texte treten Ausnahmeerscheinungen (Genies) auf, die innerhalb einer verständnislosen, weil materialistisch orientierten Gesellschaft keinen Platz finden und sich deshalb in einer eher melancholischen Gestimmtheit von ihr entfernen. Sie ziehen sich in einen Elfenbeinturm zurück, wie Sainte-Beuve es elegant und einprägsam ausgedrückt hat. Er selbst sah auch keinen anderen Weg, auf dem sonst ein dichterisches Werk entstehen konnte.

Einen solchen Elfenbeinturm hat nun Born in Göttingen geschaffen. Er hat sein Seminar als Hafen betrieben, in dem einige intellektuell höchst eigenwillig veranlagte Exemplare der Spezies »Homo scientificus« wie Robert Oppenheimer oder Norbert Wiener anlanden konnten. Mit ihren Schrullen kamen diese Wissenschaftler gesellschaftlich nicht leicht zurecht, aber ihre Ideen wurden dringend benötigt, als die Quantensprünge gebändigt werden mussten und neben dem Methodischen auch das Wahnsinnige seinen Platz beanspruchte. Born hat sie aufgenommen und seine schützende Hand über alles gehalten. Und das Resultat solch eines mit Fürsorge betriebenen Elfenbeinturms ist so überraschend wie eindeutig. Es waren gerade diese Forscher, die sich letztlich nicht der Gesellschaft verweigerten, als sie gebraucht wurden. Nehmen wir Oppenheimer als Beispiel: Sein öffentlicher Ruhm gründet erstens auf seinen Leistungen beim Bau der Atombombe und zweitens auf seinen Einsatz in den Jahren nach 1950, in denen er versucht hat, Dichter wie T.S. Eliot an dem in Princeton angesiedelten Institute for Advanced Studies mit Forschern zusammenzubringen – mit dem Ziel, die Naturwissenschaft in der westlichen Kultur zu verorten. In diesem berühmten Institut, in dem auch Einstein arbeitete, wirkte somit Borns Geist weiter, als dies in Deutschland nicht mehr möglich war.

Noch mehr Biografisches

Die frühen 1930er-Jahre müssen Born Mühe gemacht haben. Der Nobelpreis ging an ihm vorbei, seine Frau Hedi, die er 1913 geheiratet und die ihm drei Kinder geboren hatte, verkündete, ihn verlassen zu wollen – sie zog zu ihrem Geliebten und begann, Sonette zu schreiben –, und die Nazis zwangen ihn 1933 seiner jüdischen Herkunft wegen, den Göttinger Lehrstuhl aufzugeben. Aber Born hielt das alles aus. Er blieb seiner Frau treu, die bald wieder zu ihm zurückkam, und er kehrte nach 17-jähriger, vor allem im schottischen Edinburgh verbrachter Abwesenheit als britischer Staatsbürger nach Deutschland zurück, um in der Nähe von Göttingen, in Bad Pyrmont, seinen Lebensabend zu verbringen. Und in die schwedische Hauptstadt hat er es ja auch noch geschafft. Dabei muss er sich wirklich glücklich gefühlt haben.

Die Interpretation der Quantensprünge

Wie gesagt, der Nobelpreis ist Born für die Interpretation der Quantenmechanik verliehen worden, und damit ehrte man ihn für seine frühzeitige Erkenntnis, dass es nur so etwas wie statistische Gesetzmäßigkeiten im Reich der Atome gibt. Bekanntlich hat der große Einstein dies als Eingeständnis von Hilflosigkeit gedeutet. Seiner Überzeugung nach gilt, dass der liebe Gott nicht würfelt, wobei er diese berühmte Formulierung wohl zum ersten Mal in einem Brief an Born benutzt, der das Datum vom 4.12.1926 trägt.

Der Briefwechsel zwischen Born und Einstein umfasst die Jahre von 1916 bis 1955, und es gibt einige Ausgaben von ihm, die zum Teil mit Kommentaren von Born bereichert sind. Was das Würfeln angeht, so stellt sich Born eindeutig gegen Einstein, wenn er dessen Irrtum in aller Klarheit anspricht. »Einstein war fest überzeugt, dass uns die Physik Kenntnisse von der objektiv existierenden Außenwelt liefere. Mit vielen anderen Physikern bin ich langsam durch die Erfahrungen im Gebiete der atomaren Quantenerscheinungen dazu bekehrt worden, dass das nicht so ist, dass wir nur in jedem Zeitpunkt eine rohe, angenäherte Kenntnis der objektiven Welt haben und aus dieser nach bestimmten Regeln, den Wahrscheinlichkeitsgesetzen der Quantenmechanik, auf unbekannte (z.B. zukünftige) Zustände schließen können.« Mit anderen Worten, Born brachte in seinem (heute Allgemeingut gewordenen) Verständnis der Quantenphysik endgültig die Bahnen zum Verschwinden, die Niels Bohr in seinem Atommodell noch zugelassen hatte. Aus dinghaften Elektronen wurden formbare Aufenthaltsbereiche, die mit einer berechenbaren Wahrscheinlichkeit versehen waren. Im Inneren der Welt gab es keine realen Gegenstände mehr. Dort gab es nur noch eine

Art von Gewebe, das sich stets bereit zeigte, aus seinen Möglichkeiten eine aktuelle Wirklichkeit zu zimmern – und zwar dann, wenn jemand in einem Experiment danach fragte. Mit Borns Deutung erreichen wir tatsächlich »das Ende einer Welt, in der es noch Gewissheit gab«, wie seine Biografin Nancy Greenspan es ausgedrückt hat. Es gibt dafür einfach zu viele Quantensprünge – wobei dies allerdings gewiss ist.

Physik im Wandel der Zeit

Vor seinem Weggang aus Göttingen hatte Born einen großen Einfluss als Lehrer der Physik ausgeübt. Die eindrucksvolle und lange Liste seiner Schüler schließt unter anderem Edward Teller und Robert Oppenheimer ein, die beide maßgeblich an der Entwicklung von Kernwaffen beteiligt waren. Born hat diese Ausnutzung der Physik aus einer humanen – humanistischen – Grundeinstellung heraus sehr bedauert und viele Aufsätze geschrieben, um auf die Gefahren hinzuweisen, die ein Missbrauch der Wissenschaft mit sich bringen kann. Sie sind als Sammelband mehrfach unter dem Titel *Physik im Wandel meiner Zeit* erschienen und nach wie vor lesenswert. Wer sich ihnen zuwendet, wird erkennen, was für eine radikale Revolution sich in seiner Wissenschaft vollzogen hat und welch ungeheuren Umbruch sie fur unser Weltbild bedeutet.

Die Texte beginnen eher harmlos mit Überlegungen »Über den Sinn der physikalischen Theorien«, wundern sich zwischendurch über die Frage »Ist die klassische Physik tatsächlich deterministisch?« und drücken nicht zuletzt »Die Hoffnung auf Einsicht aller Menschen in die Größe der atomaren Gefährdung« aus. Born gab bei all seinem

Nachsinnen nie die Hoffnung auf, dass die Menschen nicht nur zur Kenntnis nehmen, welche Gewalt von der Wissenschaft ausgehen kann, sondern auch (und vielleicht vor allem), welche Qualität in der geliebten Physik steckt: »Die Welt, die so gern bereit ist, die Gaben der Physik als Mittel zur Massenvernichtung zu benutzen, täte besser daran, die Denkmethoden der Physik zu studieren, die zum Ausgleich von scheinbar unauflöslichen Widersprüchen und zur Versöhnung geführt haben.«

Wahrscheinlich gibt es kein Buch, das besser geeignet ist, »die Denkmethoden der Physik zu studieren«, als die Textsammlung von Born, der in jedem seiner Beiträge auf die philosophischen Fragen eingeht, die sich im Rahmen der neuen Physik stellen. Er tut dies stets, ohne den Kontakt zur wissenschaftlich prüfbaren Erkenntnis zu verlieren. Borns Aufsätze sind der »Versuch, auf naturwissenschaftliche Weise zu philosophieren« und »nicht eine Philosophie der Naturwissenschaften«, wie er ausdrücklich zur Einleitung seines Essays schreibt, der sich mit der Verbindung von »Symbol und Wirklichkeit« befasst. Dieses Thema ist in der Physik deshalb relevant geworden, weil ein Atom oder das Licht nur als Gebilde beschrieben werden konnte, das sich sowohl wellenartig als auch teilchenartig verhält. Eine Möglichkeit, diesen Widerspruch aufzulösen, besteht in der Festlegung, dass Atome und Licht nur als Symbole verstanden werden können, was dem Denken die Aufgabe stellt, nach der Wirklichkeit von Symbolen zu fragen. Genau dies unternimmt Born, wenn er Wirklichkeit als etwas versteht, »das hinter den Phänomenen verborgen liegt«.

Bei all seinen philosophischen Bemühungen unterliegt Born nie dem Irrtum, ein Philosoph zu sein. Und weil das so ist, bleiben seine Beiträge – trotz einiger mathematischer Einschübe und Ableitungen – für Laien auch dann lesbar, wenn sie sich dem Thema nähern, für das Born der Nobelpreis für Physik zuerkannt wurde. Es geht dabei um die statistische Deutung der neuen Physik, die einen radikalen Bruch mit den alten Vorstellungen bedeutet: »Die in der klassischen Physik immer anerkannte prinzipielle Determiniertheit der Naturvorgänge muss aufgegeben werden.« Der Grund steckt, wie bereits erwähnt, in den »scheinbar unauflöslichen Widersprüchen«, die »zur Versöhnung« geführt werden müssen. Der Widerspruch ist am besten als Dualismus von Welle und Teilchen bekannt, den Born unter anderem so formuliert: »Zur Beschreibung der Naturvorgänge sind kontinuierliche und diskontinuierliche Elemente notwendig. Das Auftreten der Letzteren (Quantensprünge) ist nur statistisch bedingt; die Wahrscheinlichkeit des Auftretens aber breitet sich kontinuierlich nach Art von Wellen aus, die Gesetzen ähnlicher Art gehorchen wie die Kausalgesetze der klassischen Physik.«

Zwar hat sich heute die statistische Deutung weitgehend durchgesetzt – sogar mit der Konsequenz, dass sich im Innersten der Welt keine Wirklichkeit, sondern primäre Möglichkeiten befinden. Aber Born musste sich als Pionier der neuen Weltsicht mit vielen Kritikern auseinandersetzen, die meinten, dass die Quantentheorie nur etwas Vorübergehendes sei und bald durch eine bessere Physik abgelöst würde, die wieder eine traditionelle Kausalität mit sich bringt und alles erneut in einen deterministischen Rahmen spannt. Ihnen antwortet Born: »Scheint also die neue Theorie in der Erfahrung wohlfundiert, so kann man doch die Frage aufstellen, ob sie nicht in Zukunft durch Ausbau oder Verfeinerung wieder deterministisch gemacht werden kann. Hierzu ist zu sagen: Es lässt sich mathematisch zeigen, dass der anerkannte Formalismus der Quantenmechanik keine solche Ergänzung erlaubt. Will man also an der Hoffnung festhalten, dass der Determinismus einmal wiederkehren wird, so muss man die jetzt bestehende Theorie für inhaltlich falsch halten; bestimmte Aussagen dieser Theorie müssten experimentell widerlegbar sein. Der Determinist sollte also nicht protestieren, sondern experimentieren, um die Anhänger der statistischen Theorie zu bekehren.«

In diesen Sätzen zeigt sich der Physiker Born, der von der Qualität seiner Wissenschaft überzeugt ist und leidenschaftlich für sie kämpft, indem er jede Gelegenheit nutzt, um zu zeigen, was sie kann. Der selbstlose Born erkennt ohne Neid die Überlegenheit Einsteins an und bemüht sich in seinen Beiträgen, dessen Ideen vorzustellen. Das gilt nicht nur für die Relativitätstheorie und ihr Verständnis von Raum und Zeit, Born bringt dem Leser auch Einsteins statistische Theorien nahe, die vielleicht weniger bekannt sind, aber umso wirksamer geworden sind. In der Entwicklung von Lasern haben sie zum Beispiel Anwendung gefunden.

Einer von Borns Schülern, der kürzlich im hohen Alter verstorbene Edward Teller, hat in den 1980er-Jahren die Idee eines mit Röntgenlasern bestückten Verteidigungsschirms entwickelt, den die amerikanische Regierung unter Präsident Ronald Reagan im Rahmen einer Strategic Defense Initiative (SDI) zu errichten drohte. Born wäre über solch eine Anwendung von Wissenschaft entsetzt gewesen. Überhaupt fand er es unfassbar, dass sich Physiker wie Oppenheimer und Teller in Waffenprogramme einbinden ließen. Vor allem Tellers Engagement empfand Born als derart inhuman und unerträglich, dass er sich weigerte, das Land zu betreten, in dem sein Schüler lebte.

Born kritisierte an der modernen Entwicklung vor allem das Fehlen der Vernunft. Er hielt zum Beispiel die Pläne der Weltraumbehörden und die Organisation einer Reise zum Mond »für einen Triumph des Verstandes und eine Tragik der Vernunft«, wobei Born gerne allgemein formulierte: »Der Verstand unterscheidet zwischen möglich und unmöglich. Die Vernunft unterscheidet zwischen sinnvoll und sinnlos. (...) Es ist Zeit, dass die Vernunft auf den Plan tritt, um das, was heute möglich ist, noch rechtzeitig auf das Sinnvolle zu beschränken.«

8

Niels Bohr (1885–1962)

Der gute Mensch von Kopenhagen

Am Anfang seines Films *Notorious* (Berüchtigt) zeigt Alfred Hitchcock eine fröhliche Abendgesellschaft. Der Zuschauer sieht zunächst vom oberen Ende einer weitläufigen Treppenflucht auf viele Gruppen gutgelaunter Menschen, die sich zuprosten. Die Kamera taucht dann in den Festsaal ein und bewegt sich durch die lachende Menge auf ein merkwürdiges Detail zu, einen Schlüssel nämlich, den jemand fest in der Hand hält. Kommendes Unheil deutet sich an.

Die klassische Physik bot einem Betrachter zu Beginn des 20. Jahrhunderts das gleiche Bild wie diese Festgesellschaft. Ein großes Gebäude war errichtet worden, und man hatte viel erreicht. Auf den ersten Blick fügte sich scheinbar alles gut zusammen, und die ungefährdete Stellung konnte gefeiert werden. Und doch! Wer näher kam und hinsah, bemerkte Unstimmigkeiten. Erste Zweifel an grundlegenden Überzeugungen tauchten auf. Jemand hielt in der Tat einen Schlüssel in der Hand, mit dem er gerade auf dem Höhepunkt der Feier und der allgemeinen Zuversicht, eine Hintertür geöffnet hatte, um den Störfaktor einzulassen, der schließlich das Gebäude der klassischen Physik zum Einsturz bringen sollte. Nur wenige Wissenschaftler bemerkten sofort, wie ernst die Bedrohung war. Es dauerte noch zwölf Jahre, bevor der heute als Quantum der Wirkung bekannte Störfaktor in den Mittelpunkt des Interesses gerückt wurde

– und zwar durch einen Dänen, der in einer englischen Industriestadt zugange war.

Niels Bohr aus Kopenhagen arbeitete im Frühjahr 1912 bei Ernest Rutherford in Manchester. Der neuseeländische Physiker hatte im Jahr zuvor mit seinen Versuchen ermittelt, wie ein Atom gebaut ist. Den Experimenten zufolge musste es einen massiven Atomkern geben, der von einer Hülle aus Elektronen umgeben war. Diese Vorstellung fügte sich nicht in das Verständnis der herkömmlichen Physik. Nach deren Gesetzen konnten Rutherfords »Saturn-Atome« nicht dauerhaft existieren, sie würden zusammenstürzen. Bohr löste dieses Grundproblem mit »einer kleinen Idee«, wie er es bescheiden nannte. Er erklärte die Stabilität der Materie, indem er ein dem gewohnten Denken fremdes Element in seine Überlegungen einführte: den Störfaktor namens Quanten, dem Max Planck im Jahre 1900 eine Tür geöffnet hatte.

Bohrs Trilogie *Über den Aufbau der Atome und Moleküle* erschien 1913. Mit ihr begann die Entwicklung der Atomphysik, die Bohr fünfzig Jahre lang bestimmen sollte – als Wissenschaftler und als Mensch. Seine Vorstellungen vom Atom beschleunigten den durch das Wirkungsquantum eingeleiteten Umsturz der Physik, der in den 1920er-Jahren unter großen Schmerzen vollzogen wurde. Eine neue Mechanik entstand, die Quantenmechanik, die sich bis heute in allen Belangen bewährt hat. Es gibt kein Experiment, das ihr widerspricht.

Die Quantenmechanik beschreibt die atomare Wirklichkeit und beleidigt den gesunden Menschenverstand. Die Atome kann nur verstehen, wer auf manche Denkgewohnheiten verzichtet. Um diese Konsequenzen seiner Wissenschaft verstehen zu können, wandte sich der Physiker Bohr der Philosophie zu und bemühte sich bis zur Erschöpfung, die Lektion der Atome für das menschliche Erkennen zu lernen. Seiner Ansicht nach konnte die neue Entwicklung der Physik »zur Klärung der allgemeinen Voraussetzungen menschlicher Erkenntnis beitragen«. Bohr verwies in vielen Vorträgen unermüdlich »auf die Notwendigkeit einer ständigen Verallgemeinerung der Begriffsbildung zur Einordnung neuer Erfahrungen«. Man muss damit rechnen, so betonte er, dass die Sprache und die Denkformen der Menschen dort versagen, wo sie sich nie bewähren mussten. Unser Denken ist deshalb offenzuhalten, damit wir auch in die Bereiche vordringen können, die nicht unserer direkten Erfahrung zugänglich sind.

Die Kopenhagener Deutung

Die philosophische Interpretation, die Bohr zusammen mit Werner Heisenberg der neuen Physik in den 1920er-Jahren gab, kann kurz durch die Begriffe »Unbestimmtheitsrelationen« und »Komplementarität« charakterisiert werden. Man bezeichnet sie heute als Kopenhagener Deutung der Quantenmechanik, weil sie an dem Institut für Theoretische Physik entwickelt wurde, dessen Errichtung Bohr 1920 in seiner Heimatstadt durchgesetzt hatte. Mit dieser Forschungseinrichtung erhielt die neue Wissenschaft ihr Forum. Dort kamen Physiker aus aller Welt zusammen, um die tiefgehenden und weitreichenden Fragen ihres Faches zu besprechen. Dabei leitete und forderte sie Bohr mit seinen Fragen. In allen Dialogen und Seminaren blieb er immer freundlich, in der Sache war er aber unerbittlich. Bohr wurde der Sokrates unter den Physikern. In seinem Institut entstand der Kopenhagener Geist der Wissenschaft, das heißt, hier wurde zum ersten Mal internationale Teamarbeit auf freier Basis verwirklicht. Bohrs Schüler gingen fröhlich und respektlos miteinander um und bewunderten ihren Lehrer, den sie »grenzenlos liebten«.

Die Quantenmechanik, die in den 1920er-Jahren in Göttingen, Cambridge und Kopenhagen entwickelt wurde, wird oft zu Unrecht als esoterisches Spiel von Spezialisten angesehen, das für den Laien ohne Bedeutung bleibt. In Wahrheit hat keine Wissenschaft mehr Konsequenzen für das Denken und die Technik, für Kultur und Zivilisation als diese Physik. Ohne sie wären weder Laser denkbar noch Halbleiter nutzbar, es gäbe also keine Compact Discs und keine Computer; ohne Quantenmechanik bleibt eine chemische Bindung ohne Erklärung und damit die moderne Chemie ohne Grundlage; ohne Quanteneffekte wäre die Wissenschaft vom Leben, die Biologie, bloß deskriptiv geblieben und hätte sich keine Molekularbiologie entwickelt. Keine Frage, die Entstehung der Quantenmechanik ist das wichtigste geistige Ereignis unserer Zeit. Und Bohr hat sie ermöglicht.

Der Traum von der offenen Welt

Die Konsequenzen der neuen Physik blieben nicht auf Fragen der Erkenntnis oder Grundlagenprobleme der Wissenschaften beschränkt. Wer die Struktur der Atome verstanden hat, kann auch lernen, die Bausteine der Materie zu teilen und die hier verborgene Kernenergie freizusetzen. Diese Fähigkeit wiederum konnte zur Konstruktion von Vernichtungswaffen verwendet werden. Daraus entstand ein existenzielles Problem, als sich der Zweite Weltkrieg ausweitete. Die Physiker, die in Kopenhagen bei Bohr das Gefühl gewonnen hatten, einer internationalen Familie von Wissenschaftlern anzugehören, arbeiteten nun gegeneinander. Bohr befand sich zwischen den Fronten. Er hatte zu beiden Seiten Kontakt und wurde von den Deutschen ebenso verehrt wie von den Engländern, Amerikanern und Russen.

Als Bohr 1943 in London von den Anstrengungen, eine Atombombe zu bauen, erfuhr, versuchte er sofort, die verantwortlichen Politiker dazu zu bewegen, die Anwendung der Bombe zu verhindern. Er dachte bereits an die Zeit nach dem Krieg und riet Winston Churchill und Franklin Roosevelt von einer Politik der Geheimhaltung und einer Demonstration der Atommacht ab. Nach 1945 setzte sich Bohr in einem offenen Brief an die Vereinten Nationen für eine Ost und West umfassende und auf Ausgleich angelegte Regelung bei der Behandlung atomarer Waffen ein und beschrieb seinen Traum von einer »offenen Welt«.

Erste Gehversuche in der Physik

Bohr hat – wie kann es anders sein – Physik in seiner Heimatstadt studiert und dabei das Glück gehabt, von Beginn an daran gewöhnt zu werden, Fehler zu suchen und zu finden. Diese Eigenschaft ließ ihn später auch die grundlegenden Irrtümer in seiner Wissenschaft entdecken.

Während seiner Zeit an der Universität hatte ihn ein Hochschullehrer aufgefordert, sich mit den Eigenschaften von Metallen zu beschäftigen. Bohr sollte die Vorstellungen kennenlernen, mit denen die elektrische Leitfähigkeit etwa von Kupfer verstanden werden konnte. In der damals akzeptierten Elektronentheorie der Metalle konnten sich die bekannten negativ geladenen Teilchen von ihren Atomen lösen und relativ frei bewegen. Die Physik behandelte somit ein Stück Kupfer wie ein Gas aus Elektronen und konnte auf diese Weise mit ihren Gesetzen zum Beispiel den Strom erklären, der durch einen Draht fließt. In seiner Magisterarbeit (1909) prüfte nun Bohr, ob diese Vorstellungen auch helfen, weitere Eigenschaften der Metalle zu verstehen. Er fand zu seiner Zufriedenheit heraus, dass er mit ihrer Hilfe die experimentell ermittelte Tatsache erklären konnte, dass eine Legierung aus zwei Metallen Strom schlechter leitet als jedes der reinen Metalle. Bohr entdeckte aber auch, dass es mit der vorliegenden Theorie keine Möglichkeit gab, die magnetischen Eigenschaften zu deuten, die etwa beim Eisen auftreten. In der Theorie musste folglich ein Fehler stecken.

Bohr verstand dies als grundsätzliches Problem. Hier war man nicht einfach an einer willkürlichen Annahme gescheitert, hier hatten sich die herkömmlichen und erfolgsgewohnten Gesetze der Physik als nicht anwendungsfähig erwiesen. Wie schon bei Planck und Einstein zeigten die bewährten Gesetze Schwächen. In seiner Doktorarbeit (1911) versuchte deshalb Bohr, diese zu beheben, indem er Elektronen miteinander in Wechselwirkung treten ließ, ohne die grundsätzliche Annahme aufzugeben, dass sich die Elektronen und die Metallatome in einem (thermischen) Gleichgewicht befinden und Energie zwischen ihnen kontinuierlich ausgetauscht werden kann. Dass dies das Haar in der Suppe war, hatte zwar auch Planck bereits erkannt, aber noch machte man keinen allgemeinen Gebrauch von dieser Erkenntnis.

»Die kleinen Atome«

Nach seiner Promotion ging Bohr zu Rutherford. Als er in Manchester eintraf, war er von der Richtigkeit der Annahmen überzeugt, die Rutherford bezüglich des Atoms getroffen hatte. Er glaubte nämlich, dass nicht das Modell, sondern die klassische Physik falsch sei, die man bislang darauf anwendete. Woher nahm Bohr diesen Mut?

Zunächst kann man antworten, dass er seine Neugierde einschränkte und auf genau ein Problem konzentrierte: die Frage nach der Stabilität der Atome. Den Physikern standen als Daten über die Atome Spektrallinien zur Verfügung. Das Licht, das von den chemischen Elementen ausgesandt werden konnte, setzte sich aus Komponenten bestimmter Wellenlänge zusammen, die gemeinsam das charakteristische Spektrum eines Elementes ausmachten. Jede vorhandene Wellenlänge tauchte als eine Linie im Spektrum auf, und die Physiker hofften, Einzelheiten über den Atombau aus diesen Spektrallinien ableiten zu können.

Zudem erkannte Bohr, dass Rutherfords Idee mit einem Schlag zwei fundamentale Aspekte der Materie verständlich machte. Denn neben der Frage nach der Stabilität erklärte das Modell, warum man zwischen physikalischen und chemischen Eigenschaften der Elemente unterscheiden konnte. Im Atomkern steckte die Physik (Radioaktivität), in der Elektronenhülle die Chemie (Reaktionsbereitschaft).

Rutherfords Atom erlaubte also, die Chemie und die Physik der Atome zugleich zu verstehen. Und seine Stabilität konnte mit den Quanten begründet werden. Das der klassischen Physik fremde Konzept hielt die Elektronen in ihrer Bahn. Wenn nämlich Elektronen ihre Energie auch nur in Form von Quantenpaketen abgeben beziehungsweise erhalten können, dann versagt das klassische Argument der Abstrahlung. Hier verliert nämlich eine beschleunigt bewegte Ladung ihre Energie kontinuierlich. Das Quantum jedoch verhindert dies und schützt die Elektronen davor, in den Kern zu stürzen. Kurz, es stabilisiert die Materie.

Indem er die Wirklichkeit der Quanten anerkannte, erzwang Bohr einen weiteren revolutionären Schritt. Bevor er sein Modell vorschlug, hatten die Physiker ganz selbstverständlich angenommen, dass die Frequenzen des Lichtes, das Atome aussendet, solche Frequenzen sind, die im Atom wirklich existieren, nämlich als Frequenz der umlaufenden Elektronen. Wenn aber das Quantum die Elektronen in ihrer Bahn halten sollte, durften die stabilen (stationären) Elektronen gerade nicht strahlen. Die Abgabe der Energie erfolgte in Bohrs Modell nur beim Übergang von einer Quantenbahn zur nächsten. Damit wurde ein physikalischer Vorgang selbst diskontinuierlich. Eine Konsequenz hieraus besteht darin, dass die Frequenz des Lichtes nicht von der Frequenz des Elektrons abhängt. Diese Einsicht ist eine große Errungenschaft des Bohr'schen Modells.

Bohrs Beschreibung der Atome wirkt wie das Produkt einer gespaltenen Persönlichkeit. Erst tritt der klassische Physiker Bohr auf. Er berechnet die möglichen Umlaufbahnen der Elektronen, wie man dies für die Umlaufbahn eines Satelliten kennt. Danach zieht sich dieser Bohr zurück, und seine Quantenhälfte tritt in Erscheinung. Er betrachtet die ausgerechneten Bahnen, sucht sich diejenigen aus, die ihm (und auf die Natur) passen, und erklärt die hier befindlichen Elektronen für stabil, solange sie nicht gestört werden. Solch eine Umlaufbahn konnte durch eine sogenannte Quantenzahl festgelegt werden. Wenn Elektronen auf eine andere dieser zugelassenen Bahnen springen, können sie ein Quantum Energie abgeben, das als Photon entweicht. Damit ergänzte Bohrs Theorie die Lichtquantenhypothese von Einstein, das heißt, die Quantensprünge machten die Hypothese nun zu einer Folgerung.

War diese schizophrene Theorie auch Wahnsinn, so hatte sie doch Methode, und die Physiker mussten mit ihr leben.

Sie kamen am besten dann zurecht, wenn sie sich konsequent an den klassischen Ergebnissen orientierten und vorsichtig tastend in die Quantenwelt aufbrachen. Es dauerte aber weitere zwölf Jahre, bis die letzten beiden Stufen auf dem Weg in die atomare Wirklichkeit erklommen und ein tieferes Verständnis dieser Quantenspringerei erreicht wurde.

Kopenhagener Gründungen

Als Bohr sich mitten im Umsturz der alten Physik befand, suchte er einen festen Halt für sein Leben. Im August 1912 fuhr er nach Kopenhagen, um seine Verlobte Margarete zu heiraten. Die Hochzeit war schon lange geplant, ebenso die Hochzeitsreise nach Norwegen, die allerdings ausfallen musste. Zu viele unvollendete Manuskripte warteten in England auf ihre Fertigstellung. Rutherford hatte dringend geraten, wenigstens eine Arbeit abzuschließen. Mit Margaretes Hilfe kam Bohrs Niederschrift voran. Seine Frau wurde seine wichtigste Mitarbeiterin. Was vorher immer wieder steckengeblieben war, lief nun wie von selbst. Niels konnte diktieren, Margarete schrieb, nicht ohne den Stil zu verbessern, und innerhalb kürzester Zeit wurde die angefangene Arbeit über das Eindringen von Alphateilchen in Materie druckreif. Nun blieb auch Zeit für eine Reise – allerdings nach Schottland. So harmonisch, wie das gemeinsame Leben der Eheleute begonnen hatte, blieb es mehr als ein halbes Jahrhundert lang. Große Belastungen führten die Bohrs mit Ausdauer und Geschick zu einem guten Ende. Die Ehe kann als glücklich bezeichnet werden. Erst durch den Tod von Niels wurde das Paar getrennt – kurz nachdem Goldene Hochzeit gefeiert werden konnte.

Das Leben der Bohrs spielte sich in Kopenhagen ab. Im Sommer 1916 war Niels zum ersten Professor für Theoretische Physik in Dänemark ernannt worden. Damit war er aber noch nicht ganz zufrieden. In Manchester hatte er gemerkt, wie wichtig es für einen Wissenschaftler ist, in einem Institut zu arbeiten, in dem die Chancen groß sind, jemanden zu finden, mit dem man regelmäßig und mit Gewinn über offene Fragen diskutieren konnte. Bohr wollte ein solches Zentrum der Physik in Kopenhagen schaffen, und am 18. April 1917 schlug er der Fakultät für Mathematik und Physik an seiner Universität vor, ein Institut für Theoretische Physik zu gründen. Dort sollte natürlich der Schwerpunkt auf der Theorie liegen. Aber Bohr verlangte zugleich, dass man auch experimentieren können sollte, und so wurde von Anfang an ein technisch hochwertig ausgestattetes Institut geplant. Bohr war fest entschlossen, ein Haus für eine wissenschaftliche Familie zu bauen, und es ist ihm gelungen. Das Institut steht bis heute und bereichert die Wissenschaft und damit die Menschen.

Bohrs Bemühungen, ein Institut für Theoretische Physik zu gründen, fanden während des Ersten Weltkriegs statt, was finanzielle Probleme mit sich brachte. Aber alte Schulfreunde wussten Rat. Sie gründeten ein Komitee und organisierten mit dessen Unterstützung eine private Sammelaktion. Sie verwiesen auf die Verantwortung neutraler Staaten und die wirtschaftliche Bedeutung der Atomforschung, setzten den Minister für Bildung unter Druck und erreichten auf diese Weise, dass am 1. November 1918 die Baugenehmigung erteilt wurde. Als die dänische Krone an Wert verlor, griff zuletzt noch die Carlsberg-Stiftung ein. Sie schloss alle finanziellen Lücken. Im Januar 1921 zog Bohr in sein Haus der Wissenschaft ein. Seine erste Tätigkeit bestand darin, einen Brief an Rutherford zu schreiben, um ihn zur offiziellen Einweihung einzuladen, was der Neuseeländer enthusiastisch akzeptierte.

Privat bezogen die Bohrs eine Wohnung im ersten Stock des Instituts und hielten sie von Anfang an offen für die Mitarbeiter. So entstand von Beginn an das Gefühl familiärer Zusammengehörigkeit. Bohr förderte private Kontakte, da er wissenschaftliches und privates Leben nicht trennen wollte. Im Gegenteil, man sollte sich im Laboratorium so wohlfühlen wie zu Hause. In dieser Atmosphäre wurde Teamwork selbstverständlich. Bohr fühlte sich glücklich. In einem Brief an Paul Ehrenfest definierte er genauer, was er unter Glück verstand (Original auf Deutsch): »Die einzige Definition des Glückes, mit dem ich zufrieden bin, und deren Richtigkeit ich in manchen Verhältnissen sehr stark gefühlt habe, ist aber, dass es einem besser geht als er verdiene, und wie gut es in diesen Verhältnissen passt, brauche ich nicht näher zu sagen.«

Die Idee der Komplementarität

Bis zum Sommer 1925 war den Physikern klar geworden, dass es Fragen gab, die nicht eindeutig zu beantworten waren, sondern eine Doppeldeutigkeit zuließen. Nicht nur die Frage, ob Licht aus Partikeln besteht oder sich wellenartig verhält, konnte nicht entschieden werden. Dasselbe galt für Elektronen, was als Dualität der Materie für Verwirrung sorgte. Bohr erkannte, dass diese Situation eine durchgreifende Revision der Begriffe, die in der Physik verwendet wurden, erforderte – und hielt gedanklich inne. In den kommenden zwei Jahren publizierte er nichts. Seine Arbeitskraft widmete er dagegen vor allem den Gesprächen, die er in Kopenhagen besonders intensiv mit Heisenberg und Pauli führte. Im Mai 1926 zog Heisenberg nach Kopenhagen, um mit Bohr gemeinsam eine physikalische Deutung der neuen

Quantenmechanik zu finden. Natürlich wohnte er im Institut; so konnten der Lehrer und sein Schüler bis tief in die Nacht diskutieren. Sie taten es bis zur Erschöpfung, die im Februar 1927 erreicht war. Dann brach Bohr zu einem vierwöchigen Skiurlaub nach Norwegen auf – es wurden die längsten Ferien seines Lebens –, und hier kam ihm die entscheidende Idee zur Deutung der Quantenmechanik. Bohr fiel plötzlich auf, dass mit den verschiedenen sich widersprechenden Bildern (Welle und Teilchen) nicht dieselben Phänomene beschrieben werden. Vielmehr teilt man mit ihrer Hilfe Erfahrungen mit, die unter sich gegenseitig ausschließenden Versuchsbedingungen gemacht worden sind. Bohr schlug deshalb vor, solche Erfahrungen als »komplementär« zu bezeichnen. Ein neuer konzeptioneller Rahmen war gefunden.

In allgemeiner Form lässt sich Bohrs Idee der Komplementarität folgendermaßen beschreiben: Beobachtungen werden durch experimentelle Anordnungen definiert. Einige dieser Anordnungen können nicht gleichzeitig angewendet werden. Die in diesen Versuchen gemachten Erfahrungen stehen in einer komplementären Beziehung zueinander. Jede einzelne stellt einen gleichwertigen Aspekt der vollständigen Information dar, die erhalten werden kann. Zu jeder Beschreibung von Wirklichkeit gibt es eine zweite, die mit der ersten gleichberechtigt ist, obwohl sich beide widersprechen.

Um dies am Beispiel von Welle und Teilchen zu verdeutlichen: Welle und Teilchen sind zwei Bilder, die sich einerseits gegenseitig ausschließen – wenn das eine angewandt wird, kann nicht zugleich das andere angewandt werden –, aber andererseits auch bedingen; denn keines der beiden Bilder genügt für sich allein. Die Wirklichkeit, die also die Quantentheorie beschreibt, können wir uns prinzipiell nicht mehr eindeutig anschaulich vorstellen. Sie muss deshalb durch zwei zueinander komplementäre Bilder beschrieben werden.

In aller Öffentlichkeit hat Bohr diesen Gedanken zum ersten Mal im Herbst 1927 vorgestellt, als er auf einer Tagung in Como sprach, die dem Andenken an Alessandro Volta gewidmet war. Bohr hatte den ganzen Sommer über intensiv an dem Manuskript seiner Rede gearbeitet, immer wieder neue Fassungen diktiert und die alten verworfen. Dies war bei Bohr ein quälend langsamer Prozess, der vermutlich mehr Schaden als Nutzen bewirkte. Bohr drehte und wendete seine Formulierungen so lange, bis er sicher war, dass sie nicht zu widerlegen waren. Deshalb verunglückte auch der erste Satz, mit dem sein neuer Begriff »Komplementarität« vorgestellt wurde. Das entscheidende Wort erscheint unvermittelt, es ist versteckt und kaum zu erkennen. Komplementarität wird weder definiert noch als wichtig hervorgehoben: »Nach dem Wesen der Quantentheorie müssen wir uns also damit begnügen, die Raum-Zeit-Darstellung und die Forderung der Kausalität, deren Vereinigung für die klassischen Theorien kennzeichnend ist, als komplementäre, aber einander ausschließende Züge der Beschreibung des Inhalts der Erfahrung aufzufassen, die die Idealisation der Beobachtungs- bzw. Definitionsmöglichkeiten symbolisieren.«

Max Delbrück, einer der späteren Mitarbeiter von Niels Bohr, wurde einmal beim Lesen eines Bohr-Manuskriptes voller Schachtelsätze so gereizt, dass er ihm »ein Verbrechen am Lesepublikum« vorwarf; was Bohr da treibe, sei sinnlos. Niemand könne jemals aus den Texten herausholen, was er alles hineingesteckt habe. Dem kann man nur zustimmen und trotzdem versuchen, einfacher zu sagen, was Bohr mit dem zitierten Satz ausdrücken wollte: Was in einem Experiment geschieht, wird von uns hergestellt und registriert. Es muss davon also eine Raum-Zeit-Beschreibung geben. Zu einem Experiment gehört auch die gewohnte Kausalität; denn wie sollten wir sonst aus dem Messergebnis auf den Zustand des untersuchten Objekts schließen? Im Rahmen der klassischen Physik sind beide Bedingungen miteinander vereinbar, in der Quantentheorie hingegen sind Kausalität und Raum-Zeit-Beschreibung komplementär zueinander. Dies zeigen die Erfahrungen, die mit den Experimenten an atomaren Bausteinen unternommen worden sind.

Übrigens – Komplementarität hängt direkt mit dem Problem der Sprache zusammen. Dies wurde Bohr klar, als er Ende 1927 aus Como zurückgekehrt war und auf einer Segeltour alten Schul- und Studienfreunden von der neuen Idee erzählte. »Das ist ja alles schön und gut, Bohr«, sollen sie ihm geantwortet haben, »aber du kannst doch nicht bestreiten, dass du das alles vor zwanzig Jahren auch schon gesagt hast.« Mit anderen Worten: Bohrs Denkfigur »Komplementarität« war älter als das physikalische Modell, auf das er sie anwenden wollte. Komplementarität ist offenbar eine ganz allgemeine Erfahrung, die man beim Denken machen kann, wenn man es ernst meint.

Der Geist von Kopenhagen

Es ist immer einfach, ein Ganzes in Teilen darzustellen. Auch in Bohrs wissenschaftlichem Leben kann man Perioden entdecken und sich jeder einzelnen zuwenden. Mit dem Vortrag über die Komplementarität kam die zweite von vier Phasen zu ihrem Abschluss. Die erste Periode hatte 1912 bei Rutherford in Manchester begonnen und zehn Jahre später am Blegdamsvej geendet. In dieser Zeit war es gelungen, die Stabilität der Elemente und ihre Anordnung in einem Periodensystem in den theoretisch-physikalischen Griff zu bekommen. Der Triumph dieser Phase bestand darin, dass man die Besonderheit einer chemischen Substanz, ihre Qualität, auf die Zahl der Elektronen in einem Atom reduzieren konnte, auf eine Quantität also. Das Verständnis des Erfolges gelang in der zweiten Periode. In ihr entstand die Quantenmechanik, und eine Deutung dieser Theorie wurde erarbeitet. In der dritten Phase – sie reichte bis zum Ausbruch des Zweiten Weltkriegs – standen (philosophisch) die Lehren dieser Interpretation und (physikalisch) die Struktur des Atomkerns im Mittelpunkt. In der abschließenden vierten Phase wurde Bohr zum geistigen und moralischen Oberhaupt der Physiker.

Während die erste Periode durch monumentale Publikationen Bohrs bestimmt wurde, konzentrierte Bohr sich in der zweiten Phase auf die Anregung einer internationalen Zusammenarbeit. Bohr ermöglichte in seinem Institut den Geist von Kopenhagen. Seine Mitarbeiter gingen ungewöhnlich offen und locker miteinander um. Bohr überwand bewusst die Trennung von privatem und wissenschaftlichem Leben. Er hielt seine Wohnung für alle Mitarbeiter offen, und man diskutierte bis spät in die Nacht, versorgt mit belegten Broten aus Margaretes Küche. Man gehörte und blieb zusammen.

Zu dem Geist von Kopenhagen gehört natürlich auch die große intellektuelle Anspannung, die mit den Schwierigkeiten der neuen Physik zusammenhing. Sie machte sich oft in Witzen Luft. Besonders zwei Russen, die wir noch genauer kennenlernen werden, heckten in Kopenhagen fast täglich einigen Schabernack aus und hielten den Kopenhagener Geist wach: George Gamow und Lew Landau. Bei Landau kam es vor, dass er sich während einer Diskussion auf den Boden legte, um sich auszustrecken. Bohr fühlte sich dadurch nicht irritiert – er ging einfach in die Knie und beugte sich tiefer nach unten, um das Gespräch fortzusetzen. Gamow, der gerne Hüte in flüssiges Helium steckte und anschließend zerkleinerte, um Bruchstücke davon als Postkarten zu verschicken, überredete Bohr eines Tages zu einem Kinobesuch. Man sah einen amerikanischen Wildwestfilm und diskutierte anschließend, wieso immer der gute Held den Bösewicht erlegt, wenn es zum Shoot-out kommt. Bohr wusste eine Antwort: »Weil der Gute nicht denken muss!« Gamow wollte das überprüfen, kaufte zwei Spielzeugpistolen, händigte eine davon Bohr aus und band sich die zweite selbst um. Während sie nun über Physik diskutierten, versuchte Gamow, Bohr »abzuknallen«. Doch Bohr kam ihm stets zuvor, wenn Gamow seine Waffe ziehen wollte.

Bohr erklärte das so: Eine Person, die sich vornimmt zu handeln, die also denkt, agiert langsamer als eine Person, die reagieren kann, ohne nachzudenken. Schließlich hatte Bohr aber an den Wildwestfilmen doch etwas auszusetzen: »Das ist doch alles zu unwahrscheinlich! Also, dass der Bösewicht mit dem hübschesten Mädchen davonläuft, das ist logisch. Dass die Brücke unter ihrer Last zusammenbricht, ist zwar unwahrscheinlich, kann aber akzeptiert werden. Dass die hübsche Heldin mitten über dem Abgrund hängen bleibt, das ist noch unwahrscheinlicher, aber ich akzeptiere auch das. Ich nehme sogar auch noch hin, dass gerade in diesem Moment Tom Mix auf seinem Pferd daherkommt. Was aber mehr ist, als ich akzeptieren kann, das ist die Tatsache, dass genau in diesem Moment und an dieser Stelle ein Kerl mit einer Filmkamera steht, der das alles aufnimmt.«

Einsteins Paradoxon

Der Gedanke der Komplementarität enthält auch einen metaphysischen Aspekt, der über die Grenzen der Beobachtung hinausgeht und versucht, das Wesen der Realität selbst zu erfassen. Er besagt, dass es etwas wie ein Elektron mit gegebener Lage und gegebener Geschwindigkeit gar nicht gibt. Mit dieser Vorstellung Bohrs konnte sich Einstein nie abfinden, weshalb er nach 1930 versuchte, diesen Aspekt der Komplementarität als Unsinn erscheinen zu lassen. 1935 veröffentlichte Einstein mit zwei Mitarbeitern (Podolsky und Rosen) die bereits erwähnte Arbeit über das EPR-Gedankenexperiment, die im Titel folgende Frage stellte: *Kann die quantenmechanische Beschreibung der physikalischen Wirklichkeit als vollständig betrachtet werden?*

Einstein hatte damals längst aufgegeben, die Quantenmechanik als inkonsistent zu bezeichnen. Er bestritt allerdings nach wie vor, dass sie vollständig ist, und es war klar, dass seine Antwort auf seine Titelfrage »Nein« lauten musste. Von einer vollständigen Theorie verlangten die Autoren, dass in ihr jedes Element der physikalischen Realität seine Entsprechung haben muss. Das heißt konkret: Wenn man den Wert einer physikalischen Größe mit Sicherheit vorhersagen kann, ohne ein System dabei in irgendeiner Weise zu stören, dann gibt es ein Element der physikalischen Wirklichkeit, das dieser Größe entspricht. Die Autoren zeigten dann an einem Beispiel, dass es Größen gibt, die zwar ein Element der physikalischen Wirklichkeit sind, die aber von der Quantenmechanik nicht erfasst werden, was bedeutet, dass diese gefeierte Theorie unvollständig ist.

Wie sah ihr Beispiel aus? Das EPR-Trio schlug vor, zwei Teilchen (A und B) zu betrachten, die aufeinander zufliegen, zusammenstoßen und wieder auseinanderfliegen. Für solch eine Situation erlaubt die Quantenmechanik kurioserweise, dass sowohl die Summe der Impulse als auch die Differenz (Abstand) der Orte gleichzeitig einen festen Wert haben. Außerdem legen die Gesetze der Physik fest, wie die entsprechenden Werte vor und nach dem Zusammenstoß korreliert sind.

Nun kann ein Beobachter am Teilchen A eine Messung vornehmen, er bestimmt zum Beispiel seinen Impuls. Mit dem oben Gesagten wird er dadurch in die Lage versetzt, mit Sicherheit den Wert des Impulses von Teilchen B vorherzusagen. Im Sinne des Einstein'schen Kriteriums entspricht dann diesem Impuls ein Element der physikalischen Wirklichkeit. Analog kann man für den Ort von B argumentieren. Dies wäre aber ein Widerspruch zur Beschreibung der Quantenmechanik. Das Teilchen B kann in dieser Theorie keine festen Werte für diese Größen haben.

Als Bohr von dem Aufsatz erfuhr, ließ er alle laufenden Arbeiten ruhen. Kaum vier Monate später traf seine Antwort bei derselben Zeitschrift ein, in der Einstein sein Paradoxon publiziert hatte. Bohr argumentiert dabei wie folgt: Ein beobachtetes Objekt und der zu seiner Messung verwendete Apparat bilden gemeinsam eine untrennbare Einheit, die auf der quantenmechanischen Ebene nicht in Form von getrennten Teilen untersucht werden kann. Die Kombination eines gegebenen Teilchens mit einer bestimmten experimentellen Anordnung unterscheidet sich wesentlich von der Kombination desselben Teilchens mit einer anderen Anordnung. Die Beschreibung des Zustands des ganzen Systems drückt eine Relation zwischen dem Teilchen und allen vorhandenen Messvorrichtungen aus. Mit anderen Worten, selbst wenn keine Messung an Teilchen B erfolgt, so ist doch sein Zustand (also die physikalische Wirklichkeit, deren Teil es ist) nicht unabhängig von der Anwesenheit des Apparates, mit dem die Messung an Teilchen A vorgenommen wird. Daher scheitert Bohrs Ansicht nach die Beweisführung von Einstein, Podolsky und Rosen.

So argumentierte Bohr 1935 hellsichtig. Denn natürlich stört ein Beobachter von Teilchen A das andere Teilchen B nicht direkt physikalisch. Seine Messung beeinflusst aber die tatsächlichen Bedingungen, welche die möglichen Voraussagen über das zukünftige Verhalten des Systems definieren. Da diese Bedingungen ein Element der Beschreibung jeglichen Phänomens ausmachen, die man »physikalische Wirklichkeit« nennen kann, sehen wir, dass Einsteins Argumentation nicht gerechtfertigt ist und die quantenmechanische Beschreibung vollständig bleibt. Mehr wird uns nicht zugänglich.

In dieser von Bohr 1935 beschriebenen radikalen Revision der Einstellung zur physikalischen Realität deutet sich eine seltsame Korrelation an, die man mit dem Begriff »Ganzheit« kenntlich machen kann. Die von der klassischen Physik beschriebene Welt konnte stets in ihre Einzelteile zerlegt werden. Die Quantenwelt ist anders. Offenbar kann sie nicht völlig reduziert werden. Wenn zwei Teilchen miteinander in Wechselwirkung treten – in Einsteins Beispiel stoßen sie zusammen –, dann werden sie Teil eines physikalischen Systems (eines Ganzen), das *nicht* mehr erfasst werden kann, wenn man nur seine Einzelteile beschreibt.

Wenn wir nun nach dem Grund dafür fragen, bekommen wir eine seltsame Antwort, an die wir aber schon gewöhnt sind: Die Korrelation besteht nicht zwischen den wirklich vorhandenen Teilchen, sie besteht zwischen den Quantenzuständen, die mit diesen Teilchen verbunden sind, genauer gesagt, zwischen den Wahrscheinlichkeitsverteilungen, die festlegen, wie die Teilchen sich verhalten können. Im Rahmen der Quantenmechanik können diese Korrelationen die Eigenschaften der Teilchen auch dann noch beeinflussen, wenn sie selbst längst getrennt sind und nicht mehr miteinander in Wechselwirkung stehen.

Die Ganzheit zeigt sich erst recht in der besonderen Form der Wechselwirkung, die zum Messen erforderlich ist. Durch eine Beobachtung werden der Messapparat und das untersuchte System ein Ganzes. Sie sind nun nicht mehr einzeln beschreibbar, über sie können wir noch nicht einmal mit gleichen Begriffen reden. Denn, so Bohr, das zum Versuch verwendete Gerät gehorcht der klassischen Physik und muss also mit deren Konzepten beschrieben werden. Die Teilchen selbst gehorchen aber der Quantenphysik. Wenn wir also über ein Experiment reden, *müssen* wir etwas tun, was wir nicht dürfen, nämlich trennen, was ein Ganzes ist. Durch diese eigentlich verbotene Trennung verlieren wir Informationen. Wir kennen nur noch die Wahrscheinlichkeit, mit der ein Quantenobjekt etwas tut. Dennoch bleibt unsere Beschreibung des Systems nach Bohr vollständig, wenn wir die experimentelle Anordnung, mit der wir die Teilchen analysieren, in sie mit einbeziehen. Die wichtige Konsequenz, die hieraus zu ziehen ist, macht den erwähnten metaphysischen Aspekt der Komplementarität deutlich: In der Quantenmechanik kann man nichts über ein individuelles Teilchen (zum Beispiel ein Elektron) sagen, das nicht beobachtet wird und ohne jede Wechselwirkung existiert. Ein isoliertes Teilchen gehört nicht zur physikalischen Wirklichkeit. Es bleibt sinnlos, von seinem Zustand zu sprechen. Es hat gar keinen.

Diese kuriose Ganzheit der Quantenzustände mehrerer Teilchen ist heute eine gesicherte Tatsache. Sie wurde im Versuch nachgewiesen. Man hat weder Einstein noch Bohr, man hat die Natur selbst gefragt. Und sie hat geantwortet.

So seltsam es auch zu sein scheint, Bohr hatte recht gehabt. Dass dies von einigen Philosophen heute noch bestritten wird, hätte Bohr nicht gewundert. Das reine Denken ist eben nur eine von zwei komplementären Möglichkeiten, wie man von der Wirklichkeit lernen kann. Zum Begriff gehört eben die Anschauung, wie an dieser Stelle konkret zu spüren ist.

Der Weg zur experimentellen Prüfung der Ganzheit wurde übrigens durch eine Entdeckung des schottischen Physikers John Bell aus dem Jahre 1964 möglich, also zwei Jahre nach Bohrs Tod.

Eine Erfahrung beim Spülen

Als Bohr in der Mitte der 1930er-Jahre mit Einstein über die Vollständigkeit der Quantentheorie stritt, waren zwar in Deutschland die Nazis bereits an der Macht, aber noch konnte sich die Physik als ungefährlicher Spielplatz für Ideen und intellektuelle Abenteuer verstehen. Niemand dachte bislang an militärische Anwendungen. Bohr fuhr sogar noch auf Einladung Heisenbergs zum Skilaufen nach Deutschland. Heisenberg hatte bei der Renovierung einer bayerischen Almhütte am Südhang des Großen Traithen mitgeholfen und als Gegenleistung das Recht erbeten, sie im Winter als Skiunterkunft nutzen zu können. Als Bohr hier zusammen mit seinem Sohn Christian und Physikern wie Felix Bloch und Carl Friedrich von Weizsäcker einige Tage verbrachte, war alles für eine wunderbare Anekdote bereitet.

Bei der Verteilung der abendlichen Pflichten – Kochen und Spülen – wurde Bohr eines Tages mit dem Abwasch beauftragt. Er machte sich ans Werk und sah am Ende nachdenklich auf das saubere Geschirr. Verwundert stellte er fest: »Dass man mit schmutzigem Wasser und einem schmutzigen Tuch schmutzige Gläser sauber machen kann – wenn man das einem Philosophen sagen würde, er würde es nicht glauben.«

Diese Küchenweisheit war nicht gegen die philosophische Denkweise gerichtet, die viel zu sehr seiner eigenen Einstellung entsprach. Bohrs Überlegung wollte aber verdeutlichen, dass die Annahme falsch ist, beim Denken könne man mit klaren Begriffen beginnen und sich zur Wahrheit vorarbeiten. Tatsächlich stehen uns zunächst nur unklar definierte Begriffe zur Verfügung, wir verwenden weiter ungenaue experimentelle Ergebnisse, und wir formulieren unser Ergebnis in einer Sprache, deren grammatische Regeln wir nur ungenügend durchschauen. Dennoch machen wir Fortschritte – etwa in der Physik. Wir erkennen die atomaren Phänomene, unsere Begriffe werden im Verlauf einer wissenschaftlichen Analyse schärfer. Bohr hielt es geradezu für das Charakteristikum der Naturwissenschaften, hier nicht von vornherein die Hoffnung aufgeben zu müssen, dass die Begriffe am Ende etwas klarer sind als am Anfang.

Die Gefahr des Atoms

Die Zeit für solche Überlegungen war bald vorbei. Am Ende der 1930er-Jahre war die Kernspaltung entdeckt und von Lise Meitner verstanden worden. Man musste annehmen, dass nun Atomwaffen entwickelt würden. Die Vorstellung, sie in den Händen Hitlers zu sehen, wurde für viele Physiker zum Albtraum, als deutsche Truppen große Teile von Europa besetzt hielten, englische Städte bombardierten und auf Moskau zumarschierten. Bohr hielt allerdings noch zu Beginn der 1940er-Jahre Kernexplosionen für militärisch wertlos. Er konnte nicht wissen, dass in den USA bereits der erste Kernreaktor in Betrieb genommen worden war und die Trennung der Uranisotopen vorbereitet wurde, die für eine Bombe nötig ist. Wissenschaft war weltweit zur Geheimsache geworden.

So war Bohr kaum noch auf dem Laufenden, was in Amerika gemacht wurde, und er wusste noch viel weniger, wie weit die Deutschen waren. Musste man damit rechnen, dass Deutschland versuchte, eine Atombombe zu bauen? Wenn Bohr geahnt hätte, wie ausschließlich die Naziregierung auf Projekte setzte, die unmittelbar im Krieg verwendet werden konnten, hätte er sich keine Sorgen gemacht. Ein Uranprojekt kam dafür nicht infrage. Doch ohne jede Information musste Bohr natürlich fürchten, dass an Kernwaffen gearbeitet wurde. Das Einzige, was er sicher kannte, war die Qualität der deutschen Physiker: Sie hatten alle bei ihm gelernt.

So schwankte Bohr in seiner Beurteilung der Gefahr, als er im September 1941 überraschenden Besuch aus Deutschland erhielt. Ein deutsches wissenschaftliches Institut in Kopenhagen hatte eine astrophysikalische Arbeitswoche organisiert und dazu Heisenberg eingeladen, der zusammen mit von Weizsäcker in das besetzte Dänemark reiste. Heisenberg hatte kurz nach Ausbruch des Krieges den Auftrag erhalten, zusammen mit anderen Physikern die Nutzbarkeit der Kernenergie zu erkunden. Als er sich auf den Weg nach Kopenhagen machte, war der deutsche Uranverein zu der Ansicht gekommen, dass Kernwaffen zwar im Prinzip gebaut werden könnten, dass aber der Aufwand dafür zu groß sei. Vielleicht, so zumindest hoffte Heisenberg im Herbst 1941, war man in Amerika zu ähnlichen Ansichten gekommen, und vielleicht war es den Physikern daher noch möglich, selbst »zu entscheiden, ob der Bau von Atombomben versucht werden solle oder nicht«.

Heisenberg wollte die Einladung nach Kopenhagen zu einem Gespräch mit Bohr nutzen. Er hoffte, Bohr könne immer noch zwischen den ehemals befreundeten und nun verfeindeten Physikern vermitteln. Die beiden Begründer der Kopenhagener Deutung der Quantenmechanik erörterten das schwierige Thema der Atomwaffe bei einem Spaziergang. Was wurde dabei gesagt?

Wir wissen es nicht. Wir haben aber inzwischen ein Theaterstück – *Kopenhagen* von Michael Frayn –, das mit großem Erfolg weltweit aufgeführt wird und in dem mehrere Möglichkeiten angeboten werden, wie das Gespräch zwischen Bohr und Heisenberg verlaufen sein könnte. Vielleicht kann nur das Theater und nicht die Wissenschaftsgeschichte herausfinden, was Bohr und Heisenberg wirklich miteinander geredet haben.

Heisenberg selbst berichtet in seinen Erinnerungen, dass er das Gespräch mit einer vorsichtigen Andeutung darüber begonnen habe, dass Atombomben konstruiert werden können. Dies war sicher ein schwerer Fehler. Bohr musste entsetzt reagieren. Sein Land litt schon genug unter der deutschen Besatzung, und nun sprach sein bester und ehrgeizigster Schüler von der Möglichkeit, eine Atombombe zu bauen, die einen länger dauernden Krieg zu Deutschlands Gunsten entscheiden konnte. Dies jedenfalls entnahm Bohr Heisenbergs Äußerungen, wie Mitglieder der Familie berichteten, zu denen ein tief besorgter und betroffener Bohr nach dem Spaziergang zurückkehrte.

Für eine offene Welt

Bohr hat sich immer wieder bemüht, seine Vorstellungen von einer offenen Welt durchzusetzen. Nur in ihr sah er die Sicherheit aller Staaten garantiert. Im Jahre 1950 unternahm er einen letzten Versuch. Ein Jahr nach der Gründung der NATO und des Warschauer Pakts wandte er sich an die Weltöffentlichkeit. Bohr schrieb einen offenen Brief an die Vereinten Nationen, den er auf einer Pressekonferenz verlesen wollte. In ihm heißt es unter anderem: »Da es für die Menschheit kaum infrage kommt, auf die mögliche Verbesserung der materiellen Verhältnisse der Zivilisation durch Atomenergiequellen zu verzichten, ist offenbar eine tief greifende Anpassung der internationalen Verhältnisse notwendig, falls die Zivilisation weiterleben soll. Der entscheidende Punkt hierbei ist, dass jede Garantie dafür, dass die Fortschritte der Wissenschaft nur zum Nutzen der Menschheit angewandt werden, die gleiche allgemeine Haltung voraussetzt, die für die Zusammenarbeit zwischen den Nationen in allen kulturellen Bereichen unentbehrlich ist. Das höchste Ziel muss eine offene Welt sein, in der jede Nation sich allein durch ihre Beiträge zur gemeinsamen menschlichen Kultur und durch die Hilfe behaupten kann, die sie durch ihre Erfahrungen und Hilfsmittel den anderen zu leisten vermag. Beispiele hierfür können jedoch nur wirkungsvoll werden, falls man Schranken aufgibt und freie Diskussion über kulturelle und soziale Fragen über Landesgrenzen hinweg zulässt. (…) Die Entwicklung der Technik hat jetzt ein Stadium erreicht, in dem die Kontaktmöglichkeiten die ganze Menschheit zu einer zusammenarbeitenden Einheit zu verbinden vermögen, aber zugleich verhängnisvolle Folgen für die Zivilisation entstehen können, wenn nicht internationale Meinungsverschiedenheiten durch Verhandlungen auf Grundlage des freien Zugangs zu Informationen über alle diesbezüglichen Fakten überwunden werden können. Gerade die Tatsache, dass das Wissen selbst die Grundlage jeder Zivilisation ist, weist unmittelbar auf Offenheit als Weg zur Überwindung der jetzigen Krise hin. Welche rechtlichen und administrativen internationalen Behörden man auch immer zu schaffen genötigt sein wird, um die jetzigen Verhältnisse in der Welt zu stabilisieren, es ist klar, dass nur vollständige gegenseitige Offenheit wirkungsvoll das Vertrauen zueinander fördern und gemeinsame Sicherheit garantieren kann.«

Als Bohr 1962 starb, ging ein heroisches Zeitalter der Wissenschaft zu Ende. Bohr war zu seinen Lebzeiten eine Legende geworden. Die Historiker der Wissenschaft sammelten seine Briefe und baten ihn um Interviews. In seinem letzten Gespräch am 17. November 1962 erzählte Bohr davon, wie offensichtlich doch die Vorstellung der Komplementarität sei. Er äußerte sich zuversichtlich, dass sie eines Tages den Schulkindern einleuchten würde. Seine Äußerungen sind auf Tonband festgehalten worden. Wer es abspielt, hört eine sanfte Stimme, die eine leise, aber eindrückliche Melodie zu singen scheint: »You know, it is very obvious.« Am Sonntag nach diesem Interview – es war der 18. November – plante Bohr, am Abend mit Freunden zu feiern. Am Nachmittag legte er sich hin, um ein wenig zu schlafen. Er ist nicht mehr aufgewacht.

Acht Revolutionäre

1

Erwin Schrödinger (1887–1961)

Die Fortsetzung der Philosophie mit anderen Mitteln

Erwin Schrödinger ist wahrscheinlich der Wissenschaftler, dessen Name in der akademischen Welt von Studenten und Nobelpreisträgern am häufigsten ausgesprochen und zitiert wird. Dies liegt zum einen an der berühmten Katze, die nach ihm benannt ist, also an »Schrödingers Katze«, der inzwischen schon derart viele Bücher gewidmet worden sind, dass der noch berühmtere britische Astrophysiker Stephen Hawking einmal gesagt hat: »Wenn ich noch einmal von Schrödingers Katze höre, greife ich nach meinem Gewehr.« Mit dem unschuldigen Tier wollte Schrödinger 1935 auf eine ihm unsinnig erscheinende Konsequenz der Quantentheorie hinweisen, die wir noch kennenlernen werden. Der zweite Grund, warum sein Namen so häufig genannt wird, liegt in der berühmten Schrödinger-Gleichung, die im Zentrum der Quantentheorie steht und die nicht nur eleganter, sondern auch einfacher anwendbar (lösbar) als alle anderen Formulierungen der neuen Atomphysik ist. Schrödinger war fast vierzig Jahre alt, als er diese grundlegende Gleichung

1926 zu Papier brachte. Am Anfang dieses seines Aufstiegs zur Weltberühmtheit stehen Skiferien, die er Weihnachten 1925 im schweizerischen Arosa verbrachte. Schrödinger war von Zürich aus in die Berge gefahren, wo er seit 1921 den Lehrstuhl für Theoretische Physik innehatte. Dabei ist anzumerken, dass es nicht seine Frau Annemarie war, mit der er die Reise antrat. Schrödinger nahm lieber eine gute alte Freundin mit. Er hat seinen Biografen insgesamt viele Gelegenheiten gegeben, von einem großen und rastlosen Frauenhelden zu berichten, schließlich hat der bekannte Physiker nur uneheliche Kinder gezeugt – unter anderem damals in Arosa, als er auch in die Welt der Quanten eindrang und sein geistiges Kind zur Welt brachte.

Wellen im Atom

So schön die Ferienzeit auch war, selbst die Berge, der Schnee und das Fest der Liebe (Weihnachten) vermochten es nicht, Schrödingers Gedanken völlig von der Physik abzuziehen. Zu sehr ärgerte er sich über die entsetzliche »Matrizenmechanik«, die aus Göttingen gemeldet und in Kopenhagen akzeptiert wurde und für die vor allem ein blutjunger Physiker namens Heisenberg verantwortlich zeichnete. Seine Quantenspringerei widerte Schrödinger an. Ihm kam das Wort »ekelhaft« in den Mund, und er fühlte sich abgestoßen von dieser neuen Physik. Sein ganzer Ehrgeiz zielte darauf, sie abzuschaffen und zu der gewohnten klassischen Form zurückzukehren. Schrödinger hatte auch eine Idee, wie er, von einem soliden physikalischen Grund ausgehend, diesem ästhetischen Motiv nachspüren konnte. Er wollte versuchen, die Bewegung eines Elektrons in einem Atom als Welle zu erfassen, und hoffte, die diskreten Zustände, die Elektronen dabei einnehmen können, als dieselben stehenden Wellen erklären zu können, die man etwa von den Saiten einer Violine kennt. Diese springen ja schließlich auch von einem Ton zu einem anderen, ohne dass irgendwelche Zwischenklänge ans Ohr dringen. Für diese Überlegung spricht außerdem, dass die Töne selbst auch auf getrennten Notenlinien festgehalten werden, zwischen denen die Komponisten und unsere Ohren keinen Klang haben wollen.

Ausgangspunkt von Schrödingers Gedankenspielen war der Vorschlag des jungen Franzosen Louis de Broglie, der in seiner Doktorarbeit 1924 vorgeschlagen hatte, mit der Materie so umzugehen, wie es Einstein mit dem Licht vorgemacht hatte. 1905 war von Einstein erkannt worden, dass Licht eine doppelte Natur besitzt. Es kann nicht allein als Welle aufgefasst werden, man muss ihm vielmehr zusätzlich Teilcheneigenschaften zuschreiben, und zwar genau die, die Planck mit seinen Quanten vorgegeben hatte. Was dem Licht recht war, sollte der Materie billig sein, dachte der jugendliche de Broglie unbekümmert, ohne sich darum zu scheren, dass Elektronen doch eine nachweisbare Masse haben. Zwar konnte sich niemand im Detail vorstellen, wie Elektronen als Welle in Erscheinung treten können, aber de Broglie trug diese Idee trotzdem vor. Ihn drängte es, Licht und Materie symmetrisch und im Gleichklang behandeln zu können – und die nachfolgenden Experimente gaben ihm triumphal recht.

Schrödinger war vor allem von dem ästhetischen Argument begeistert. Er setzte sämtliche Hebel in Bewegung, um die Doktorarbeit aus Paris zu bekommen, wobei man wissen sollte, dass es grundsätzlich schwierig ist, an Doktorarbeiten zu kommen. Es bereitet besondere Mühe, sich französische Doktorarbeiten zu beschaffen, und es könnte durchaus sein, dass Schrödinger hierbei mehr Arbeit aufzuwenden hatte als bei der Ableitung seiner Gleichung, die dann in den Ferien 1925 folgte. Mithilfe des in de Broglies Arbeit ausgebreiteten Vorschlags gelang es Schrödinger tatsächlich, eine Gleichung für den elektronischen Umlauf in einem Atom aufzustellen, die mathematisch die Bewegung einer Welle erfasst – eben die Wellengleichung, die heute nach ihm benannt ist.

Doch so schön dieses Ergebnis auch war, zu seinem erneuten Entsetzen musste Schrödinger erkennen, dass das, was sich da in Raum und Zeit veränderte, keineswegs etwas aus der Welt der konkret greifbaren Realität war. Seine Wellengleichung beschrieb überhaupt keine tatsächliche Wellenbewegung in einem Atom. Sie erfasste vielmehr ein Gebilde mit imaginären Dimensionen. Der Ausdruck »imaginär« ist dabei streng mathematisch gemeint und bedeutet, dass die Schrödinger-Gleichung nicht mehr stimmt, wenn es nur um die reellen (realen) Zahlen geht, mit denen allein Messdaten angegeben werden. So merkwürdig es auch klingt: Ohne dem sich der anschaulichen Wirklichkeit entziehenden Imaginärteil von Schrödingers Gleichung ist die reale Welt nicht beschreibbar. Dies ist zweifellos ein Satz, der mehr Fragen aufwirft als Antworten liefert und eher verblüfft als beruhigt. Aber so ist sie, die Quantenmechanik – sie erfasst die Realität mit Mitteln, die nicht zu ihr gehören.

In dieser unanschaulichen und unwirklichen Welt ging zwar alles so stetig und mathematisch bestimmt zu, wie sich Schrödinger dies erträumt hatte, doch das traf nicht mehr zu, sobald man sich von dort in die physikalische Wirklichkeit mit ihren relevanten und messbaren Größen aufmachte. Zu seinem besonderen Ärger musste Schrödinger zu guter Letzt sogar noch feststellen, dass seine Wellenmechanik dieselben Vorhersagen über die atomaren Qualitäten machte wie die Gleichungen von Heisenberg, die ihn so wurmten. Sie war folglich mathematisch äquivalent zu ihnen. Auch wenn er nun aus der Sicht der Physiker einen großen wissenschaftlichen Triumph erzielt hatte, für den ihm 1933 der Nobelpreis für Physik verliehen wurde, in seinen eigenen Augen hatte er vor allem eine philosophische Niederlage erlitten. Eine besondere Befriedigung wollte sich deshalb bei ihm lange Zeit nicht einstellen.

Schrödingers Katze

Bei seinem anschließenden fast zehnjährigen Bemühen, mit den Quanten und der imaginären Beschreibung ihrer realen Existenz ins Reine zu kommen, hat Schrödinger zuletzt einen Begriff und ein Bild geprägt, die beide maßgeblich geworden sind für das Verständnis der Atomphysik bzw. für den Umgang mit ihr.

Zuerst zum Bild: Es stellt Schrödingers Katze dar, die in einem Kasten eingesperrt ist, in dem sich zusätzlich radioaktives Material befindet. Bei einem nicht mit Sicherheit, sondern nur mit Wahrscheinlichkeit vorherzusagenden Zerfall eines Atoms wird die frei werdende Energie genutzt, um einen Mechanismus in Gang zu setzen, der ein giftiges Gas in den Kasten einströmen lässt. Man kann nun zu einem beliebig wählbaren Zeitpunkt die Frage stellen, ob die Katze noch lebt oder nicht, wobei die Antwort durch ein Guckloch möglich ist, das am Kasten angebracht ist. Schrödinger wollte sich mit dieser Versuchsanordnung über die Kopenhagener Deutung lustig machen, da in deren Rahmen der Zustand der Katze unbestimmt ist. Das heißt, die Katze ist als Mischung (Superposition) aus »halb lebend«

und »halb tot« anzusehen. Die Festlegung ihres Zustands erfolgt in dieser Interpretation erst durch die Tatsache, dass sie beobachtet wird – und dies erschien Schrödinger als Gipfel der Albernheit. Es kann doch nicht sein, so argumentiert Schrödinger in Übereinstimmung mit dem gesunden Menschenverstand, dass der- oder diejenige über das Leben der Katze entscheidet, der bzw. die durch das Guckloch schaut.

Wie gesagt, es gibt dicke Bücher über das Leben und Sterben von Schrödingers Katze. Sicher lohnt es sich, ausführlich über den geschilderten Vorgang nachzudenken, wenn man wissen will, was die Quantentheorie besagt, die sich darauf beschränken muss, bei Einzelereignissen deren Wahrscheinlichkeit anzugeben – und zwar mithilfe der Schrödinger-Gleichung. Doch darf man ihre wichtigste Vorgabe nicht übersehen, und genau dies hat Schrödinger bei seinem Bild der eingesperrten und bedrohten Katze getan: Seine eigene Gleichung beschreibt ja gerade nicht etwas aus der physikalischen Wirklichkeit, zum Beispiel keine Katze in einem Kasten. Schrödingers Gleichung stellt vielmehr nur eine symbolische Fassung der Realität dar, die sich in einer mathematischen Welt mit imaginären Dimensionen befindet. Eine Katze gibt es in diesen Sphären nicht, weder eine lebendige noch eine tote. Verrückt ist nicht Schrödingers Gleichung, verrückt ist die Tatsache, dass jemand diese Gleichung finden konnte und dass sie – nach Anwendung einer präzisen Vorschrift – die Wirklichkeit nachprüfbar als Wahrscheinlichkeit erfasst.

Schrödingers Katze wird vielleicht nicht sehr lange in ihrem Kasten gelebt haben, dafür aber ist ihr ein langer Auftritt in der philosophischen Diskussion sicher. Das Gleiche gilt für den oben angekündigten Begriff, den Schrödinger in Verbindung mit seinem gruseligen Gedankenexperiment im

Jahre 1935 vorschlug, um das Charakteristische der atomaren Wirklichkeit auszudrücken. Schrödinger hatte nach zehnjährigem Nachdenken erkannt, worin letztendlich das Paradoxon besteht, das die Quanten über die Wirklichkeit aufzeigen und in die Welt einführen. Die Unstetigkeit im winzig Kleinen weist nämlich auf den Zusammenhang des großen Ganzen hin. Die Quantentheorie zeigt, dass die materielle Realität »verschränkt« ist, wie Schrödinger die Einsicht ausdrückte, dass es im Innersten der Welt gar keine Teile, sondern nur ein untrennbares Ganzes gibt. Atomare Objekte – so zeigte sich immer deutlicher und das lässt sich heute immer überzeugender im Experiment nachweisen – können miteinander korreliert sein, obwohl keine physikalisch nachweisbare Wechselwirkung zwischen ihnen besteht. Schrödinger nannte dies die Verschränkung der Wirklichkeit, und damit gab er dem ganzheitlichen Zug der Atome, der durch alle Jahrhunderte dem klassisch-physikalischen Denken fremd geblieben war, einen eleganten und einprägsamen Namen. Die Verschränktheit spannt ein Netz vor dem Nichts auf, vor dem wir Angst haben. Die Quanten bewahren uns vor dem Verschwinden – wir müssen nur den Mut haben, uns auf sie einzulassen.

Eine klassische Weltansicht

Als Schrödinger den verheißungsvollen Begriff »Verschränkung« prägt, ist sein Leben zum wiederholten Male durch äußere Umstände durcheinandergeraten. Der am 12. August 1887 in Wien geborene und dank der Englischkenntnisse seiner Tante zweisprachig aufgewachsene Schrödinger hoffte nach dem Studium der Physik und einigen frühen Arbeiten zur Theorie der Farben darauf, den Lehrstuhl für

Theoretische Physik an der Universität in Czernowitz zu bekommen, der ehemaligen Hauptstadt des ehemaligen habsburgischen Kronlandes Bukowina. Hier in der Peripherie seiner Heimat wollte Schrödinger nach eigenem Bekunden redlich theoretische Physik lehren und treiben, darüber hinaus aber das tun, was ihm geistig das Liebste zu sein schien, nämlich tief in philosophische Texte eintauchen. Er hatte damals durch die Lektüre von Schopenhauers Werken die indische Philosophie entdeckt und begonnen, sich ihre Einsicht zu eigen zu machen. Der zufolge sind wir nur Aspekte eines einzigen Wesens bzw. einer einzelnen Wesenheit, die ebenso wenig von dieser Welt sein kann wie die Lösung seiner Gleichung, der er den skurrilen Namen »Psi-Funktion« gegeben hat (so als ob das Unbewusste da seine Hände im Spiel gehabt hätte). Es ist zweifelhaft, ob der oft primadonnenhaft auftretende, sexbesssene und auf Ruhm und Ehrungen erpichte Schrödinger sein Bekenntnis zum ruhigen Philosophieren am Rande der Zivilisation selbst geglaubt hat. Verhindert worden ist die Umsetzung dieses Vorhabens auf jeden Fall, und zwar durch äußere politische Umstände: Nach dem Ersten Weltkrieg gehörte Czernowitz nicht mehr zu Österreich, und Schrödinger musste sein Glück anderswo suchen. Er verließ die Bukowina und ging über Breslau und Jena nach Zürich.

Festgehalten sei an dieser Stelle, dass er noch kurz vor seinem schon beschriebenen quantenphysikalischen Höhenflug mehr mit Philosophie als mit seinem Lehrfach befasst war. Schrödinger schrieb damals auf, was er unbescheiden *Meine Weltansicht* nannte. In diesem Buch stellte er vier Fragen, die sich seiner Meinung nach weder mit Ja noch mit Nein beantworten lassen: Gibt es ein Ich? Gibt es eine Welt neben dem Ich? Hört das Ich auf, wenn der Körper stirbt? Hört die Welt auf, wenn mein Körper stirbt? In seiner kritischen Betrachtung dieser Fragen bekennt sich Schrödinger eindeutig zur der indischen Weisheit, die in der *Vedanta* niedergelegt ist und der zufolge Ich und Welt *ein* Ding sind. Für ihn passiert alles im Bewusstsein, das er als singulär auffasst. Unter dieser Vorgabe wird leicht verständlich, dass die Quantentheorie mit ihrer Zweiteilung (und ihren zwei Theorien von Heisenberg und Schrödinger) ihm wenig behagte und im wahrsten Sinne des Wortes unannehmlich erschien.

»Was ist Leben?« – wissenschaftlich gesehen

Die Physiker lassen sich zwar nicht von Schrödingers philosophischen Bekenntnissen beeindrucken, sie genießen aber in vollen Zügen seine physikalischen Früchte. 1928 – nach dem überragenden Erfolg seiner Gleichung – holen sie Schrödinger als Nachfolger von Max Planck nach Berlin. Hier bleibt er fünf Jahre lang, also bis 1933, dem Jahr, in dem ihm der Nobelpreis für Physik zugesprochen wird und in dem die Nazis an die Macht kommen. Für sie hat Schrödinger nur Verachtung übrig. Aus Protest gegen Hitlers Machtergreifung emigriert er und hält sich zunächst eine Zeit lang in Oxford auf. Trotz eindringlicher Warnungen und in völliger Verkennung des deutschen Machtstrebens lässt er sich 1936 dazu überreden, einen Lehrstuhl in Graz anzunehmen, den er nur zwei Jahre später, beim Anschluss Österreichs, fluchtartig verlassen muss. Er irrt ein paar Monate umher – ohne Geld und ohne Heimstatt. Doch dank einer Initiative des irischen Ministerpräsidenten Eamon de Valera, der in Dublin ein Institute for Advanced Studies eingerichtet hat, wird er gerettet. Der studierte Mathematiker und Politiker lädt Schrödinger 1938 ein, sich in Dublin niederzulassen und am Institut seine theoretisch-physikalischen Überlegungen weiterzuverfolgen. Fast zwanzig Jahre lang bleibt Schrödinger auf der Insel, deren Sprache ihm von Kindesbeinen an vertraut ist, und erst 1956 kehrt er in seine Heimat Österreich zurück. Er geht nach Wien,[1] wo er fünf Jahre später am 4. Januar 1961 stirbt.

Die wissenschaftlich folgenreichste Arbeit der Dubliner Jahre war eine Vorlesungsreihe, die Schrödinger zwischen 1943 und 1944 gehalten hat und in der er versucht, die Frage »Was ist Leben?« mit den Augen eines Physikers zu beantworten. Das Bemerkenswerte an diesem eher kurzen Buch mit gleichnamigen Titel, das nach wie vor aufgelegt wird und in zahlreiche Sprachen übersetzt worden ist, besteht in zwei Dingen: Zum ersten sagt Schrödinger mit ungeheurer Lässigkeit und Überzeugungskraft voraus, dass es einen genetischen Code gibt. (Er wurde bekanntlich in den 1960er-Jahren entschlüsselt.) Und zum zweiten konstatiert er selbstbewusst, dass die zentrale Frage der kommenden Biologe die nach der Natur des Gens sein wird. Er selbst unterbreitet den raffinierten Vorschlag, Gene als aperiodische Kristalle zu betrachten. Sie werden damit eine Aufgabe für Physiker, und Wissenschaftler aus ihren Reihen wechseln tatsächlich in den Jahren nach dem Zweiten Weltkrieg zur Biologie und formen diese Wissenschaft nachhaltig um.

Wer Kritik an *Was ist Leben?* üben will, kann darauf hinweisen, dass Schrödinger in seinem Buch Leben mit Vererbung verwechselt. Denn offensichtlich geht es ihm nur

---

[1] Man erzählt sich, dass Schrödinger zur gleichen Uhrzeit am Hauptbahnhof in Wien eingetroffen ist wie der damals berühmte österreichische Skiläufer Toni Sailer, der gerade drei Goldmedaillen bei den Olympischen Spielen gewonnen hatte. Schrödinger mag wohl einen Moment lang gedacht haben, der Menschenauflauf würde ihm gelten.

um die Funktionsweise der Gene und der von ihnen ausgehenden Fähigkeit, Ordnung zu bewahren und weiterzugeben. Doch was gewöhnlich eher zum Nachteil eines Buches ausschlägt, nämlich im Titel mehr zu versprechen, als der Inhalt einlöst, wird bei Schrödinger zum eigentlichen Triumph: Viele Wissenschaftler – alte und neue Biologen – richteten damals ihr Augenmerk ausschließlich auf die Frage nach der Natur und der Struktur der Gene, und Schrödingers Buch ist deshalb genau die Lektüre, die sie brauchten und auf die sie warteten.

Was ist Leben sonst noch?

Während der Arbeit an dem Manuskript gelingt es Schrödinger, eine irische Schauspielerin zu schwängern. An seinen Freuden lässt er uns in seinem Tagebuch teilhaben. Dort heißt es: »What is Life?, I asked in 1943. In 1944, Sheila May told me. Glory to be God!« Neben der Wissenschaft gilt Schrödingers Hauptinteresse nachweislich dem Sexuellen. Wie sein Lieblingsphilosoph Schopenhauer sah er hierin den unsichtbaren Mittelpunkt allen Handelns und Benehmens, und es scheint, als ob er dabei die mystische Einheit bzw. Vereinigung zu erleben hoffte, die er aus den indischen Texten als Literatur kannte.

Für Sheila schreibt er zahlreiche Liebesgedichte, und vielleicht ist es gestattet, eines davon zu zitieren. Das folgende *Liebeslied* hat Schrödinger selbst noch 1956 in einer eigenen Gedichtsammlung publiziert:[2]

---

2 Zitiert nach Walter Moore, *Schrödinger. Life and Thought*, Cambridge 1989, S. 408.

Niemand als du und ich
Wissen wie uns geschehn.
Keiner hat es gesehen
Wenn wir uns küssten inniglich.

Keiner, keiner weiß
dass uns der Himmel liebt
dass er uns alles gibt
was er zu geben weiß.

Und säh uns wer
er dacht es kaum
dass in weitem raum
sonst alles leer,

nur wir, nur wir
und unser Glück
Nie nie zurück
als nur mit dir.

Ein eigenwilliger Kauz

Der von seinen Landsleuten einst auf der 1000-Schilling-Note verewigte Schrödinger lässt sich vielleicht am besten als eigenwilliger Kauz charakterisieren, der wie ein Schulbub gerne mit kurzen Hosen aufgetreten ist, zugleich aber über einen höchst eleganten Stil verfügt und alles ganz neu und originell formuliert. Er zitiert in seinen Schriften nur ganz selten andere Autoren und schöpft fast ausschließlich aus seiner eigenen Existenz, die, wie er glaubt, am universalen Bewusstsein teilhat. Das Bewusstsein interessiert Schrödinger natürlich auch als individuell verfügbare Eigenschaft, und in seiner späten Schrift *Mind from Matter* schlägt er vor, dass es die Neuheit sei, welche die materiellen Vorgänge ans Bewusstsein koppele. Mit anderen Worten: Es sind neue Situationen des Erlebens, die in seiner Weltsicht zu neuen materiellen Zuständen des Gehirns werden, und es scheint ihm – unter evolutionären Aspekten betrachtet – sinnvoll, diesen Reaktionen in den Nervenzellen die Qualität Bewusstsein zu geben. So jedenfalls sieht es Schrödinger, der ein »rein verstandesmäßiges Weltbild ohne alle Mystik« als »Unding« verwirft. Er tut dies kurz vor seinem Tod, als er einen letzten Versuch unternimmt, die Frage »Was ist wirklich?« zu beantworten. Im Grunde trauert er der Welt nach, die den Menschen im alten Griechenland (noch) offenstand, als es »die verhängnisvolle Spaltung« von philosophischem und wissenschaftlichem Denken noch nicht gab. Diese scheint Schrödinger zu seinen Lebzeiten unerträglich geworden zu sein. Seltsam dabei ist nur, dass er nicht sehen wollte oder konnte, dass die Einheit, die er suchte, gerade in der Theorie zurückgewonnen wurde, die zu schaffen er mitgeholfen hatte. Diese Einheit beruht allerdings nicht in einer Vereinigung von Gegensätzen, sondern in dem Vermögen, sie auszuhalten. Doch von dieser Askese wollte Schrödinger anscheinend nichts wissen.

2

Louis de Broglie (1892–1987)

Die Dualität der Materie

Louis de Broglie entstammt einer französischen Adelsfamilie. Sein vollständiger Name lautet Louis-Victor Pierre Raymond Duc de Broglie, und der kompliziert aussehende Familienname wird etwa wie »brollje« gesprochen. Der aus der Normandie stammende Graf hat bereits 1929 den Nobelpreis für Physik bekommen, und zwar aufgrund eines Vorschlags, der in seiner Doktorarbeit zu finden ist, die er 1924 unter der Überschrift *Recherches sur la théorie des Quantes* vorgelegt hatte. Zwar klingt der Titel dieser Promotionsschrift ähnlich nichtssagend wie der von tausend anderen Abschlussarbeiten – da hat sich halt jemand um Untersuchungen über die Theorie der Quanten bemüht, ohne dass es mehr als diese Tatsache zu berichten gäbe –, aber der Schein trügt. In seiner Schrift trägt de Broglie den Gedanken vor, dass es so etwas wie Materiewellen geben kann. Und damit nicht genug: Er gibt auch eine Formel (ein Rechenverfahren) an, um die Wellenlänge zu berechnen, die mit einer gegebenen Masse verbunden ist.

Im Rückblick wirkt de Broglies Idee wie die selbstverständliche Erweiterung eines Gedankens von Albert Einstein, der 1905 bemerkt hatte, dass es neben den Lichtwellen auch Lichtteilchen (Photonen) geben musste und sich Licht nur im Wechselspiel dieser beiden Bilder verstehen ließ. Licht konnte sowohl Welle als auch Teilchen (Korpuskel) sein, und – so dachte vielleicht der junge Graf de Broglie knapp zwei Jahrzehnte später – was für das Licht gilt, kann der Materie nicht schaden. Wenn es neben Lichtwellen auch Lichtteilchen gibt, warum sollte es dann nicht neben Materieteilchen wie etwa Elektronen auch Materiewellen geben? Die Natur zeigt sich doch sonst auch gerne symmetrisch.

Doch was uns heute selbstverständlich und klar erscheint, wurde von den Zeitgenossen mit großer Skepsis aufgenommen. De Broglies Doktorvater, Paul Langevin, war, um es milde auszudrücken, ziemlich erstaunt über die Neuheit der Idee seines Studenten, und Max Planck erklärte rundweg, dass ihm das Ganze nur »sehr schwer verständlich« sei und die jungen Leute – wie de Broglie – viele Dinge viel zu leicht nähmen.

Das frühe Leben des Grafen

Was wirklich Mühe machte an dem Gedanken des jungen Physikers de Broglie steckte in einer Konsequenz seiner Idee namens Materiewelle. Anders als bei den Teilchen des Lichts kannte man von einem Elektron etwa ziemlich genau die Masse, über die es verfügte. Und wenn dieser Masse wie auch immer die Eigenschaften von Wellen zukamen, dann konnte sie zum Verschwinden gebracht werden. So wie Licht plus Licht zu Dunkelheit führen kann – die Physiker sprechen dann von der Eigenschaft der Interferenz, die Wellen zukommt –, muss dann auch Masse plus Masse zu Nichts führen. Das sei eine absurde Vorstellung, meinte man 1924 sofort, doch bald konnte sie tatsächlich im Experiment bewiesen werden, was dann auch eine zügige Einladung zum König von Schweden, der die Nobelpreise zu überreichen hat, zur Folge hatte.

Bevor wir über den Nachweis der Richtigkeit von de Broglies Idee berichten und die Folgen für die gesamte Physik und ihr Weltbild betrachten, wollen wir einige Lebensstufen von Louis de Broglie ansehen.

Irgendwie muss das Wissenschaftliche in seine Familie gekommen sein, denn sein 17 Jahre älterer Bruder Maurice hatte schon vor ihm zur Physik gefunden, um letztlich ein geschätzter Experimentalphysiker zu werden. Der junge Louis beschäftigte sich dagegen nach den in Paris verbrachten Schuljahren zunächst mit Philosophie und Geschichte, bevor er auf die Schriften von Henri Poincaré aufmerksam wurde, die etwa vom *Wert der Wissenschaft* handelten oder unter dem Titel *Wissenschaft und Hypothese* die Bedeutung von guten Ideen für die Entwicklung der Forschung erörterten. Von 1911 an studierte Louis de Broglie dann Physik und Mathematik, wobei sein Interesse schon sehr früh auf die Quanten gelenkt wurde, und zwar dadurch, dass sein Bruder Maurice ihm die Verhandlungen der ersten Solvay-Konferenz vorlegte, die 1911 in Brüssel abgehalten worden war.

Die Idee zu den bis heute stattfindenden Solvay-Konferenzen stammt von dem deutschen Physiker Walter Nernst, der mit dem belgischen Großindustriellen Ernest Solvay Kontakt aufgenommen hatte und dem ausgebildeten Chemiker erklären konnte, dass man ein Forum brauche, um die »fundamentalen und fruchtbaren Ideen von Planck und Einstein« im Kreis von Wissenschaftler erörtern zu können. Solvay war einverstanden, und 1911 konnte Nernst viele Physiker ins Brüsseler Hotel Metropol einladen, um zum Thema »Die Theorie der Strahlung und der Quanten« diskutieren zu lassen. Im folgenden Jahr lagen die Referate gedruckt vor, und Maurice de Broglie zeigte das Buch seinem Bruder Louis.

Was rasend schnell hätte gehen können, kommt plötzlich zum Erliegen, denn die europäischen Staaten schliddern in den Ersten Weltkrieg, und de Broglie muss seine Studien unterbrechen. Er wird Nachrichtenoffizier und beschäftigt sich weniger mit Quanten und mehr mit Elektrotechnik und der Ausbildung von Personal. Erst 1919 kommt er zur Physik zurück, was konkret bedeutet, dass er Mitarbeiter im Privatlaboratorium seines Bruders wird und über Röntgenstrahlen und den Fotoeffekt nachdenkt, bei dem Licht den in einem elektrischen Leiter fließenden Strom beeinflusst. Wenn dies passiert, dann muss das Licht mit den Elektronen, die sich beispielsweise in einem Metall bewegen, in Wechselwirkung treten. Aber wie? Wie trifft das Licht überhaupt auf einen Draht? Als Welle oder als Teilchen? Und wie reagieren die Teilchen des Drahts, wenn eine Welle kommt? Könnte es nicht sein, dass auch die Elektronen wie Wellen agieren, wenn sie auf Licht treffen bzw. vom Licht getroffen werden?

Der Nachweis

Wir wissen nicht, ob sich Louis de Broglie diese Fragen so gestellt hat. Wir wissen aber, dass er 1923 eine Arbeit über Wellenmechanik verfasst und 1924 seine Doktorarbeit mit dem Vorschlag einreicht, der ihm Ruhm und Ehre bringt. Das heißt, Ruhm und Ehre kommen, nachdem ein Experiment nachweisen konnte, dass es die von ihm konzipierten Materiewellen tatsächlich gibt. Dieser Versuch wurde 1927 durch die beiden amerikanischen Physiker Clinton Davisson und Lester Germer an den Bell-Laboratorien durchgeführt. Dabei wurde ein Elektronenstrahl auf einen »Einkristall« (aus Nickel) gelenkt, wobei ein Kristall den genannten Ehrennamen nur dann bekommt, wenn seine Atome völlig regelmäßig bzw. so regelmäßig wie möglich angeordnet sind.

Davisson und Germer lenkten also den Strahl aus Elektronen unter verschiedenen Winkeln auf die Kristalloberfläche, ermittelten mit höchster Genauigkeit die auftretende Streuung und registrierten dabei Kurven, die sich ganz genau – qualitativ und quantitativ – mit der Idee von de Broglie, dass es Materiewellen geben müsse, erklären ließen. In der Tat konnten Elektronen an dem Kristallgitter so gebeugt werden wie Licht, die Materieteilchen agierten somit nachweislich wie Wellen – ein Befund, für den das Nobelkommitee nicht mehr lange brauchte, um den begehrten Preis dafür zu vergeben.

Jetzt war klar, dass Dualität eine grundlegende Eigenschaft der Natur ist. Nicht nur das (masselose) Photon, sondern auch das (massive) Elektron kann Welle und Teilchen zugleich sein. Und so verwirrend diese Einsicht auch auf den ersten Blick erschien, sie zeigte auf den zweiten Blick deutlich, dass es eine gemeinsame (fundamentale) Theorie geben konnte bzw. musste, mit der sich die physikalische Wirklichkeit erfassen ließ. Sie war tatsächlich schon kurz nach dem Bekanntwerden von de Broglies Hypothese aufgestellt worden und heißt heute Quantenmechanik.

Die Schriften des Grafen

In dem Jahr, in dem de Broglie den Nobelpreis erhielt, wurde er auch zum Professor für Theoretische Physik am Institut Henri Poincaré in Paris berufen. Ein paar Jahre später wechselte er an die Sorbonne, der er die kommenden Jahrzehnte über die Treue hielt.

Wir wollen hier nicht über die Jahre des Zweiten Weltkriegs sprechen, in denen de Broglie als Berater der französischen Atomenergiekommission gewirkt und sich patriotisch gestimmt gezeigt hat. Wir wollen aber erstens auf die Tatsache hinweisen, dass Planck, der mit der Idee von Materiewellen zunächst nichts anfangen konnte, 1938 dafür gesorgt hat, dass de Broglie mit der höchsten Auszeichnung der deutschen Physik, der Max-Planck-Medaille, geehrt wurde. Beim Festakt selbst machte Planck in seiner Laudatio keinen Hehl aus dem politischen Charakter der Veranstaltung, mit der die Existenz einer europäischen Kultur demonstriert wurde, die durch Kriege nicht zerstört werden kann. Und wir wollen zweitens anmerken, dass der Goverts Verlag in Hamburg kurz darauf in demselben Geist zwei Bücher von Louis de Broglie in deutscher Übersetzung herausbrachte, in denen der französische Nobelpreisträger seine Sicht der neuen Physik für ein breites Publikum vorlegte. *Licht und Materie* erschien 1939, und *Die Elementarteilchen* folgten vier Jahre später, wobei der zweite Band den geheimnisvollen Untertitel *Individualität und Wechselwirkung* enthält. Die Lektüre dieser beiden Bände ist nach wie vor empfehlenswert. Die Texte handeln unter anderem vom »Geheimnis des Lichts«, vom »Indeterminismus der Quantenphysik« und von der »Eigengesetzlichkeit und Wechselwirkung der Teilchen«. Sie berühren zahlreiche philosophische Fragen, die im Verlauf der Entstehung der Quantenphysik aufgetaucht sind, und sie tun dies auf zugleich behutsame und originelle Weise.

Es kann hier nicht darum gehen, mit ein paar Sätzen zusammenzufassen, was de Broglie meint, wie etwa die geheimnisvollen Materiewellen in der physikalischen Wirklichkeit vorzustellen sind. Wir wollen aber fragen, ob in den Texten erkennbar vom Autor preisgegeben wird, was ihn zu dem damals doch revolutionären Gedanken von Materiewellen gebracht hat. Eine Logik der Forschung kann dabei nicht am Werk gewesen sein. Aber was dann?

In dem Band *Licht und Materie* schildert de Broglie unter der Überschrift »Materie und Licht in der modernen Physik« zunächst das Bemühen von Lukrez bis Einstein, mit diesen Phänomenen ins Reine zu kommen. Dann referiert er über die Quanten und ihre Sprünge und stellt im Zuge dessen Einsteins Lichtquanten, die Photonen, vor bzw. erzählt von den Experimenten, die ihre Existenz nahelegen. Er weist darauf hin, dass in den frühen Jahrzehnten des 20. Jahrhunderts allgemein der Eindruck entstand, dass die klassische Mechanik für Teilchen im Inneren des Atoms modifiziert werden musste, wobei der Grund dafür »lange Zeit ein Geheimnis geblieben« ist. Just an dieser Stelle kommt er auf sich selbst zu sprechen: »Beim Durchdenken dieser Fragen gelangte der Verfasser im Jahre 1923 zu der Überzeugung, dass es sowohl in der Theorie der Materie wie in der Strahlentheorie unbedingt notwendig ist, gleichzeitig Korpuskeln und Wellen anzunehmen, um eine einheitliche Lehre zu erhalten, die ermöglicht, die Eigenschaften der Materie und die Eigenschaften des Lichtes zugleich zu interpretieren.« De Broglie erläutert sodann, wie sein Gedanke der Dualität von Materie experimentelle Triumphe feiern konnte, ohne aber das Folgende aus dem Blick zu verlieren: »Der Grund, warum es diese beiden Aspekte [Welle und Teilchen] gibt, und die Art und Weise, wie es möglich wäre, sie zu einer höheren Einheit zu verschmelzen, sind immer noch ein Geheimnis. (…) Das Auftreten solcher Schwierigkeiten darf keineswegs wundernehmen. Jedes Mal, wenn es dem menschlichen Geist um den Preis großer Bemühungen gelungen war, eine Seite des Buches der Natur zu entziffern, hat sich sofort gezeigt, wie viel schwieriger erst die Entzifferung der folgenden Seite sein würde. Trotzdem hindert ihn ein tiefer Instinkt daran, den Mut sinken zu lassen, und veranlasst ihn, seine Anstrengungen zu erneuern, um immer wieder fortzuschreiten in der Erkenntnis von der Harmonie der Natur.«

3

Wolfgang Pauli (1900–1958)

Die Nachtseite der Wissenschaft

Es hat sehr lange gedauert, bis Wolfgang Pauli, einer der ganz Großen unter den Physikern des 20. Jahrhunderts, seinen Biografen gefunden hat. Dafür gibt es einen guten Grund, und zwar die ungeheure Weite und Tiefe seines Denkens und inneren Erlebens. Pauli hat nämlich nicht nur versucht, neben der bewusst eingesetzten Lichtseite des Verstandes und seiner Rationalität auch die nur unbewusst eingreifende Nachtseite der Wissenschaft mit ihren Träumen zu berücksichtigen; er wollte die hier fließenden Quellen der Erkenntnis dingfest machen. Pauli tat dies, weil er früher als viele andere spürte, dass der Sachverstand der Experten alleine gefährlich werden kann und ein Gegengewicht braucht, wie er einmal anschaulich formuliert hat: »Nach meiner Ansicht ist es nur ein schmaler Weg der Wahrheit (sei es eine wissenschaftliche oder sonst eine Wahrheit), der zwischen der Scylla des blauen Dunstes von Mystik und der Charybdis eines sterilen Rationalismus hindurchführt. Der Weg wird immer voller Fallen sein, und man kann nach beiden Seiten abstürzen.«

Pauli war stets auf der Suche nach der Balance, die den Absturz vermeidet, was unter Zeitgenossen, die den Weg ihrer wissenschaftlichen Rationalität für absolut sicher hielten, schwerfallen musste. In Paulis Weltbild war kein Platz für solche Einseitigkeiten, und er betrachtete es »fast wie ein Dogma, dass Gegensatzpaare symmetrisch behandelt und bewertet werden müssen«, wie er noch kurz vor seinem Tode schrieb, »und hierzu gehört auch das Paar Geist/Materie«, das im 17. Jahrhundert getrennt worden war und erst jetzt mit den Quanten wieder zusammengefügt werden konnte.

Gemäß dem Grundsatz der Symmetrie und nach dem Prinzip des Gleichgewichts traute Pauli nicht nur dem denkenden, sondern auch dem fühlenden Menschen Erkenntnischancen zu. Das Unbewusste konnte seiner Ansicht nach ebenso einen Beitrag zu unserem Weltbild liefern wie das bewusste Erleben. Pauli glaubte, dass westlich erzogene Wissenschaftler erst dann das Glück, das alle Menschen suchen, finden, wenn sie im Fühlen und Träumen so stark wären wie im Denken und Wachen.

Natürlich haben solche Vorstellungen bei seinen Kollegen kaum Resonanz gefunden, und auch jetzt schrecken noch viele Physiker und andere Forscher davor zurück. Deshalb wird es höchste Zeit, sich unvoreingenommen mit Pauli zu befassen, der sich ernsthaft wie kein Zweiter – nämlich mit seinem ganzen Leben – darum bemüht hat, die Tiefe des geistigen Wandels zu begreifen, der mit der Quantentheorie eingetreten war und die westliche Welt gezwungen hat, ihr Ideal der Objektivität aufzugeben. Pauli hatte den Mut, sich zu fragen, was diesen Wandel bewirkt, was also hinter der Physik liegt und unsere Vorstellungen bestimmt, obwohl es unserer Willkür entzogen ist.

Das Wunderkind

Pauli kommt am 25. April 1900 in Wien zur Welt, also im ersten Frühling des neuen Jahrhunderts; im Herbst desselben Jahres führt Max Planck in Berlin das Quantum der

Wirkung in die Physik ein. Paulis Vater, der aus Prag stammt und als assimilierter Jude eine medizinische Karriere an der Universität gemacht hat, ist dort mit dem berühmten Physiker und Philosophen Ernst Mach bekannt geworden, der Taufpate des Sohnes Wolfgang wird. Mach wirkt bei diesem christlichen Ritual offenbar nachhaltiger als der Geistliche, weshalb Pauli später davon gesprochen hat, er sei »antimetaphysisch statt katholisch getauft« worden. Das heißt übrigens konkret, dass er sehr früh einen Blick für das Böse bekommen hat, denn dieses identifizierte Mach mit dem Metaphysischen.

Paulis wohlumsorgte Kindheit an der Seite seiner Mutter Bertha wird jäh unterbrochen, als er eine Schwester bekommt. Sie heißt Hertha und wird später Schriftstellerin. Was den neunjährigen Knaben an der Schwester bedrückt, bleibt unklar. Er wird etwas eigenbrötlerisch und eignet sich bis zum 18. Lebensjahr all das mathematische und physikalische Wissen an, das er braucht, um in diesen jungen Jahren gleich drei Abhandlungen über die Allgemeine Relativitätstheorie zu schreiben. Welch ungewöhnliche und besondere Leistung hier gelungen ist, wird nur klar, wenn man sich vor Augen hält, dass Einsteins große Arbeit zu diesem Thema erst 1915 erschienen und damals selbst von vielen erwachsenen Physikern kaum verstanden worden ist. Abgesehen davon erstaunt an den frühen Publikationen Paulis vor allem, dass der Teenager nicht nur schwierige mathematische Ableitungen zustande bringt, sondern es darüber hinaus sogar riskiert, Zweifel an der Bedeutung physikalischer Grundbegriffe zu äußern. Er schlägt sogar vor, Grenzen ihrer Anwendbarkeit anzunehmen. So bemerkt der vorwitzige Schüler zum Beispiel, dass es schlicht und einfach keinen Sinn ergibt, wenn Physiker von einem elektrischen Feld in einem Atom sprechen, obwohl das alle ganz selbstverständlich tun. Natürlich sind die Bausteine der Atome geladen, und natürlich sind im Verständnis der klassischen Physik Ladungen mit Feldern verbunden und von ihnen umgeben. Doch nachweisen lässt sich solch ein Feld nur durch die Kraft, die es auf eine Probeladung ausübt, und genau dies geht nicht. Denn wie – dies würde der junge Pauli gerne wissen – will man solch ein Ding, das doch *aus* Atomen bestehen muss, *in* einem Atom an- bzw. unterbringen?

Der körperlich nicht besonders groß gewachsene Pauli fällt mit solchen Überlegungen auch beim Studium der Physik auf, das er von 1918 an in München bei Arnold Sommerfeld absolviert, dem Zeit seines Lebens hochverehrten Lehrer. In Sommerfelds Seminar lernt er bald den ein Jahr jüngeren Heisenberg kennen. Es ist keine Frage, dass niemals zuvor und danach zwei Studenten ähnlichen Kalibers nebeneinander die Hörsaalbank gedrückt haben, und es ist äußerst bemerkenswert, wie schnell sie sich aus dem Weg gehen. Ihre Lebensweise ist denkbar unterschiedlich: Während Heisenberg die Natur durchstreift und deshalb von seinem Kommilitonen verächtlich als Naturapostel apostrophiert wird, hält sich Pauli lieber von der frischen Luft fern und in Nachtlokalen auf, um hier seinen physikalischen Gedanken nachzuhängen. Er taucht selten vor zwölf (und manchmal auch unrasiert) in der Universität auf, dennoch kommt er wissenschaftlich voran und promoviert im Alter von 21 Jahren in demselben Jahr, in dem er zur Bewunderung Einsteins einen viele Hundert Seiten langen Aufsatz über die Relativitätstheorie verfasst. Dieser geistige Erguss hat bis auf den heutigen Tag nicht an Bedeutung verloren, weil er die philosophischen Implikationen des neuen Raum-Zeit-Kontinuums und seiner eigenwilligen Geometrie ebenso erfasst, wie er die physikalisch-mathematischen Gegebenheiten elegant darstellt.

Das Prinzip der Ausschließung

Nach der Promotion 1921 verlässt Pauli sein bislang vertrautes Umfeld, um kurze Gastspiele in Göttingen, Hamburg und Kopenhagen zu geben. Dabei lernt er Niels Bohr kennen, und zwischen beiden entwickelt sich eine lebenslange und stets ungetrübte Freundschaft. Nach den Wanderjahren kehrt Pauli an die Elbe zurück, um fünf Jahre lang in Hamburg zu bleiben, und zwar als Assistent von Wilhelm Lenz, bei dem er sich auch habilitiert. In dieser Zeit zwischen 1923 und 1928, in der es Heisenberg und Schrödinger gelingt, ihre beiden gleichberechtigten Versionen der Quantenmechanik vorzulegen, unterbreitet Pauli einen physikalischen Vorschlag, der ihm am Ende des Zweiten Weltkriegs den Nobelpreis für sein Fach einbringen wird. Die Idee wird heute in den Lehrbüchern als sogenanntes Ausschließungsprinzip eingeführt und häufig Pauli-Prinzip genannt. In einfachster Form ausgedrückt, erkennt Pauli, dass zum Beispiel Elektronen in einem Atom nicht jeden Zustand annehmen können. Es gibt vielmehr die Einschränkung, dass ein Elektron von dem Zustand ausgeschlossen ist, den ein anderes Elektron schon besetzt hat. Mit anderen Worten: Elektronen verhalten sich wie konsequente Individualisten (übrigens im Gegensatz zu den Teilchen des Lichts, den Photonen, die alle den gleichen Zustand einnehmen und dann zum Beispiel als sichtbarer Lichtstrahl in Erscheinung treten können).

So leicht und selbstverständlich sich dies vielleicht anhört und so sehr das Pauli-Prinzip die gesamte Physik beeinflusst, so schwierig war es 1924, den Physikern diesen Gedanken nahezulegen. Viele sprachen von »Schwindel« und »Unsinn«. Denn durch welchen Mechanismus sollte das Verbot, den gleichen Zustand anzunehmen, in die Tat umgesetzt werden und überhaupt erst zustande kommen?

Die eigentliche Pointe des Prinzips steckt in der Tatsache, dass Pauli es nur formulieren konnte, indem er über das hinausging, was die Physiker von den Elektronen wussten bzw. annahmen. Die Quantenmechanik erlaubt den Mitspielern auf der atomaren Bühne nur diskrete, das heißt durch Quantensprünge getrennte Zustände, die man bequemerweise durch geeignete Quantenzahlen charakterisiert. Für ein Elektron kannten die Physiker damals drei Quantenzahlen, und das Unverschämte an Paulis Vorschlag von 1924 bestand darin, dass Pauli mir nichts dir nichts einfach eine vierte Quantenzahl einführte und zudem ausdrücklich und bewusst darauf verzichtete, diese neue Zahl durch eine klassisch-physikalisch verständliche Eigenschaft zu veranschaulichen. Vielmehr empfahl er seinen Kollegen, alle entsprechenden Bemühungen zu unterlassen. Der von ihm vorgeschlagene Freiheitsgrad des Elektrons sollte »eine klassisch nicht beschreibbare Art von Zweideutigkeit« sein.

Dies erscheint vielleicht alles wie Wahnsinn, aber es hatte Methode. Tatsächlich dauerte es nicht lange, bis in Experimenten Konsequenzen genau dieser unbekannten Qualitäten von Elektronen nachgewiesen werden konnten, die sich mit Paulis vierter Quantenzahl erfassen ließen. Diese Methode handelt von dem, was seit dieser Zeit unter dem Namen »Spin« bekannt ist, und wie wichtig der Elektronenspin ist, weiß jeder Chemiker, der versucht, Bindungen zwischen Atomen und Molekülen zu erklären. Ohne Hilfe des Spins käme er dabei nicht zurecht. Anders gesagt, ohne die von Pauli theoretisch vorhergesagte Quantenzahl gäbe es keine chemische Bindung – und damit keine Moleküle des Lebens.

Professor mit Neurose in Zürich

Der Aufenthalt in Hamburg endet 1928, als Pauli einen Ruf der Eidgenössischen Technischen Hochschule (ETH) in Zürich annimmt und in die Schweiz übersiedelt. Dort verbringt er – abgesehen von Reisen und Forschungsaufenthalten in den USA, deren Staatsbürger er 1946 wird – den Rest seines nicht allzu langen Lebens, das bereits am 15. Dezember 1958 endet.

Der Wechsel nach Zürich geht mit dem Beginn einer Neurose einher, wie Pauli seinen damaligen Gemütszustand nennt. Er tritt 1929 aus der katholischen Kirche aus und heiratet (in Berlin) die junge Tänzerin Käthe Deppner. Die Ehe wird aber schon 1930 wieder geschieden. Hier sei eine kritische Anmerkung gestattet: Historiker, die sich mit dem Nachlass Paulis beschäftigen, schweigen diese erste Heirat gerne tot, allenfalls lassen sie sich zu nichtssagenden Bemerkungen wie »Ehe von kurzer Dauer« hinreißen. Es ist überhaupt ärgerlich, wie potenzielle Biografen mit schwierigen Fragen, die Paulis Leben und Person betreffen, umgehen, wenn sie außerhalb der Physik liegen. Dieses ängstliche Ausweichen hat bislang jeden ernsthaften Versuch verhindert, eine Biografie über diesen Physiker zu schreiben. Natürlich gibt es genügend wissenschaftliche Spannungen in Paulis Leben, doch die erregenden inneren Dimensionen seines Denkens und Fühlens müssen deshalb nicht auf alle Zeiten so verborgen bleiben, wie sie es zu seinen Lebzeiten waren.

In Zürich nutzt Pauli die Tatsache, dass damals auch der berühmte Psychologe Carl Gustav Jung in der Stadt wohnt, und begibt sich zu ihm in Behandlung. Wie dabei konkret vorgegangen wurde, ist bislang nirgendwo genau zu erfahren. Es scheint aber, dass die beiden wechselseitig voneinander profitiert haben. Jung nutzt Paulis Träume, um seine Theorie der nächtlichen Gehirntätigkeit zu entwickeln, und Pauli selbst ist darum bemüht, etwas von der Gefühlskälte abzulegen, die ihn vor allem unter Kollegen berüchtigt gemacht und ihm in Verbindung mit seiner meist zutreffenden, aber oft unerbittlichen Kritik den Namen »der fürchterliche Pauli« eintragen hat. Man könnte diesen Charakterzug allerdings auch positiv verstehen: Gerade durch ihn wird Pauli zum »Gewissen der Physik«, weil er klarer und schneller als andere zwischen Sinn oder Unsinn eines mehr oder weniger »verrückten« Vorschlags unterscheiden kann. Sein Urteil ist dabei oft sehr hart, etwa dann, wenn er den Vorschlag eines Physikers folgendermaßen abfertigt: »Das ist nicht richtig, was Sie sagen, es ist noch nicht einmal falsch.«

Das kleine neutrale Teilchen

Pauli bietet offenbar sowohl auf der Tag- als auch auf der Nachtseite der Wissenschaft Stoff für Geist und Seele. Schauen wir zunächst auf die Tagseite des wissenschaftlichen Diskurses. Hier wagt sich Pauli 1930 erneut mit einem kühnen Vorschlag in die Arena physikalischen Denkens. Zu einer Zeit, als nur Elektronen und Protonen als Bestandteile der Atome bekannt sind – das Neutron wird erst im Jahre 1932 entdeckt –, kommt Pauli zu einem wichtigen Schluss in Hinblick auf Beobachtungen, die im Zusammenhang mit dem radioaktiven Betazerfall von Materie gemacht worden sind. Ihm fällt auf bzw. ein, dass die unterschiedlichen Energien, die von den radioaktiven Atomen freigesetzt werden, nur zu erklären sind, wenn man dabei ein bislang unbekanntes Teilchen mit in die Rechnung aufnimmt. Pauli behauptet deshalb, dass das hypothetische Gebilde elektrisch neutral sei, und bietet außerdem eine Wette darüber an, dass eine Wechselwirkung des Gebildes mit anderen Teilchen der Materie so gering sei, dass ein experimenteller Nachweis niemals gelingen werde.

Ein starkes Stück, was Pauli da bietet, und zwar in doppelter Hinsicht. Zum einen fällt die Sicherheit der theoretischen Vorhersage auf, die er sogar gegen die damalige Einstellung Bohrs durchhielt, der für kurze Zeit bereit war, die durchgängige Gültigkeit des Energiesatzes einer statistischen Kontinuität zu opfern. Und zum anderen lässt sich fast so etwas wie eine Geringschätzung erkennen, was den Beitrag angeht, den technische Möglichkeiten bzw. experimentelle Daten bei Einsichten der Physik liefern.

Was die Wette anbelangt, so hat Pauli sie verloren, denn die Existenz der von ihm postulierten und heute nach einem Vorschlag von Enrico Fermi unter dem Namen »Neutrino« bekannten Teilchens konnte sehr wohl nachgewiesen werden. Dies geschah im Jahre 1956, also noch zu Lebzeiten Paulis. Und was die Kühnheit der Neutrino-Hypothese angeht, so basierte sie auf der Grundüberzeugung, dass es im Reich der physikalischen Gesetze symmetrisch zugeht: Aus der Symmetrie der Naturgesetze folgt mit mathematischer Sicherheit die Gültigkeit von Erhaltungssätzen, und hieran hielt Pauli unerschütterlich fest. Er glaubte felsenfest an die Erhaltung der Energie – auch beim Betazerfall. Als die Messungen hartnäckig zeigten, dass ein Teil der Gesamtenergie verloren zu gehen schien, war für Pauli sicher, dass es etwas geben musste, das ebendiesen Teil der Energie aufgenommen hatte, aber in den Experimenten unbemerkt geblieben war – das Neutrino.

Als übrigens ebenfalls noch 1956 in weitergehenden Experimenten zum Neutrino und anderen Elementarteilchen entdeckt wurde, dass es die ganz große Symmetrie doch nicht gibt, war Pauli wirklich verblüfft. Er tröstete sich aber rasch mit dem hübschen Gedanken, dass Gott eben »nur ein Linkshänder« sei, und zwar ein schwacher, wie er in Hinblick auf die Wechselwirkung formulierte, die dem Betazerfall die Energie liefert.

Briefe mit Träumen und anderen Nachtseiten

Im Anschluss an das oben erwähnte Zusammentreffen mit C. G. Jung entwickelt sich zwischen beiden ein wissenschaftliches Gespräch in Briefform, das sowohl der Wissenschaft als auch der Öffentlichkeit lange Zeit unbekannt geblieben und erst in den 1990er-Jahren publiziert worden ist. Pauli versucht darin vor allem mit den zahllosen Träumen fertig zu werden, die sich Nacht für Nacht in seinem Kopf melden.

Sein Traumleben wird besonders aktiv, nachdem er 1934 zum zweiten Mal geheiratet hat, und zwar Franca Bertram, die freundliche Historiker gerne als »treue Lebensgefährtin für den Rest seines Lebens« vorstellen. Die kinderlos bleibende Ehe hat bis zu Paulis Tod gehalten, und es gibt kein schlechtes Wort von ihm über seine Frau Franca. Doch wahrscheinlich hat sie sich zu viel um ihren Mann gekümmert und dabei zuletzt unverdient gemacht: Da sie nur seine Lichtseite präsentieren und ihn somit anders zeigen wollte, als er war, ist leider anzunehmen, dass sie viele von Paulis intimen Briefen vernichtet hat, in denen er mit aufregenden Gedanken zu philosophischen und psychologischen Fragen oft bis an die Grenze des Denk- und Erkennbaren gegangen ist, wie selbst C.G. Jung einräumen musste.

Unabhängig von dieser Spekulation darf man jedoch davon ausgehen, dass die meisten Briefe Paulis erhalten geblieben sind. Diesen Schluss legt der bisher veröffentlichte *Wissenschaftliche Briefwechsel* nahe, der schon heute weit über 5000 Seiten Umfang hat und noch manche Überraschungen verspricht. Um ein Beispiel für die Vielfalt der Gedanken zu geben, die Pauli in Briefform freigiebig anbietet, sei aus der Antwort zitiert, die er auf die Frage seines Mitarbeiters und späteren Nachfolgers Markus Fierz gibt, als der seinen Lehrer nach der Triebfeder seines Tuns fragt. Pauli antwortet: »Warum wir in der Physik die Natur erforschen? Die Alchemie sagte, ›um uns selbst zu erlösen‹, was durch die Herstellung des Lapis Philosophorum [des Steins der Weisen] ausgedrückt wurde. Jungianisch formuliert wäre das die Herstellung eines ›Bewusstseins vom Selbst‹, bzw. eines ›bewussten Zustandes des Selbst‹. Nun ist dieses nicht nur licht, sondern auch dunkel und muss als Totalität auch den Willen zur Macht über die Natur mitenthalten, den ich als eine Art böse Hinterseite der Naturwissenschaften auffasse, die sich von diesen nicht abtrennen lässt. Aber die Antwort auf die gestellte Warum-Frage wird immer das den Rationalisten verhasste Wort ›Heilsweg‹ bleiben, gegen das man sich vergeblich sträubt.«

Wie in allen nicht zur Veröffentlichung bestimmten Texten von Pauli müssen einige der verwendeten Begriffe in den Zusammenhang gestellt werden, den er beim Schreiben vor Augen hatte, sonst ist der Umfang des Gemeinten nicht zu erkennen. In dem Zitat fallen zwei Begriffe auf, nämlich der »Heilsweg« und die »Hinterseite«, für die er auch oft »Schattenseite« sagte und der zuerst Aufmerksamkeit geschenkt werden soll.

Pauli hatte im Laufe seines wissenschaftlichen Lebens verstanden, dass die technischen Entwicklungen des 20. Jahrhunderts – Stichwort: Atombombe – das ethische Fundament der abendländischen Tradition, zu der zweifellos die mathematische Naturwissenschaft zählt, unglaubwürdig gemacht haben. Vielleicht ist auch darin der Grund zu suchen, dass Pauli ruhig und abgeschieden der physikalischen Grundlagenforschung nachging, während nahezu alle bedeutenden Physiker seiner Generation sich in Los Alamos mit der Entwicklung von Kernwaffen abmühten. Der oben zitierte Wille zur Macht, der sich deutlich in dem berühmten Diktum »Wissen ist Macht« ausdrückt, hat sich jedenfalls spätestens im Verlauf des Zweiten Weltkriegs mehr und mehr verselbstständigt und sich von dem eigentlichen – humanen – Ziel der Naturforschung entfernt. Die Rationalität hat dabei massiv Schiffbruch erlitten, wie Pauli am eigenen Leib in Form seiner Psychose erfährt und wie sich heute auf der ganzen Welt zum Beispiel an der Umweltzerstörung zeigt. Die Frage, wie hier durch Wissenschaft Abhilfe zu schaffen ist, muss also dringend beantwortet werden. An dieser Stelle kann nicht oberflächlich reagiert werden, denn immerhin geht seit den Tagen der Bombe die alte und von Platon begründete Gleichung nicht mehr auf, der zufolge das Rationale identisch mit dem Guten ist. Was die Griechen vor mehr als 2000 Jahren noch annehmen durften und was der europäischen Wissenschaft lange Zeit hindurch eine ethische Grundlage gab, können und dürfen wir heute nicht mehr glauben, nachdem der wissenschaftliche Sachverstand geplant und gezielt das Böse hervorgebracht hat.

Paulis Vorschläge für einen Ausweg aus diesem Bruch zwischen dem Rationalen und dem Guten basieren alle auf seinem Verlangen nach Symmetrie. Ihm scheint, dass das (christliche) Abendland aufhören muss, das zu verachten, was er »chtonische, instinktive Weisheit« nennt und mit dem Erleben von »Schönheit« in der Natur zu tun hat. Ethik kommt nicht zustande, wenn wir in geistigen Sphären argumentieren und dabei die Ehrfurcht vor dem Leben beschwören. Moralisches Handeln entspringt der Wahrnehmung des anderen und von anderen und der dabei erreichten und praktizierten Wertschätzung seiner und ihrer Besonderheit.

Pauli scheint es darüber hinaus für möglich zu halten – und damit kommt der oben erwähnte Heilsweg ins Spiel –, dass Erfüllung sowohl im Denken wie im Fühlen gefunden werden kann. Mit dem komplementären Paar Denken und Fühlen greift Pauli auf die von C.G. Jung eingeführte Typologie der psychischen Qualitäten (Funktionen) eines Individuums zurück. Wichtig ist Jung dabei, dass in psychologischer Sicht das schwächere der beiden Vermögen die Verbindung zu dem Unbewussten herstellt. Für Pauli ist selbstverständlich, dass zum wissenschaftlichen Tun eines Menschen »das gesunde Funktionieren des Unbewussten« ebenso beiträgt wie die Arbeit von Verstand und Vernunft. Er geht sogar so weit, das ständig wiederholte Nachdenken über einen Gegenstand als wissenschaftliche Methode zu bezeichnen, und zwar deshalb, weil dieser Vorgang so lange fortgesetzt wird, bis das Unbewusste ausreichend aufgewühlt wird und den betroffenen Menschen zu plötzlicher Klarheit führen kann.

Das harmonische Zusammenfinden von Bewusstsein und Unbewusstem als Mittel der Erkenntnis galt für Pauli nicht nur als sein persönliches Ziel. Vielmehr sah er hierin eine allgemeine Aufgabe für den abendländischen Menschen. Als sich zum Beispiel der Philosoph Karl Jaspers in Paulis Todesjahr 1958 Gedanken über *Die Atombombe und die Zukunft des Menschen* machte, stellte auch er fest, dass die Rationalität in eine Sackgasse geraten war, und zwar deshalb, weil sie nur nach der Machbarkeit frage und Verfügungswissen ohne Orientierungshilfe erzeuge. Jaspers hoffte, dass die Menschen bald lernen würden, mit ihrer Vernunft den Sachverstand zu lenken und einen Ausweg aus der festgefahrenen Situation zu finden.

Pauli stimmte der Analyse zwar zu, traute aber nicht der Vernunft allein. Für ihn kam nur die Besinnung auf komplementäre Gegensatzpaare infrage, wie er es ausdrückte, und er meinte damit das Bewusstsein und das Unbewusste, das Denken und das Fühlen, die Vernunft und den Instinkt, den Logos und den Eros. In der nackten Tatsache, dass die eine Hälfte dieser Liste von Gegensatzpaaren nicht einmal ansatzweise eine Rolle in der Wissenschaft spielt, erkennt Pauli, wie sehr sich das westliche Denken selbst im Weg steht und in seiner Einseitigkeit blockiert.

»Hintergrundsphysik«

In Paulis Briefen wimmelt es von originellen Hinweisen auf die westliche Kultur, deren bloße Erwähnung jeden Rahmen sprengen würde. Auf einen erkenntnistheoretischen Punkt besonderer Art soll hier aber trotzdem hingewiesen werden. In einem Text aus dem Jahre 1948, der erst seit ein paar Jahren in publizierter Form vorliegt (als Anhang in dem von C.A. Meier herausgegebenen Band mit dem Briefwechsel zwischen Wolfgang Pauli und C.G. Jung), stellt ihn Pauli relativ ausführlich vor. Das Manuskript trägt den Titel *Hintergrundsphysik* und behandelt physikalische Grundbegriffe wie Atom, Atomkern, Energie und Welle als archetypische Symbole. Was ist damit gemeint?

Es wurde bereits gesagt, dass Pauli eine gewisse Skepsis gegenüber der traditionellen Logik in der Forschung hatte. Er hoffte, »dass niemand mehr der Meinung ist, dass Theorien durch zwingende logische Schlüsse aus Protokollbüchern abgeleitet werden, eine Ansicht, die in meinen Studententagen noch sehr in Mode war«. So äußert sich Pauli in einem Aufsatz mit dem Titel *Phänomen und physikalische Realität*, in dem man weiter lesen kann: »Theorien kommen zustande durch ein vom empirischen Material inspiriertes Verstehen, welches am besten im Anschluss an Plato als zur Deckung kommen von inneren Bildern mit äußeren Objekten und ihrem Verhalten zu deuten ist. Die Möglichkeit des Verstehens zeigt aufs Neue das Vorhandensein regulierender typischer Anordnungen, denen sowohl das Innen wie das Außen des Menschen unterworfen ist.«

Mit den »typischen Anordnungen« meint Pauli das, was bei C. G. Jung »Archetypus« heißt. Der Archetypus erlaubt es, die tiefen Beziehungen zwischen der menschlichen Seele und der real gegebenen Materie herzustellen, ohne die wir gar nicht in der Lage wären, Begriffe zu erfinden, die auf die Natur passen. In diesem Bild treten die physikalischen Gesetze als äußere und die Begriffe als innere »Projektionen« archetypischer Qualitäten auf. Erkenntnis kann gelingen, nachdem die menschliche Wahrnehmung äußere Formen in innere Bilder verwandelt hat (dies könnte die ursprüngliche Bedeutung von In-form-ation sein). Diese treffen anschließend auf andere innere Bilder, welche wie die platonischen Ideen als Vorgabe für den Menschen existieren und seinen Erkenntnishorizont definieren. Die Übereinstimmung zwischen den beiden Bilderströmen ist möglich, weil sie eine gemeinsame archetypische Ebene haben, von der sie ausgehen.

Pauli beharrte auf der skizzierten »Wesensidentität von Innen und Außen«, wie sie im Übrigen auch bei Goethe zu finden ist. Dem ist sie offenbar selbstverständlich, denn Goethe meint: »Nichts ist drinnen, nichts ist draußen, denn was innen, das ist außen« (*Epirrhema*). Pauli stuft die Übereinstimmung der inneren und äußeren Sphäre »als die bleibende Wahrheit hinter jeder Ontologie« ein, die das »Ziel aller Wissenschaft bleiben« muss. Das Aufregende seiner eigenen wissenschaftlichen Entwicklung bestand für ihn darin, dass mit der Quantenmechanik »ein allererster, noch recht kleiner Schritt unserer abendländischen Naturwissenschaft in Richtung auf eine solche Mitte getan ist«. Dieser Schritt, so hebt er hervor, bestehe in der Abkehr der Theorie »von der gewöhnlichen Kausalität im engeren Sinne und ihrem Miteinbeziehen des Beobachters in eine symbolische Wirklichkeit«.

Die Quantentheorie ist also auch aus vielen philosophischen Gründen etwas völlig Neues, wie Pauli zu betonen nicht müde wird: »In der Quantenmechanik wird sich der Physiker zum ersten Mal bewusst, dass er nunmehr auch ›natura naturans‹ spielt (dass er ›schaffendes Naturprinzip‹ und nicht nur geschaffene Natur [natura naturata] ist) – kein Wunder, dass es erst einmal schiefgeht – denn aller Anfang ist schwer.« Das »Schiefgehen« bezieht sich vor allem auf die Schwierigkeiten, die zahlreiche Physiker wie zum Beispiel Einstein mit der Quantenphilosophie hatten, wobei Pauli in dessen Fall eher grob von »neurotischen Missverständnissen« spricht, völlig ungerührt davon, dass Einstein nur gut über Pauli gesprochen und ihn sogar als seinen »geistigen Sohn« bezeichnet hat. Trotzdem: Die genannten Anfangsschwierigkeiten scheinen sich lange gehalten zu haben und erst in späten Tagen des 20. Jahrhunderts in ein erstes »Gelingen« überzugehen. Dann nämlich, als die Antwort gefunden war, die Physiker heute auf die Frage geben, wie denn das wirklich Unteilbare (Elementare) im Innersten der Dinge zu seinen Eigenschaften kommt, oder anders formuliert, wie denn ein Elektron Masse *und* Ladung (und mehr) haben kann, wenn es ein Gebilde ohne jede Teile ist? Nach dem letzten Stand der Dinge werden solche Eigenschaften, die man aus dem Inneren erwartet, durch das Außen, welches sich durch Wechselwirkungen bemerkbar macht, erklärt. Die Welt formt etwas, von dem sie zugleich selbst geformt wird. Die physikalische Natur ist *natura* und *naturans* zugleich. Innen und Außen fügen sich dem Wesen nach zusammen. Kurz: Die Welt ist ein Ganzes, und die Physiker gehören dazu – genau wie Pauli gesagt hat.

4

Werner Heisenberg (1901–1976)

Das selbstvergessene Genie mit tausend Talenten

Werner Heisenberg war kreativer und ehrgeiziger als alle anderen Physiker seiner Generation. Er war ein Mann von beneidenswerten Talenten. Er wusste von frühester Jugend an spielerisch leicht die Werkzeuge der Mathematik handzuhaben, spielte konzertreif das Pianoforte, beherrschte die klassische Klavierliteratur umfassend, konnte scheinbar mühelos fremde Sprachen erlernen – in kürzester Zeit war er zum Beispiel in der Lage, Vorträge auf Dänisch zu halten – und zeigte ungewöhnlich gute Qualitäten als Skiläufer in schwierigen Abfahrten abseits von touristisch erschlossenen Pisten. Vor allem aber schien er gute physikalische Ideen nur so aus dem Ärmel zu schütteln. Den entscheidenden Durchbruch zur Quantenmechanik schaffte Heisenberg im Alter von 24 Jahren, weshalb er schon als 26-Jähriger Professor für Physik wurde. Als solcher war er um weitere Umstürze in seiner Wissenschaft bemüht und wagte sich noch vor seinem fünfzigsten Geburtstag mit einer Weltformel an die Weltöffentlichkeit.

Das Unbestimmte

Wenn dieser große Griff letztlich auch ins Leere ging und vergeblich blieb, so ist Heisenbergs Name doch weit über sein Fachgebiet hinaus berühmt geworden, und zwar vor allem durch die sogenannte Unbestimmtheitsrelation. Diese ist unter dem (weniger genauen) Namen »Unschärferelation« in die Alltagssprache eingegangen, obwohl sie auf einen eher verwirrenden Aspekt der atomaren Wirklichkeit hinweist. Heisenbergs Relation erfasst die Tatsache, dass sich nicht alle Eigenschaften von Objekten mit atomaren Dimensionen mit beliebiger Genauigkeit in einem Experiment messen lassen. Man kann zum Beispiel nicht den Ort und die Geschwindigkeit eines Elektrons zugleich ermitteln, wie Heisenberg zum ersten Mal erkannte, als er über die Frage eines Kommilitonen nachdachte, der wissen wollte, warum sich ein Elektron nicht in einem Mikroskop beobachten lässt. Um das Elektron zu lokalisieren – so Heisenbergs Antwort –, müsste eine Strahlung mit sehr kleiner Wellenlänge verwendet werden. Da deren Energie aber nach Planck sehr hoch ist, würde beim Zusammentreffen von Strahlung und Elektron das anvisierte Objekt so gewaltsam aus seiner Bahn geworfen und seine Geschwindigkeit verändert werden, dass deren genaue Bestimmung damit ausgeschlossen ist.

In der skizzierten Weise ist allerdings nur sehr oberflächlich ausgedrückt, was durch die Heisenberg'sche Unschärferelation wirklich erkannt wird. Es geht nicht einfach darum, dass sich zwei Eigenschaften eines Elektrons oder anderer Gegebenheiten der atomaren Sphäre nicht gleichzeitig messen lassen (schließlich nimmt man in diesem Fall an, dass die anvisierten Eigenschaften einen aktuellen Wert unabhängig davon haben, ob sie jemand messen will). Heisenberg erkannte vielmehr, dass die Sache in Wahrheit viel schlimmer ist: Es geht weniger um Ungenauigkeit als um Unbestimmtheit. Tatsächlich besitzt ein Elektron gar keine bestimmte Eigenschaft, bis jemand es auf sie abgesehen hat und sich um deren Messung bemüht. Objekte der atomaren Wirklichkeit sind ohne die auf sie gerichtete Aufmerksamkeit (ohne einen Eingriff) eines Beobachters unbestimmt, und zwar präzise in der Weise, in der es (die mathematisch formulierten) Unbestimmtheitsrelationen angeben. Elektronen halten sich alle Möglichkeiten offen, bevor sie – unter der Vorgabe eines Subjekts in Form des Experimentators – aktuelle Qualitäten annehmen.

In der wissenschaftlichen Literatur wird an dieser Stelle manchmal vom sogenannten Heisenberg-Schnitt gesprochen, der den Cartesischen Schnitt kittet oder ablöst, den René Descartes im 17. Jahrhundert eingeführt hatte. Der französische Philosoph wollte klar zwischen der Welt des Geistes und der Welt der Dinge unterscheiden können und hat deshalb die Trennung zweier Bereiche vorgenommen, die uns immer noch Probleme schafft. Die Quantenmechanik bindet nun beide Sphären wieder enger zusammen und mildert die Schärfe des Cartesischen Schnittes.

Schönheit der Jugend

Als Heisenberg diese von Physikern zunächst gern verdrängte und von Philosophen zumeist noch lieber ignorierte Einsicht gelang, war er noch keine 26 Jahre alt. (Er war am 5. Dezember 1901 in Würzburg geboren worden, hatte seine Jugend aber in München verbracht, nachdem sein Vater dort Professor für Byzantinistik geworden war.) Trotzdem hatte er damit nicht seine erste große Leistung vollbracht, denn die Erkenntnis, für die er 1933 eigentlich den Nobelpreis für Physik erhalten sollte, lag damals schon einige Jahre zurück. Ein wesentliches Stück jener bahnbrechenden Entdeckung war Heisenberg im Frühjahr 1925 gelungen, wobei ihm ein äußerer Umstand den Weg frei gemacht hat. Im Mai des genannten Jahres musste Heisenberg, der an der Universität Göttingen als Assistent von Max Born an seiner Habilitation arbeitete, seinen Dienstherren um Erlaubnis bitten, von seinen Pflichten entbunden zu werden. Er litt unter einer schweren Allergie (Heuschnupfen), und um sich auskurieren zu können, fuhr er auf die (nahezu pollenfreie) Insel Helgoland, wo er in den zwei Wochen seines Aufenthalts kaum schlief. Ein Drittel seiner Zeit – so hat später Heisenbergs Freund und Student Carl Friedrich von Weizsäcker erzählt – lernte Heisenberg Gedichte aus dem *Westöstlichen Diwan* von Goethe auswendig, ein zweites Drittel verbrachte Heisenberg mit Kletterpartien auf den Felsen der roten Insel, und im letzten Drittel der Zeit bemühte er sich, eine neue Mechanik der Atome zu formulieren, die von der Existenz des Quantums der Wirkung ausging, das Max Planck entdeckt hatte. Über den entscheidenden Moment der Erkenntnis hat Heisenberg in seiner Autobiografie *Der Teil und das Ganze* berichtet. Er ging dabei nach einem philosophischen und einem physikalischen Grundsatz vor. Philosophisch hatte sich Heisenberg festgelegt, bei der Beschreibung der Atome nur Eigenschaften zu verwenden, die experimentell zugänglich waren. Das heißt, in seiner Theorie durfte zum Beispiel von den Frequenzen des Lichts, das Atome aussenden, die Rede sein, denn sie konnte man messen; es durfte aber nicht um Bahnen von Elektronen gehen, da sie einer Beobachtung unzugänglich blieben. Physikalisch richtete sich Heisenbergs ganze Aufmerksamkeit auf die Gültigkeit des Energiesatzes, und sein unbeirrtes Festhalten an dieser fast heiligen Säule der klassischen Physik erlaubte es ihm eines Abends, »die mir vorschwebende Mathematik«, mit der er die Gesetze der Atome ausdrücken wollte, »widerspruchsfrei und konsistent« zu entwickeln. Auf dem

Papier vor ihm nimmt plötzlich zum ersten Mal das Form an, was heute als Quantenmechanik an den Universitäten gelehrt wird und was sich als unendlich erfolgreich und folgenreich erwiesen hat. Als Heisenberg die mathematische Gestalt der neuen Atomphysik selbst wahrnimmt, passiert Folgendes: »Im ersten Moment war ich zutiefst erschrocken. Ich hatte das Gefühl, durch die Oberfläche der atomaren Erscheinungen hindurch auf einen tief darunter liegenden Grund von merkwürdiger innerer Schönheit zu schauen, und es wurde mir fast schwindlig bei dem Gedanken, dass ich nun dieser Fülle von mathematischen Strukturen nachgehen sollte, die die Natur dort unten vor mir ausgebreitet hatte. Ich war so erregt, dass ich an Schlaf nicht denken konnte.«

Nüchtern gesagt hatte Heisenberg bei diesem Erlebnis entdeckt, dass sich die grundlegenden Gleichungen für Atome und ihre Bausteine nicht formulieren lassen, wenn man wie in der klassischen Physik vorgeht und zum Beispiel die physikalische Größen Energie und Impuls als Zahlen behandelt. Heisenberg sieht vielmehr, dass sich die Welt des Mikrokosmos nur erfassen lässt, wenn man die physikalischen Größen in kompliziertere Gebilde übersetzt und ihnen zwei Dimensionen zugesteht, die in Form von Spalten und Säulen angeordnet werden. Solche Darstellungen werden von Experten mit dem viel verwendeten Begriff »Matrizen« bezeichnet. Das Besondere ist nun, dass den Mathematikern damals längst bekannt war, was Matrizen sind und wie man mit ihnen auf ihrem Gebiet umgeht, dass aber Heisenberg selbst diese Gebilde nicht kannte, bis seine Fantasie sie ihm offenbarte.

Was Heisenberg auf Helgoland gelingt, entspricht dem Auffinden einer neuen Form, etwas, das im Bereich der Kunst als kreativer Akt bezeichnet wird. Mit anderen Worten, bei der Entdeckung der Quantenmechanik ist es so kreativ zugegangen wie bei der Schaffung eines Kunstwerks. Heisenberg bringt eine neue Physik auf dieselbe Weise hervor, mit der ein Künstler einen neuen Malstil entwirft. Daher ist es kein Wunder, dass er dabei auf die Schönheit der Natur zu sprechen kommt. Ihr tritt er gegenüber, und er erkennt die Wahrheit.

Der Weg nach Kopenhagen

Nachdem Heisenberg dieser Schritt zu einem neuen wissenschaftlichen Stil gelungen war, kehrte er nach Göttingen zurück, um die gewonnenen mathematischen Strukturen gemeinsam mit seinem Lehrer Max Born und dessen Assistenten Pascual Jordan zu veröffentlichen, die sich beide mit Matrizen auskannten und dem intuitiv Geschauten die strenge Formulierung gaben, die heute in den Lehrbüchern zu finden ist. Dabei entstand die sogenannte Drei-Männer-Arbeit, die zum Vorbild vieler wissenschaftlicher Publikationen geworden ist.

Göttingen spielt in der Geschichte der Quantenmechanik eine große Rolle. Heisenberg, der eigentlich bei Arnold Sommerfeld in München Physik studierte, war 1922 zum ersten Mal in diese Universitätsstadt gekommen, um die Vorlesungen zum damals aktuellen Stand der Quantentheorie zu hören, die Niels Bohr vor den Göttinger Mathematikern hielt. Der geistige Austausch war ihm überhaupt wichtig. In seiner Jugend- und Studienzeit führte Heisenberg ein naturverbundenes Leben; oft war er mit Freunden mit Zelt und Kochgeschirr im Gebirge unterwegs, und beim abendlichen Lagerfeuer schienen sich dann die jungen Männer gerne gegenseitig dabei zu übertrumpfen, die Unabhängigkeit ihrer Meinung zu demonstrieren. Bei diesen Gesprächen kam eine Wildheit des Denkens zum Vorschein, die sich Heisenberg mit den Wirren der Zeit erklärte. Der Erste Weltkrieg hatte der nachwachsenden Generation vollends das genommen, was Heisenberg den Glauben an »die zentrale Ordnung« oder »die wirksame Mitte« nennt. Solch eine Instanz musste wiedergefunden werden, und Heisenberg schienen die Naturwissenschaften der beste Ort dafür zu sein; vielleicht gab es hier sogar die Möglichkeit, »der Wahrheit gegenüberzutreten«. Die Grunderkenntnis seiner Jugend bestand jedenfalls darin, dass auf sich alleine angewiesen war, wer nach neuen Ufern aufbrechen wollte. Heisenberg hatte dabei den Vorteil, von Anfang an sicher sein zu können, dass seine Geisteskräfte reichten, um stets ganz vorne mit dabei zu sein und meist sogar als Erster anzukommen.

Sein Lehrer Sommerfeld erkannte die Begabung Heisenbergs rasch, weshalb er ihn auch nach Göttingen schickte, als Bohr dort seine berühmte Vorlesungsreihe hielt, die als »Bohr-Festspiele« in die Geschichte der Physik eingegangen sind. Heisenberg gehörte zu den jüngsten Zuhörern in dem zwar riesigen, aber dennoch hoffnungslos überfüllten Saal. Obwohl er sich eher winzig zwischen all den berühmten Professoren vorkommen musste, stellte er trotzdem selbstbewusst eine kritische Frage. Er wagte es sogar, Bohr zu widersprechen und brachte den großen Mann in leichte Verlegenheit. Bohr reagierte allerdings neugierig und lud den jungen Unruhestifter zu einem Spaziergang ein. »Dieser Spaziergang«, so Heisenberg in seiner Autobiografie, »hat auf meine spätere Entwicklung den stärksten Einfluss ausgeübt, oder man kann vielleicht besser sagen, dass meine eigentliche Entwicklung erst mit diesem Spaziergang begonnen hat.«

Was hier als physikalisch-philosophisches Gespräch zwischen dem damals fast 40-jährigen dänischen Nobelpreisträger und dem gerade 20-jährigen deutschen Studenten begann, entwickelte sich zu einer äußerst erfolgreichen wissenschaftlichen Zusammenarbeit, die zunächst durch menschliche Nähe und tiefe Gemeinsamkeit geprägt war, um schließlich in einem unmenschlichen politischen Rahmen mit übermenschlichen Aufgaben entsetzlich zu scheitern. Das Wechselspiel von Bohr und Heisenberg bietet umfassend literarischen Rohstoff, und es scheint, dass man ihm nur in Form der Dichtung oder einer anderen Kunstform adäquat oder wenigstens nachvollziehbar beikommen kann.

Doch nun von Anfang an. In den ersten Jahren ist das Verhältnis zwischen Heisenberg und Bohr reines und ungetrübtes Glück, vielleicht von der Sorte, wie es ein Vater und sein Sohn erfahren können, wenn beide in dieselbe Richtung wollen und Großes nicht nur gelingen kann, sondern auch bald zustande kommt. Es dauert nicht lange, bis Bohr Heisenberg nach Kopenhagen einlädt, und beide zusammen sorgen dafür, dass Bohrs dortiges Institut zu dem Ort wird, an dem die neue Physik in ihren philosophischen Dimensionen erfasst und verstanden wird. Im Wechselspiel zwischen dem jungen Ideenproduzenten Heisenberg, der sich immer in höchster Erregung befindet, und dem geduldigen wie unermüdlichen Bohr, der stets die Tiefe und Weite eines Gedankens auslotet, wird der wichtigste philosophische Fortschritt des 20. Jahrhunderts zum belebenden Ereignis. Selbst heute noch wird von der prägenden Kraft der Kopenhagener Deutung der Quantentheorie gesprochen, wobei es seltsam auffällig ist, dass es keinen gemeinschaftlichen Text von Bohr und Heisenberg gibt, der die unmissverständliche Deutung enthalten würde und somit maßgeblich für die Interpretation der Quantenwirklichkeit wäre. Erst 1963 hat der Wissenschaftshistoriker Armin Hermann in der Reihe »Dokumente der Naturwissenschaft« unter dem Titel *Die Kopenhagener Deutung der Quantentheorie* die beiden Publikationen herausgegeben (und mit einem Nachwort versehen), die zentral für dieses Thema sind. Dabei handelt es sich um Heisenbergs Arbeit »Über den anschaulichen Inhalt der quantentheoretischen Kinematik und Mechanik«, die in der *Zeitschrift für Physik* 43, 172 (1927) erschienen ist, und um Bohrs Arbeit über »Das Quantenpostulat und die neuere Entwicklung der Atomistik«, die in den *Naturwissenschaften* 16, 245 (1938) veröffentlicht wurde.

Die wesentliche Botschaft aus Kopenhagen steckt in der Zweiteilung der Dinge. Diese lässt zu, dass zum Beispiel das Licht als Welle *und* als Teilchen gesehen werden kann, dass in der Physik das diskrete Quantum gleichberechtigt neben dem kontinuierlichen Kraftfeld steht und dass das qualitative Analysieren im Stil von Bohr ebenso erlaubt ist wie das mathematische (quantitative) Denken im Stil von Heisenberg. Aber die Kopenhagener Deutung geht noch sehr viel weiter, und ihre zentrale Ordnung, so scheint es, muss jeder für sich selbst ergründen, auch wenn sich alle Hinweise bei Bohr und Heisenberg finden lassen. In den 1950er-Jahren hat Heisenberg in seinem Buch *Physik und Philosophie* zusammengefasst, was er unter einem Aspekt der Kopenhagener Deutung versteht: Sie »beginnt mit einem Paradoxon. Sie fängt mit der Tatsache an, dass wir unsere Experimente mit den Begriffen der klassischen Physik beschreiben müssen, und gleichzeitig mit der Erkenntnis, dass diese Begriffe nicht genau auf die Natur passen. Die Spannung zwischen diesen beiden Ausgangspunkten ist für den statistischen Charakter der Quantentheorie verantwortlich.« Er fährt dann fort mit dem Hinweis, dass eine Messanordnung von einem Beobachter konstruiert und vorgegeben wird und dadurch ein subjektives Element in die Beschreibung der atomaren Vorgänge kommt: »Wir müssen uns daran erinnern, dass das, was wir beobachten, nicht die Natur selbst ist, sondern Natur, die unserer Art der Fragestellung ausgesetzt ist.«

Der Unpolitische in der Politik

Als Heisenberg sein Buch *Physik und Philosophie* schreibt, ist der Zweite Weltkrieg, der sein Verhältnis zu Bohr nahezu vollständig ruiniert hat, schon Vergangenheit. Aber schon früher, nämlich um 1927, als sich die beiden Forscher dem eigentlichen Höhepunkt ihrer gemeinsamen Erkenntnissuche nähern, fallen erste Schatten auf die gemeinsame erfolgreiche und glückliche Zeit. Zu Beginn des Jahres kommt es nach zahlreichen Diskussionen über die eigenartige Quantenwirklichkeit zur völligen Erschöpfung der zwei Physiker. Als Bohr zu einem Urlaub nach Norwegen aufbricht, hat Heisenberg zwar seinen Teil der Kopenhagener Deutung, die Unbestimmtheitsrelation, schon abgeleitet, doch sagt er Bohr zu, das entsprechende Manuskript erst nach dessen Rückkehr zur Veröffentlichung einzureichen. Leider hält sich Heisenberg, der Bohrs unendlich sorgfältiges Abwägen und seine umständlichen Umformulierungen kaum noch für nützlich erachtet, nicht an diese Vereinbarung, und es kommt zu ersten Irritationen zwischen den beiden.

Rückblickend erscheint diese angedeutete zwischenmenschliche Schwierigkeit harmlos im Vergleich zu den Bedrückungen und Belastungen, die Heisenberg und Bohr bald bevorstehen und von außen auf sie zukommen. Der

Grund für die zunehmenden Differenzen innerhalb der Freundschaft steckt in der Politik. Die Quantentheorie entsteht in den Jahren der Weimarer Republik. In dieser schwachen »Demokratie ohne Demokraten« steigen die Nationalsozialisten ab den 1930er-Jahren nach und nach zur starken politischen Kraft in Deutschland auf, und die Folgen von Gewaltherrschaft und Terror bekommen bald alle zu spüren, die sich nicht gesinnungstreu zeigen und den amtlich verordneten Judenhass teilen. Als Heisenberg es nach 1933 wagt, die Theorien des Juden Einstein gegen eine sogenannte Deutsche Physik zu verteidigen, wird er in den Nazi-Zeitungen als »weißer Jude« beschimpft, wodurch seine wissenschaftliche Karriere in akute Gefahr gerät. Es bedarf einer besonderen Intervention seiner Mutter, um hier Abhilfe zu schaffen. Frau Heisenberg kennt die Mutter von Heinrich Himmler und kann sich so auf indirekten Weg an den Chef der Geheimen Staatspolizei, kurz Gestapo, wenden und um Verständnis für ihren Sohn bitten.

Es ist bekannt, wie sehr die deutsche Forschung nach 1933 ausgeblutet wurde und wie mühsam wissenschaftliches Leben unter den Nazis war. Entsprechend oft ist die Frage gestellt worden, warum sich Heisenberg während der braunen Herrschaft nicht entschließen konnte, sein Heimatland zu verlassen. Angebote, unter anderem von Universitäten aus den USA, lagen genug vor. Hierzu gibt es viele gute Antworten von Heisenberg selbst – etwa die, dass andere die amerikanischen Jobs dringender brauchten als er oder dass er seine Mitarbeiter nicht im Stich lassen wollte, vor allem aber die, dass er sich um seine rasch wachsende Familie kümmern musste. Sie gab es seit 1937, als Heisenberg Elisabeth Schumacher geheiratet hatte (1980 veröffentlichte sie eine Biografie ihres Mannes mit dem Titel *Das politische Leben eines Unpolitischen* und charakterisierte ihn auf diese Weise treffend). Was die Familie angeht, bekam das Paar sieben Kinder. Heisenberg konnte sich ein glückliches Familienleben nur in Deutschland vorstellen. In seinen geliebten bayerischen Bergen, in Urfeld am Walchensee, hatte er für sie den Ort gefunden, den er für den schönsten der Welt hielt.

Zum Thema Drittes Reich gibt es aber nicht nur klärende, sondern leider auch viele ungeschickte Bemerkungen von Heisenberg, die vor allem im europäischen Ausland für Unverständnis gesorgt haben. Heisenberg scheint bei einem Vortrag in den Niederlanden die anfänglichen deutschen Kriegserfolge mit dem Hinweis kommentiert zu haben, es komme ihm nicht wie eine Katastrophe vor, wenn es ein Europa gäbe, das unter deutscher Vorherrschaft stünde. Natürlich hat Heisenberg dabei nicht an die braune Barbarei gedacht, aber die Menschen, die in den von den deutschen Truppen besetzten Ländern lebten, konnten über solche Äußerungen nur verbittert oder verärgert sein.

Das eigentliche Drama unter den Wissenschaftlern und besonders zwischen Bohr und Heisenberg entfaltete sich, als im Jahre 1938 die Kernspaltung entdeckt worden war und den Physikern rasch klar wurde, dass man Kernreaktoren und Atombomben bauen konnte. Wenngleich sich bald zeigte, dass sich mit dem Uran, das in der Natur vorkommt, keine Atombomben konstruieren ließen, so hat jedoch die Frage, ob und wie sich die reaktions- und explosionsfähige Variante des Urans (das Isotop mit der Ordnungszahl 235) herstellen bzw. anreichern lässt, in den ersten Kriegsjahren sicher auch einige deutsche Physiker beschäftigt. Das Rätsel, welche Rolle Heisenberg dabei gespielt haben mag und welche Strategie er insgesamt in Hinblick auf eine Atombombe in seinem Kopf verfolgt hat, treibt noch heute viele

Historiker zur Verzweiflung. Wollte Heisenberg die Bombe nicht bauen oder konnte er sie nicht bauen? Hat er zu verhindern versucht, dass man sie baut? Wie genau und intensiv hat er sich um die Physik der Kettenreaktion gekümmert, die für eine Atombombenexplosion notwendig ist? Die Zahl der Bücher und Aufsätze zu diesem Thema ist schon groß, und sie wird weiter wachsen.

Im Mittelpunkt der Aufmerksamkeit steht dabei ein sehr merkwürdiges Gespräch, das zwischen Bohr und Heisenberg im Herbst 1941 stattfand, als Heisenberg nach langer Abwesenheit mitten im Krieg wieder in Kopenhagen auftauchte. Aus welchem Grund ist er überhaupt nach Dänemark gefahren? Wer hat ihm die Reiseerlaubnis in das von deutschen Truppen besetzte Gebiet erteilt? Und wem musste er nach der Rückkehr über seine Gespräche berichten? Über dem Ausflug nach Dänemark liegt ein dichter Nebel, der sich mit den derzeitigen Dokumenten nicht vertreiben lässt und politisch denkenden Menschen viel Raum gibt, ihrer Fantasie freies Spiel zu lassen. Unklar bleibt vor allem die Rolle, die Carl Friedrich von Weizsäcker als junger Mann aus prominenter Familie im Hintergrund gespielt hat. Es ist bekannt, dass er in aller Naivität meinte, den »Führer« führen zu können, wenn man ihm erklären würde, was eine Atombombe kann. Natürlich lässt sich heute darüber nur entsetzt lachen, aber ebenso naiv scheint Heisenberg in diesen Dingen gewesen zu sein, und niemand weiß, was der Diplomatensohn von Weizsäcker ihm in dieser Lage geraten hat.

Bedauerlicherweise hat Heisenberg selbst in seinen späteren Erklärungen nur versucht, sich irgendwie aus der Sache zu winden. Er macht es sich sehr leicht, wenn er berichtet, zunächst eher überraschend von der deutschen Botschaft zu einem Vortrag eingeladen worden zu sein – eine

Einladung, bei der er aber nicht die Gelegenheit hat verstreichen lassen wollen, »mit Niels über das Uranproblem zu sprechen«, wie es in der Autobiografie heißt. Rechnete der inzwischen 40-jährige Heisenberg wirklich immer noch damit, beim Vater der Atomphysik wie ein Sohn Gehör und Verständnis zu finden, wo doch Bohrs Land von deutschen Soldaten besetzt und dessen Familie in höchster Gefahr schwebte?

Das Gespräch beginnt selbst in Heisenbergs Erinnerungen auf fatale Weise: »Ich versuchte Niels anzudeuten, dass man grundsätzlich Atombomben machen könne.« Punkt. Wie außer mit blankem Entsetzen konnte Bohr darauf reagieren? Dieser wusste doch, wie ehrgeizig und genial zugleich Heisenberg war, und das konnte in Bohrs Sicht nur heißen, dass seinen berühmtesten deutschen Schüler weder wissenschaftliche noch andere Schwierigkeiten hindern würden, den Weg bis zum explosiven Ende zu gehen. Viel schlimmer noch: Heisenberg würde sich sicherlich besonders darum bemühen, vor allen anderen Physikern ans Ziel zu kommen.

Bohr scheint jedenfalls leichenblass und höchst beunruhigt von dem Gespräch nach Hause zurückgekehrt zu sein, das aus Angst vor der Gestapo bei einem Spaziergang entlang der Langen Linie im Kopenhagener Hafen geführt worden war. Als historische Tatsache lässt sich festhalten, dass es nun nicht mehr lange dauern sollte, bis Bohr aus seiner Heimat fliehen und in den USA das Programm in Gang gebracht werden sollte, tatsächlich eine Atombombe zu konstruieren, und zwar noch bevor sie den Nazis zur Verfügung stünde.

»Ordnung der Wirklichkeit«

Um Heisenberg wird es jetzt einsam. Einem 1942 geschriebenen Text, der zunächst nur an ausgewählte Freunde verschickt und erst ein halbes Jahrhundert später unter dem Titel *Ordnung der Wirklichkeit* publiziert wurde, merkt man die tiefe Trauer an, die Heisenberg befallen hat und den Unpolitischen niederdrückt. Er hatte »sein Leben für die Aufgabe bestimmt, einzelnen Zusammenhängen der Natur nachzugehen«, und ihm war das »Forschen nach einzelnen Naturgesetzen ein unendlich spannendes Spiel« gewesen, das ihn auch deshalb glücklich gemacht hatte, weil er die Spielabläufe besser als alle anderen vorhersehen konnte: Heisenberg hat eine erste Quantentheorie des Ferromagnetismus entworfen, das erste Proton-Neutron-Modell für einen Atomkern vorgeschlagen, eine erste Theorie des Positrons vorgelegt, als Erster den sogenannten Isospin eingeführt und so weiter und so fort.

Doch Wissen hat auch moralische Konsequenzen. Kluge Forscher wie er hatten nun die Möglichkeit, mit rationalen wissenschaftlichen Methoden eine Atombombe zu bauen, die dann gegen Menschen eingesetzt werden konnte. Heisenberg spürte, dass den Menschen »die stärkste Gefahr von der Verwechslung der bösen und guten Mächte« drohte. Das Bedrohliche dieser neuen Situation rührte seiner Meinung nach daher, dass die politische Macht, die das Zusammenleben der Menschen organisiert, oft genug »durch Verbrechen begründet« wird. So zumindest äußert er sich 1942 in *Ordnung der Wirklichkeit*, ungeachtet der damit verbundenen Gefahr, solche Aussagen in solcher Zeit zu tun. Außerdem spricht er die Hoffnung aus, dass sich trotz aller Widrigkeiten der zentrale Bereich der Wissenschaft finden lässt, in dem »nicht betrogen werden *kann*« und die Menschen nicht selbst zu entscheiden haben, sondern Gott. Nur dann »ist wohl auch die Gefahr nicht allzu groß, die dadurch heraufbeschworen wird, dass wir die Kräfte der Natur in viel höherem Maße beherrschen als frühere Zeiten«.

Über das Atom hinaus

Nach dem Zweiten Weltkrieg verläuft Heisenbergs Leben in ruhigeren Bahnen. Sein früher Traum, den revolutionären Sprung, der beim Übergang von der Welt der sichtbaren Dimensionen in die Welt atomarer Größenordnungen – also zu den Kernkräften – nötig wurde, wiederholen zu können, erfüllte sich nicht. Auch als er seine Aufmerksamkeit auf andere Dinge richtet und das verbindende Element zwischen einer Theorie der Atome und einer Theorie des Kosmos sucht, gelingt kein Wurf, der sich mit den Erfolgen seiner Jugend messen kann. Das angehende Medienzeitalter verulkt eher ungläubig sein Konzept einer »Weltformel«.

Heisenberg übernimmt politische Verpflichtungen wie den Vorsitz der Kommission für Atomphysik, die von der Deutschen Forschungsgemeinschaft eingerichtet wird. Er tritt öffentlich in Erscheinung, so 1957, als die »Göttinger Sieben« sich in einer Erklärung gegen die Aufrüstung der Bundeswehr mit Atomwaffen wenden. Er nimmt sich aber vor allem Zeit, um sich allgemeinverständlich über seine Wissenschaft zu äußern, und dabei entstehen so wunderbare Texte, dass man sich ein knappes Jahrzehnt nach seinem Tod im Jahre 1976 entschließt, sie als *Gesammelte Werke* herauszugeben. Heisenberg ist zum ersten Klassiker der modernen Physik geworden.

In einem seiner schönsten Texte geht es um *Sprache und Wirklichkeit in der modernen Physik*. Darin macht er deutlich, was eingangs erwähnt worden ist, dass nämlich in der Quantentheorie »der Begriff der Möglichkeit, der in der Philosophie des Aristoteles eine so entscheidende Rolle gespielt hat, wieder an eine zentrale Stelle gerückt worden ist«. Heisenberg betont, dass man »die mathematischen Gesetze der Quantentheorie geradezu als eine quantitative Fassung dieses aristotelischen Begriffs der ›Dynamis‹ oder ›Potentia‹ auffassen« könne. Da ist sie wieder, die zentrale Stelle, der Kern der wissenschaftlichen Wahrheit, den Heisenberg sein Leben lang umkreist hat. Er hat ihn als Hort der Möglichkeit schlechthin sicher gekannt und erlebt, auch wenn er bei der Suche nach ihm manchmal ein wenig zu viel erreichen wollte. Ihm standen dabei jedenfalls mehr Optionen offen, als den meisten von uns. Wenigstens für Augenblicke müssen ihn diese Momente der Erkenntnisnähe glücklich gemacht haben.

5

Enrico Fermi (1901–1954)

Schwache Wechselwirkungen und starke Fragen

Enrico Fermi, Sohn eines Eisenbahnangestellten und einer Grundschullehrerin, wurde 1901 in Rom geboren. Schon früh zeigte sich seine Begabung für die Wissenschaft, sodass er ein Studium der Physik in Pisa aufnahm, das er bis 1922 absolvierte, um anschließend als junger Doktor der Naturwissenschaften nach Göttingen zu gehen. Ein Jahr lang nahm er an den Seminaren von Max Born teil (dabei ist anzumerken, dass Fermi zwar gut genug Deutsch sprach, um ausreichend Kontakte in der Physikerszene zu knüpfen, sich aber insgesamt als schüchtern zeigte). Nach einem Aufenthalt in Holland kehrte Fermi sodann in seine Heimat Italien zurück, um erst Professor in Florenz und dann in Rom zu werden. Man zeigte sich stolz auf ihn und gab dem theoretischen Physiker Fermi als Erstem seines Landes eine akademische Dauerstellung. In politisch ruhigeren Zeiten wäre er wohl auf dieser Position bis zu seinem Lebensende geblieben, aber seine Frau Laura bekannte sich zur jüdischen Religion, und das wurde in Italien ein Problem, nachdem sich die faschistische Regierung unter dem Duce Mussolini 1936 mit Hitlers Nazi-Deutschland verbündet hatte. Fermis Plan, in die USA auszuwandern, konnte in die Tat umgesetzt werden, als man ihm im Voraus die Nachricht zukommen ließ, er würde mit dem Nobelpreis für Physik für das Jahr 1938 ausgezeichnet – in der Geschichte des Nobelpreises ein einmaliger Vorgang, der unter aktiver Beteiligung von Niels Bohr zustande kam. Verdient hatte Fermi die Auszeichnung auf jeden Fall, wie noch erläutert wird. Trotzdem sei an dieser Stelle die Bemerkung erlaubt, dass die Schwedische Akademie für die Ehrung leider einen Grund angab, den man unglücklich nennen muss. Warum? Auch das soll später geklärt werden. Wichtig war nur, ihn in dem genannten Jahr dafür auszuwählen, um ihm auf diese Weise die finanziellen Mittel für einen Neuanfang in den USA zukommen lassen zu können. Mit dem Nobelgeld ging Fermi nach Chicago, wo er einen Lehrstuhl für Physik erhielt und nach einem Zwischenspiel, das mit dem Bau der Atombombe zusammenhing, erneut auflebte, bis ihn 1954 plötzlich und unerwartet ein allzu früher Tod ereilte. Fermi erlag einem Magenkarzinom.

Theoretische Kernphysik zum Ersten

Es gibt viele Gründe, weshalb Fermi berühmt ist bzw. berühmt sein sollte. Wenn es allein um Physik geht, dauert es nicht lange, bis auf seine Beiträge zur Kernphysik hingewiesen wird, und da gibt es als Beweis seiner Vielseitigkeit neben einem fundamentalen Beitrag des Theoretikers Fermi auch die bemerkenswerte Leistung des praktischen Ingenieurs, der Fermi auch war. Beginnen wir mit der reinen Wissenschaft, die sich Anfang der 1930er-Jahre über einen Zerfall von Atomen den Kopf zerbrach, den Ernest Rutherford entdeckt und mit dem griechischen Buchstaben *beta* bezeichnet hatte. Bei diesem Betazerfall kamen Elektronen aus dem Atomkern, was viele Rätsel aufgab, die wenigstens teilweise durch eine geniale Idee von Fermi geklärt werden konnten.

Als Fermi über den Betazerfall nachdachte, kannten die Physiker zwei Wechselwirkungen, die durch Massen als Schwerkraft (Gravitation) und durch positive und negative Ladungen als elektromagnetische Kraft in Erscheinung traten. Sie vermuteten, dass es noch eine dritte Kraft geben müsse, die im Atomkern für den Zusammenhalt der dort versammelten positiven Ladungen sorgt – sie heißt heute »starke Kernkraft« bzw. »starke Wechselwirkung«. Und dann war erst einmal Schluss mit der Aufzählung. Fermi sah, dass mit diesem Trio der Betazerfall nicht zu erklären war, weshalb er vorschlug, die beobachtete Instabilität auf die Wirkung einer vierten Kraft zurückzuführen, die etwas anderes tun sollte als die Wechselwirkungen, die man bis dahin kannte. Fermis »schwache Kernkraft« sollte die Dinge nicht stabilisieren, sie sollte sie vielmehr lockern und ihnen die Möglichkeit des Umwandelns geben, was ja auch zu den natürlichen Prozessen gehört. Zwar galt der Gedanke als wahnsinnig und revolutionär, aber an diese instabile Situation war man in Physikerkreisen schon gewöhnt, und bald erwies sich Fermis Idee als wegweisend. Die schwache Kernkraft bildet mit den anderen drei ein Viererschema bzw. Quartett, das modern und archaisch zugleich ist. Die Antike erklärte die Welt durch vier Elemente – Feuer, Erde, Wasser, Luft –, die Moderne erklärt sie durch vier Wechselwirkungen (denen wir heute noch vier Elementarteilchen hinzufügen).

Die vier Wechselwirkungen der Physik

Art der Wechselwirkung	Wirkteilchen	Auswirkung
Starke Wechselwirkung	Gluonen	hält Atomkern zusammen
Elektromagnetismus	Photon	hält u.a. Stoffe zusammen
Schwache Wechselwirkung	Bosonen	sorgt für Atomzerfall
Gravitation	Graviton	hält Weltall zusammen

Die Physik kennt insgesamt vier Wechselwirkungen, die in der Tabelle aufgeführt sind. Laien wissen auf jeden Fall von der (Schwerkraft) und den Anziehungskräften, die mit elektrischen Ladungen und Magneten verbunden sind. Um einen Atomkern zusammenzuhalten, setzt die Natur das ein, was Physiker starke Wechselwirkung nennen können, weil es noch das schwache Gegenstück gibt, das die Dinge ein wenig locker macht.

Zu den Kräften gehören im Verständnis der Wissenschaft besondere Wirkteilchen, da man sich vorstellt, dass eine Wechselwirkung zwischen (realen) Teilchen durch den Austausch von (eher virtuellen) Partikeln zustande kommt; diese Wirkteilchen werden unterschiedlich und wenig elegant benannt – zum Beispiel als Gluonen, was vom englischen Wort *to glue* (deutsch: kleben) kommt. Um sich die Entstehung einer Wechselwirkung durch einen Austausch vorstellen zu können, sollte man an zwei Menschen denken, die Federball spielen oder sich ein Frisbee zuwerfen und durch das Spiel »zusammenkleben«. Man kann sich aber auch zwei Menschen vorstellen, die Argumente austauschen. Vielleicht beginnt ja die Kultur des Dialogs im Innersten der Welt?

Für die schwache und die starke Wechselwirkung jedenfalls, deren Reichweite so begrenzt ist, dass sie nur im Zentrum der Atome wirken, benötigt man nicht einen, sondern mehrere Spielbälle, wenn wir in diesem Bild bleiben wollen. Für die Kräfte, die über das Atom hinausgehen und sozusagen in die Welt hineinreichen, genügt jeweils ein Spielball. Das Graviton für die Schwerkraft ist dabei allerdings bislang noch jeder experimentellen Falle entkommen.

Praktische Kernphysik

Fermis überragende praktische Leistung kommt in den Jahren des Zweiten Weltkriegs zustande. Hier muss man tatsächlich von einer Errungenschaft sprechen, die nicht nur für das Fach Physik historisch ist, sondern die Geschichte unserer Zivilisation maßgeblich beeinflusst. Am 2. Dezember 1942 – und zwar um 15.25 Uhr Ortszeit – gelingt es Fermi in einem Kernreaktor der Universität von Chicago, der unter dem Stadion des Footballteams gebaut worden ist, unter sicher dramatischen Umständen, die erste kontrollierte Kettenreaktion durchzuführen. Es ist wohl überflüssig zu erwähnen, dass dieser Erfolg den Physikern sofort klarmacht, dass sich mit dem gleichen Mechanismus eine Atombombe bauen lässt, bei der man eine unkontrollierte Kettenreaktion ablaufen lassen kann. Fermis erster »Atommeiler« – ein Ausdruck, der von ihm selbst stammt – bestand aus 18 Tonnen Graphitziegel, zwischen denen sich sogenannte Regelstäbe aus Cadmium befanden, mit denen die Kettenreaktion zu steuern war. Als nuklearer Brennstoff diente reines Uran bzw. Uranoxid. Am 2. Dezember entfernte Fermi die Regelstäbe, und der Meiler produzierte die Kernenergie, die die Physiker von ihm erwarteten.

Die Idee der Kettenreaktion geht ursprünglich auf den ungarischen Physiker Leo Szilard zurück, dem sie in Verbindung mit der ersten Beobachtung der Uranspaltung – 1938 in Berlin – gekommen ist. Die Überlegung geht etwa so: Wenn ein Neutron einen Atomkern so spaltet, dass dabei nicht nur kleinere Kernbruchstücke entstehen, sondern auch Neutronen frei werden, und wenn es außerdem gelingt, diese im Prozess erzeugten Neutronen erneut auf Atomkerne zu lenken und sie ebenfalls so zu spalten, dass wiederum Neutronen erscheinen, und wenn sich dieser Vorgang zu guter Letzt auch noch ständig wiederholen ließe, dann könnte sich dieser Prozess lawinenartig fortsetzen und als Kettenreaktion zuletzt ungeheure Energiemengen freisetzen. Denn in jedem Einzelfall wird Energie produziert, wie man seit Hahns Experimenten wusste und nachgemessen hatte. Die Kettenreaktion kommt in Gang, wenn genügend Uranatome versammelt sind und alle Neutronen sofort neue Neutronen freisetzen. Man redet dann davon, dass der Reaktor, in dem das Material versammelt ist, »kritisch« wird.

Um sich ein Bild von einer Kettenreaktion zu machen, stellt man sich am besten ein Zimmer mit Mausefallen vor, auf denen jeweils zwei Tischtennisbälle liegen, die in den Raum hineingeschleudert werden, sobald die Falle ausgelöst wird. Wenn jetzt ein Ball in das Zimmer geworfen wird und auf eine andere Mausefalle trifft, schlägt diese zu und schleudert wiederum zwei Bälle in die Luft. Die treffen dann auf zwei weitere Mausefallen, die insgesamt vier Bälle durch die Gegend jagen und so weiter und so fort.

Szilard half Fermi im Winter 1942 tatkräftig, eine solche Kettenreaktion in Gang zu setzen, und mit ihr war der Weg gewiesen, wie eine Atombombe gebaut werden konnte. Gegen die Geheimhaltung, die den beiden Physikern im Anschluss an ihre erfolgreiche kontrollierte Kettenreaktion auferlegt wurde, wehrte sich der Ungar Szilard vehement, wenngleich er später neben anderen Physikern auch den

Franck-Report unterzeichnete. Fermi hingegen erinnerte sich wohl an die zwei europäischen Machthaber, die ihn vertrieben hatten, und dachte weniger politisch als praktisch: Er zog mit seiner Familie im Sommer 1944 nach Los Alamos in New Mexico, um dort zu dem heute legendären Manhattan-Projekt beizutragen, das unter der Leitung von Robert Oppenheimer die Entwicklung von Kernwaffen vorantrieb, die Bomben tatsächlich konstruierte und sie einsatzfähig bei der Regierung ablieferte. Als 1945 eine erste Testexplosion durchgeführt werden sollte, zeigte der gleichermaßen pfiffige wie umtriebige Fermi seinen vielfach gelobten Sinn für einfache Methoden. Um den Druck der zu erwartenden Schockwelle abschätzen zu können, verteilte er Papierschnitzel auf dem Boden und beobachtete bzw. registrierte, wie hoch und weit weg sie geweht wurden. Wie sich herausstellte, kam er mit diesem schlichten und preiswerten Verfahren dem Ergebnis der komplizierteren und teuren offiziellen Messung ziemlich nahe, welches erst eine Woche später verkündet wurde.

Theoretische Kernphysik zum Zweiten

Mit der Physik der Atomkerne hat sich Fermi schon früh beschäftigt. Bereits in den frühen 1930er-Jahren versuchte er nicht nur den natürlichen Betazerfall zu verstehen, sondern erkundete auch, was bei künstlichen Umwandlungen passiert, also dann, wenn Neutronen auf Uran treffen und es verändern. Ihm war dabei – noch vor der Entdeckung der Kernspaltung durch Otto Hahn und Fritz Straßmann – völlig klar, dass die Neutronen nur von einem Urankern eingefangen werden und dabei größere Elemente entstehen, für die er den Namen »Transurane« prägte. Fermi kam gar nicht auf andere Gedanken. Zwar ist heute bekannt, dass es solche schweren Elemente tatsächlich gibt – eins ist sogar nach ihm Fermium benannt –, aber damals gab es dafür keinerlei experimentelle Befunde. Somit können Fermis Deutungsversuche der vielfach durchgeführten Neutronenexperimente im Rückblick nur als riskante Spekulationen ohne Beleg bewertet werden, und sie sind schlicht und einfach falsch, um es ohne Umschweife zu sagen. Dass er ausgerechnet dafür den Nobelpreis bekommen hat, zeigt zum einen die Lernfähigkeit der Wissenschaft und zum anderen, dass die damalige Eile kein guter Ratgeber war, selbst wenn sie aus humanitären Gründen dringend geboten war.

Fermi hat ganz sicher genügend wunderbare Beiträge zur Physik geliefert, um die schwedische Auszeichnung zu verdienen. Hier sei nur die oben erläuterte schwache Wechselwirkung erwähnt. Darüber hinaus verdanken wir ihm die merkwürdige Einsicht, dass Neutronen dann besser in der Lage sind, die von ihnen getroffenen Kerne umzuwandeln, wenn sie – nein, nicht beschleunigt, sondern – abgebremst werden. Und er erkannte auch, dass das von Wolfgang Pauli formulierte Prinzip der Ausschließung für die davon betroffenen Teilchen festlegte, wie sie in Atomen, Molekülen oder Festkörpern verteilt sind bzw. an welchem Ort sie sich aufhalten können. Die atomaren Bausteine, die hierfür infrage kommen – zum Beispiel Elektronen – werden heute unter dem Sammelbegriff »Fermionen« gefasst. Sie unterliegen dem, was die Physiker Fermi-Dirac-Statistik nennen (der zweite Name weist auf den Engländer hin, dem das nächste Kapitel gewidmet ist). Fermionen zeigen sich als individuelle Mitglieder der Quantenwelt, das heißt, sie nehmen unverwechselbare Eigenschaften an. Ihnen stehen die sogenannten Bosonen gegenüber, die gerne in Massen auftauchen und alle zum Verwechseln sind, weil sie identisch agieren. Für sie gilt eine Bose-Einstein-Statistik, an deren Ableitung neben dem bekannten Physiker noch der Inder Satyendranath Bose beteiligt war.

Das Bedürfnis von Fermionen, möglichst für sich zu bleiben, kann natürlich nur im Rahmen der allgemeinen Gesetze erfolgen, die in Richtung auf einen Grundzustand mit möglichst niedriger Energie drängen. Daraus folgt, dass sich Fermionen in einem physikalischen System so dicht wie möglich um die Mitte des Objektes drängen, das sie ausmachen, und danach scharfe Übergänge erfolgen. Man spricht von einer Fermi-Kante, die durch eine Fermi-Energie gekennzeichnet ist, die einer Fermi-Temperatur entspricht, wobei wir die Aufzählung der nach ihm benannten physikalisch relevanten Begriffe an dieser Stelle beenden wollen, sobald wir noch das Fermi-Gas hinzugefügt haben, das ein System aus Fermionen ist, die keine Wechselwirkung miteinander eingehen. So einfach sich dieses letztgenannte Konzept anhört, so erfolgreich wirkt es in der Physik, weil mit seiner Hilfe nicht nur beschrieben werden kann, wie sich Elektronen in Metallen oder Neutronen in Atomkernen verhalten. Mit einem Fermi-Gas kann auch erfasst werden, was Neutronen in einem Stern machen, der nur aus ihresgleichen besteht und deshalb Neutronenstern heißt. Solch ein Gebilde entsteht, wenn unter dem hohen Druck der Schwerkraft die Elektronen eines Atoms in den Kern gezwungen werden und mit Protonen zu Neutronen fusionieren.

Fermi-Fragen

Obwohl immer beklagt worden ist, dass Fermi außerhalb der Physik nur wenige Interessen entwickelte – zum Beispiel äußerte er sich nie zu den philosophischen Fragen der Quantensprünge –, gibt es trotzdem eine Wortkombination mit seinem Namen, die auch für Menschen verlockend ist, die auf seinem angestammten Terrain einer mathematisch erklärenden Physik Mühe haben. Gemeint sind die Fermi-Fragen bzw. die Fermi-Probleme, die dazu dienen, so über etwas nachzudenken, dass eine quantitative Antwort möglich wird, selbst wenn keine Daten zu diesem Zweck verfügbar sind.

In dem klassischen Beispiel einer Fermi-Frage will jemand wissen, wie viele Klavierstimmer es in Chicago gibt – vielleicht um zu entscheiden, ob dies ein lohnenswerter Beruf sein könnte.

Fermi löste die Frage so: Also, in Chicago gibt es drei Millionen Einwohner, von denen je zwei in einem Haushalt leben. Jeder 20. Haushalt verfügt über ein Klavier, das regelmäßig gestimmt wird, und zwar zweimal im Jahr. Wenn es zwei Stunden dauert, um ein Klavier zu stimmen (An- und Abreise eingeschlossen), wenn ein Klavierstimmer acht Stunden am Tag, fünf Tage in der Woche und 40 Wochen pro Jahr arbeitet, dann (murmel, murmel, murmel, rechne, rechne, rechne) müsste es 100 Klavierstimmer in Chicago geben, wenn alle zu tun haben und keinen Leerlauf beklagen. Jetzt kann man nachsehen, wie viele es tatsächlich gibt, um anschließend zu wissen, ob es sich lohnt, den Beruf zu ergreifen.

Andere Fermi-Fragen lauten: Wie viele Gummibärchen passen in einen Bus? Wie viele Gebäude gibt es in den USA? Wie viele Schneeflocken braucht es für einen Schneemann? Wie viele Bäume wachsen in Europa? Und es lohnt sich, ein einfaches Schema – wie oben vorgeführt – mit simplen Annahmen als Antwort zu durchdenken.

Die berühmteste Fermi-Frage ist inzwischen als Fermi-Paradoxon bekannt geworden. Sie hat mit der Wahrscheinlichkeit zu tun, dass es außerirdisches (intelligentes) Leben gibt, ein Thema, über das viele Physiker um 1950 stritten. Fermis Frage lautete schlicht: Wenn es diese intelligenten Zivilisationen außerhalb der Erde gibt, wo sind sie? Warum sind sie immer noch nicht hier? Als Paradoxon formuliert: Der Glaube, es gebe viele außerirdische Zivilisationen, steht im Widerspruch zu unseren Beobachtungen und Annahmen. Die Frage, was man macht, wenn es Außerirdische tatsächlich gibt und sie bei uns auftauchen, stammt nicht von Fermi. Sie hätte ihn auch kaum interessiert.

6

Paul A. M. Dirac (1902–1984)

Das Verlangen nach mathematischer Schönheit

Paul Dirac muss eine schreckliche Kindheit gehabt haben, und dafür verantwortlich gemacht werden muss sein Vater Charles, der aus der Schweiz stammte und im britischen Bristol, Diracs Geburtsort, Französisch unterrichtete. Charles Dirac tyrannisierte seine Frau Florence, die Tochter eines Seemanns, und hatte die Angewohnheit, die Familie bei den Mahlzeiten zu trennen. Paul musste mit seinem Vater zusammen speisen, und durfte am Tisch nur dessen Muttersprache Französisch verwenden, was ihm arge Probleme bereitete. Jeder Fehler wurde gnadenlos mit den üblichen Peinigungen, die autoritäre Väter für Kinder bereithalten, bestraft. So braucht es niemanden zu wundern, dass Paul heftige Magenschmerzen bekam. Da sein Vater ihm aber nach einem unkorrekten Wort nicht erlaubte aufzustehen, musste er sich häufig am Tisch erbrechen und in diesem erbärmlichen Zustand sitzen bleiben.

Die entwürdigende Prozedur dauerte jahrelang und wurde später auch seinem älteren Bruder Felix zuteil, der mit 25 Jahren Selbstmord beging. Paul dagegen zog sich in seine Innenwelt zurück und wurde schweigsam. Nicht nur zu Hause. Er hat auch später mit den Kollegen seiner Zunft kaum gesprochen und das, was er sagte, lange bedacht, bevor er es nach einigem Zögern äußerte. Seinem Vater hat er nur einen einzigen Satz zugedacht: »Ich schulde ihm absolut nichts«, und den hat er scharf und laut und deutlich gesprochen.

Eine neue Sprache

Wenn es eben hieß, dass Paul Dirac Schwierigkeiten mit Sprachen hatte, dann ist damit vielleicht das Französische, aber auf keinen Fall die der Mathematik gemeint. Im Gegenteil. Einer seiner großen Beiträge zur Physik besteht darin, für die beiden Formen der neuen Quantenphysik, die in der Mitte der 1920er-Jahre entwickelt worden waren – die Matrizenmechanik von Werner Heisenberg und die Wellenmechanik von Erwin Schrödinger – eine eigenständige abstrakte Sprache gefunden zu haben, die es mit ihren Symbolen erlaubt, beide Theorien zusammen auszudrücken. Man spricht dabei von Diracs Transformationstheorie, weil sie sich in der Lage zeigt, die eine Version in die andere umzuwandeln und dabei elegant ihre Gleichwertigkeit (Äquivalenz) vorzuführen.

Dass Dirac einmal ein begnadeter Theoretiker der Physik werden sollte, war nicht absehbar, als er 1921 mit seinen Studien in seiner Heimatstadt begann. Denn er schrieb sich zunächst für das Fach Elektrotechnik ein, etwas, worauf er sein Leben lang hingewiesen hat. Er denke wie ein Ingenieur, hat er ab und zu verlauten lassen. Diesen Satz kann man auch so deuten, dass er die mathematische Sprache als geeignetes Handwerkszeug der physikalischen Wissenschaft zur Verfügung stellen und geschmeidig einsetzen wollte.

Nach zwei Jahren Beschäftigung mit der Elektrotechnik wechselte Dirac an die Universität von Cambridge, wo er sich der Mathematik zuwandte, die er dann – erneut zwei

Jahre später – benötigte, um die damals neue Sprache der Physik zu erlernen. Diese wurde in der Drei-Männer-Arbeit vorgestellt, welche von Heisenberg, Born und Jordan aus Göttingen präsentiert worden war. Dirac schrieb 1925 seine Doktorarbeit zu der gerade entstehenden Mechanik der Quantensprünge, und er bemerkte, dass es von nun an sorgfältig zwischen zwei Dingen zu unterscheiden galt, nämlich zwischen Zahlen und Zuständen. Atome oder Moleküle befinden sich in Zuständen, die man mit komplexen Funktionen darstellen muss, aber im Experiment ermittelt man Zahlen (Messergebnisse), die auf die Zustände hinweisen bzw. sich aus den Funktionen berechnen lassen müssen. Dirac ahnte bzw. erkannte, wie man die Funktionen koppeln musste, um aus ihnen Zahlen zu gewinnen. Um seine Idee zu Papier zu bringen, fand er einen höchst eleganten Weg. Er nutzte das englische Wort für Klammer *bracket* und zerlegte es in die beiden Bestandteile *bra* und *ket*. Dabei unterschied er zwischen der »Bra-Form« und der »Ket-Form« eines Zustandes und zeigte, dass das Produkt aus beiden – die komplette Klammer – gerade und verlässlich die Messergebnisse hervorbrachte, die man dann mit der Theorie vergleichen konnte.

Es ist schwierig, jemandem die Schönheit eines Gedichtes zu erläutern, wenn ihm die darin benutze Sprache unbekannt ist. Es ist ebenso schwierig, jemandem, der farbenblind ist, die Schönheit einer Farbkomposition zu erklären. Es bleibt uns daher an dieser Stelle nur der Hinweis, dass alle Studenten der Physik, die mathematisch parlieren können und sich auf Diracs Grammatik und seine Symbole einlassen, begeistert sind und sich nicht scheuen, dies mit ästhetischen Kriterien auszudrücken. Diracs Theorie der Quantensprünge ist tatsächlich elegant, schön, formvollendet und was immer einem noch an Lobesworten einfällt. Sie kam vielen wie eine Marmorstatue vor, die, perfekt gearbeitet, plötzlich im Raum stand, und ihr Schöpfer hat daraus ein Credo gemacht: Die Schönheit einer physikalischen Theorie interessierte Dirac bald mehr als ihre Übereinstimmung mit den experimentellen Daten aus Messungen. Diese Art von Richtigkeit schien ihm kein überzeugendes Kriterium für die Qualität einer Theorie zu sein. Da vertraute er mehr ihrem ästhetischen Reiz. Dirac vertrat diese Ansicht in aller Schärfe und in aller Öffentlichkeit, als er 1956 eingeladen war, im Rahmen einer von dem großen russischen Physiker Lew Landau organisierten Reihe Vorträge in Moskau zu halten. Es gehörte zu den Ritualen dieser Veranstaltung, dass der Ehrengast sein Denken in einem Satz ausdrücken und an die Tafel schreiben sollte. Dirac zögerte keine Sekunde und schrieb in großen Buchstaben: PHYSICAL LAWS SHOULD HAVE MATHEMATICAL BEAUTY. Physikalische Gesetze sollten mathematische Schönheit zeigen.

Dirac hielt übrigens vereinzelt Kontakt zu russischen Wissenschaftlern und versuchte, ihnen in den damals schwierigen politischen Zeiten Unterstützung zu bieten. Leider vergeblich. Dies aber hinderte die Russen selbst nicht daran, mit ihm Schabernack zu treiben – etwas, das Dirac gefallen hat. So hat man eines Tages in seinem Hotelzimmer in Moskau die Rolle Toilettenpapier durch die Seiten einer Biografie Stalins ersetzt.

Der Atheist

Dirac glaubte zwar an Schönheit, aber nicht an irgendeine Art von Gott. Wir wissen dies leider nicht von ihm selbst, aber aus der Autobiografie von Werner Heisenberg, in der unter anderem Gespräche geschildert werden, die sich auf der Solvay-Konferenz des Jahres 1927 an die Diskussionen zur Physik anschlossen. Sie kreisten auch um das Verhältnis von Wissenschaft und Religion, wobei Albert Einstein sein »Gott-würfelt-nicht« zu verteidigen hatte, und Max Planck die Ansicht äußerte, dass der Unterschied zwischen einem religiösen und einem wissenschaftlichen Menschen darin bestehe, dass der eine von Anfang an bei Gott ist, während der andere am Ende zu Gott findet.

Der damals 25-jährige Dirac hatte für solch ein Denken keinerlei Verständnis: »Ich weiß nicht«, so begann sein Beitrag, mit dem er in die Diskussion eingriff, »warum wir hier über Religion reden. Wann man ehrlich ist – und das muss man als Naturwissenschaftler doch vor allem sein –, muss man zugeben, dass in der Religion lauter falsche Behauptungen ausgesprochen werden, für die es in der Wirklichkeit keinerlei Rechtfertigung gibt. Schon der Begriff ›Gott‹ ist doch ein Produkt der menschlichen Fantasie. Man kann verstehen, dass primitive Völker, die der Übermacht der Naturkräfte mehr ausgesetzt waren als wir jetzt, aus Angst diese Kräfte personifiziert haben und so auf den Begriff der Gottheit gekommen sind. Aber in unserer Welt, in der wir die Naturzusammenhänge durchschauen, haben wir solche Vorstellungen doch nicht mehr nötig.« Dirac zeigte im weiteren Verlauf des Gesprächs Sympathie für die Idee von Karl Marx, dass Religion Opium für das Volk sei, »um es in glückliche Wunschträume zu wiegen und damit über die Ungerechtigkeit zu trösten, die ihm widerfährt«. Und so wollte er von religiösen Mythen nichts hören: »Es ist doch reiner Zufall, dass ich hier in Europa und nicht in Asien geboren bin, und davon kann doch nicht abhängen, was wahr ist, also auch nicht, was ich glauben soll. Ich kann doch nur glauben, was wahr ist. Wie ich handeln soll, kann ich rein mit der Vernunft aus der Situation erschließen, dass ich in einer Gemeinschaft mit anderen zusammenlebe, denen ich grundsätzlich die gleichen Rechte zu leben zubilligen muss, wie ich sie beanspruche. Ich muss mich also um einen fairen Ausgleich der Interessen bemühen, mehr aber wird nicht nötig sein; und all das Reden über Gottes Wille, über Sünde und Buße, über eine jenseitige Welt, an der wir unser Handeln orientieren müssen, dient doch nur zur Verschleierung der rauen und nüchternen Wirklichkeit.« Dirac fügte abschließend noch hinzu, dass ihm das »Reden von einem großen Zusammenhang« zuwider sei. Für ihn ist es »im Leben wie in unserer Wissenschaft: Wir werden vor Schwierigkeiten gestellt, und wir müssen versuchen, sie zu lösen. Und wir können immer nur eine Schwierigkeit, nie mehrere auf einmal lösen; von Zusammenhang zu reden ist also nachträglicher gedanklicher Überbau.«

Es ist kaum anzunehmen, dass Dirac so viel an einem Stück gesagt hat, und wir nehmen an, dass Heisenberg hier auf ein paar Seiten zusammengefasst hat, was er mit Dirac in vielen Gesprächen erörtert hat – die beiden haben 1929 gemeinsam eine Weltreise unternommen. Aber wir können sicher sein, dass Heisenberg fair wiedergibt, was Dirac meint, und dem sonstigen Schweiger wird auch gefallen haben, wie Wolfgang Pauli abschließend seine Ansichten kommentierte: »Unser Freund Dirac hat eine Religion; und der Leitsatz dieser Religion lautet: ›Es gibt keinen Gott, und Dirac ist sein Prophet‹.«

Eine Gegenwelt

Wenn Dirac auch nichts von einer göttliche Gegenwelt im Himmel hielt, so musste bzw. durfte er bald erleben, wie die Mathematik ihm die Existenz einer anderen Gegenwelt zeigte: Sie lag unten in einer Tiefe, die sich im Experiment überraschend als real erwies, ohne dass damit etwas von dem sie umgebenden Geheimnis verloren ging. Es geht – wie immer bei Dirac – dabei weniger um das Philosophische und mehr um das konkret Physikalische.

1928 versuchte er mit seiner mathematischen Sprache, die Ergebnisse der Quantenphysik und der Relativitätstheorie zusammenzufassen und gemeinsam auszudrücken, was bis dahin noch nicht gelungen war. Er näherte sich dem Problem wie ein Künstler, der verschiedene Elemente zu kombinieren versucht. In der Welt Diracs bedeutete das, dass er mit den Gleichungen Einsteins und denen der Quanten spielte, bis eine Struktur sichtbar wurde, die ihm gefiel, also mathematische Schönheit zeigte. Wir nennen sie heute Dirac-Gleichung.

Diracs Gleichung von 1928 stellt das dar, was er selbst bescheiden die »relativistische Theorie des Elektrons« nennt und womit eine Quantentheorie gemeint ist, bei der das genannte Elementarteilchen hohe Geschwindigkeiten und entsprechende Energien annehmen kann. Wie immer, wenn es auf diese Weise relativistisch wird, taucht in der mathematischen Darstellung ein Quadrat auf. Das war zunächst nichts Ungewöhnliches und schon aus der klassischen Theorie Einsteins bekannt. Doch unter Beachtung der Quantensprünge bekam es nun eine neue und dramatische Bedeutung. Bekanntlich kann es, wenn ein Quadrat in einer Gleichung auftaucht, zwei Lösungen geben – neben der positiven eine negative, denn minus mal minus ist wieder plus. Die negativen und positiven Zahlen stellen dabei Energien dar, die Elektronen annehmen können. Im Rahmen des klassischen Denkens ignoriert man jedoch die Zustände mit negativer Energie einfach, weil es keinen Weg zu ihnen gibt. Genau das gilt mit den Quantensprüngen nicht mehr. Im Gefüge der Quantenwelt kann ein Elektron springen – zum Beispiel von Plus nach Minus –, und Dirac entschloss sich, die Lösungen seiner Gleichung mit negativer Energie als physikalisch real anzunehmen. Er sprach zuerst nur von einem Antielektron, schlug dann die umfassende Existenz von Antimaterie vor und hatte damit eine fantastische Gegenwelt entdeckt, deren experimenteller Nachweis nicht lange auf sich warten ließ. Bald ging die Rede von einer Dirac'schen Unterwelt oder von einem Dirac-See um, der im Normalfall unbemerkt bleibt, weil alle Zustände in ihm besetzt sind. Wird aber durch eine hohe Energie, wie sie etwa in Gammastrahlen präsent ist, ein Loch in den Dirac-See geschlagen, lässt sich dieses erkennen, und zwar im einfachsten Fall als Antiteilchen zum Elektron, das den Namen »Positron« erhalten hat.

Mit anderen Worten, Dirac hat mit spielerischen Mitteln entdeckt, dass es Antimaterie gibt, und er hat dazu eine theoretische Sprache geliefert, die das Hervorholen und Zurückbringen von Teilchen aus der Unterwelt ganz selbstverständlich beschreiben konnte. Mit Diracs Gleichung – und dank seiner Schreibweise – verstehen wir das Elektron besser. Dirac sagt darin zum Beispiel die Existenz der vierten Quantenzahl (die Existenz des Spins) voraus, die man vorher erraten musste. Und außerdem wissen wir jetzt, dass es das Nichts nicht so gibt, wie man denkt. Denn das, was die Physiker Vakuum nennen und in dem kein Teilchen zu finden ist, besteht tatsächlich aus einem randvollen Dirac-See mit Zuständen aus negativer Energie, die sämtlich besetzt sind und darauf warten, erlöst oder erhöht zu werden.

Ein seltsamer Mann

Dirac wusste wie kein zweiter, dass seine Theorie der Elektronen und Positronen erst der Anfang einer Physik sein konnte, die noch mehr Verständnis für das Quantenhafte der Natur zeigte, als es seiner Generation möglich war. Diese Physik der Zukunft sollte noch entwickelt werden, und zwar vor allem von Richard Feynman, den wir noch vorstellen werden.

Es gäbe für Physiker noch viel über weitere Einfälle Diracs zu schreiben, denn mit der Dirac-Gleichung sind wir erst im Jahre 1928 angekommen, und unser Held hat bis 1984 gelebt. Zuletzt verweilte er in Florida, wohin er nach seiner Emeritierung 1969 gelangt war, nachdem er viele Jahrzehnte den berühmtesten Lehrstuhl in Cambridge innehatte. 1933 erhielt Dirac den Nobelpreis für Physik, und damit nennen wir nur eine von vielen Ehrungen, die ihm zuteil wurden. 1937 heiratete er, und zwar die Schwester der Physikers Eugene Wigner, der aus Ungarn stammte und ebenso wie Dirac ein begnadeter Mathematiker war. Mit seiner Frau Margit, die ihm zwei Kinder schenkte, führte Dirac äußerlich insgesamt ein bescheidenes und ruhiges Leben. Wer ihn aber kannte, wusste, dass er »der seltsamste Mensch« war, »the strangest man«, wie Niels Bohr ihn einmal genannt hat. Es gibt einige Anekdoten, die es erlauben, etwas von seinem unheimlichen Charme zu erfassen.

Als ein Kollege ihn während einer wissenschaftlichen Tagung einmal ansprechen wollte und dachte, mit der Aussage »Es ist aber kalt in diesem Zimmer« den Anfang für ein Gespräch gemacht zu haben, schaute ihn Dirac lange nachdenklich an, um dann zu fragen, »Wie kalt?«.

Ein anderes Beispiel: Als ein Vortragender sich einmal mit den Vorzeichen verhaspelte und sich mit dem Hinweis entschuldigen wollte, »Hier steht ein Minuszeichen, wo es ein Pluszeichen sein sollte: Da habe ich wohl einen Fehler bei den Vorzeichen gemacht«, antwortete der zuhörende Dirac: »Oder eine ungerade Anzahl von Fehlern.«

Und während der 1929 gemeinsam mit Heisenberg unternommenen Weltreise, auf der die beiden Shooting Stars der Physik die neue Quantenmechanik erklärten, ging Heisenberg gerne abends zum Tanzen. Dirac fragte, warum er dies mache. Heisenberg antwortete, dass es doch schön sei, mit hübschen Mädchen zu tanzen. Der große Schweiger der Physik dachte mehrere Minuten lang nach, um dann zu fragen: »Aber woher weißt du vorher, dass die Mädchen hübsch sind?«

Dirac hat es nicht ganz bis zur Goldenen Hochzeit geschafft. Er starb im 47sten Jahr seiner Ehe, und wir möchten mit einer letzten Anekdote aus dem langen Leben mit seiner Frau erzählen, die übrigens auf den späten Umzug nach Florida gedrängt hat, um endlich etwas Abwechslung in ihr Leben zu bringen. Als seine Frau schlecht gelaunt war, fragte sie Dirac: »Was würdest du eigentlich sagen, wenn ich dir einfach davonliefe?« Ihr Gatte schaute auf, dachte nach, ließ sich wie immer Zeit und antworte schließlich: »Auf Wiedersehen, mein Schatz.«

7

George Gamow (1904–1968)

Ein Spaßvogel in schwierigen Zeiten

Gamow hieß ursprünglich Georgi mit Vornamen. Er stammte aus Odessa am Schwarzen Meer und interessierte sich zuerst für Paläontologie. In diesem Studienfach lernte er – in seinen eigenen Worten –, »wie man eine Katze von einem Dinosaurier durch einen Blick auf die kleinen Zehen unterscheidet«. Doch das hat Gamow nicht weiter gereizt, und so studierte er in Leningrad, dem heutigen St. Petersburg, die Physik des Himmels bei dem Kosmologen Alexander Friedmann. Dieser konnte damals erste Lösungen zu Albert Einsteins Gleichungen für das Weltall bieten und etwas über die Entwicklung des Kosmos sagen. Aber nach dem plötzlichen und unerwarteten Tod des Professors 1925 orientierte sich der junge Gamow erneut um, indem er seine Aufmerksamkeit jetzt von dem ganz Großen ab- und den ganz kleinen Atomen zuwandte. Tatkräftig trug er zu den Erkenntnissen der sich stürmisch entwickelnden Quantenmechanik bei – und zwar so erfolgreich, dass er neben dem unvermeidlichen Einstein der zweite Wissenschaftler wird, dem wir nicht nur auf der kosmischen Hintertreppe begegnen,[3] sondern auch auf den hier begangenen Stufen antreffen, die uns zu den Quantensprüngen führen.

---

3 Ernst Peter Fischer, *Die kosmische Hintertreppe*, München 2009

1928 bekam Gamow die Gelegenheit, seine inzwischen sozialistisch gewordene Heimat zu verlassen und ins Ausland zu reisen. So war es ihm möglich, in Göttingen und Kopenhagen mit den wilden Quantenphysikern um Max Born und Niels Bohr zusammenzuarbeiten. Nachdem er den dort praktizierten Stil des freien Diskutierens, das sachdienliche Zulassen vernünftiger Verrücktheiten erlebt sowie andere Annehmlichkeiten des Lebens erfahren hatte, beschlich ihn das Gefühl, nicht mehr Bürger der UdSSR bleiben zu können. Trotz zunehmenden Drucks durch die sowjetische Geheimpolizei wollte Gamow stattdessen im Westen leben. Er kehrte zunächst zwar noch einmal – der Liebe wegen – in seine Heimat zurück, aber nur, um dann mit seiner Frau anschließend einige Fluchtversuche zu unternehmen. Sie probierten, mit einem Kajak erst über das Schwarze Meer in die Türkei zu kommen und im zweiten Anlauf über die Barentssee nach Norwegen überzusetzen. In beiden Fällen aber scheiterten sie am stürmischen Wetter. Als Gamow 1934 die überraschende Erlaubnis zu einem weiteren Besuch im westlichen Europa erhielt, nahm er diese unverhoffte Chance natürlich wahr. Zusammen mit seiner Frau setzte er sich in Brüssel von der sowjetischen Delegation ab und floh in die USA, wo er über Washington und New York den Weg nach Denver fand. Dort trat er an der Universität von Colorado eine Stelle als Professor für Physik an. Sie sollte die letzte Station seiner turbulenten Lebensreise sein. Gamow und seine Frau kehrten im Übrigen nie mehr in ihre russische Heimat zurück, die ihn in Abwesenheit zum Tode verurteilt hatte.

Schabernack und mehr

Gamow muss trotz oder wegen seiner Herkunft ein fröhlicher und witziger Mensch gewesen sein, der dauernd zu einem Schabernack aufgelegt war. Er steckte Hemden in flüssigen Stickstoff, zerteilte ein gefrorenes Tuch und benutze die Bruchstücke als Postkarten. Berühmt ist seine Ableitung, dass Gott seine Zelte 9,5 Lichtjahre von der Erde entfernt aufgeschlagen habe, was sich daraus ergebe, dass zwar 1904 in allen Kirchen Russlands für die Vernichtung Japans gebetet worden sei, dass es aber 19 Jahre – bis 1923 – gedauert habe, bis es dort zu einem schweren Erdbeben gekommen ist. In der wissenschaftlichen Welt ebenfalls bestens bekannt ist seine Bitte an den berühmten Physiker Hans Bethe (1906–2005). Der sollte bei einer Arbeit, die Gamow mit seinem Schüler Ralph Alpher (1921–2007) publizieren wollte, als dritter Autor agieren, und zwar aus einem einzigen Grund: In der Geschichte der Wissenschaft würde es so eine Arbeit geben, deren Autoren – Alpher, Bethe und Gamow – zusammen wie die Anfangsbuchstaben des griechischen Alphabets klingen, nach denen Ernst Rutherford die Alpha-, Beta- und Gammastrahlen der Physik benannt hat, mit deren Entdeckung und Untersuchung die Atomphysik erst in Schwung gekommen ist. Die Arbeit ist tatsächlich 1948 erschienen und verspricht im Titel, den »Ursprung der chemischen Elemente« zu klären, wobei die Autoren nicht ein Geschehen auf der Erde im Sinn hatten, sondern das Auftauchen von Wasserstoff, Sauerstoff und anderen Elementen im frühen Universum meinten. Die Quantensprünge erlaubten einen streng wissenschaftlichen Zugang zu dieser uralten Frage, und Alpher und Gamow, die beiden Hauptautoren, machten sich mit den Methoden der neuen Physik daran, ein Universum zu modellieren, in dem es noch keine

Elemente gab, wie wir sie heute kennen, sondern in denen diese Basisbausteine erst entstehen mussten. Dies geschah mithilfe von Strahlungen und anderen Energieformen, die vorausgesetzt wurden und sich mit der Mathematik der Quanten erfassen und verteilen ließen. Doch bevor wir darauf eingehen und erläutern, wie dabei dank der Quanten sogar die Idee eines Urknalls kalkulierbar und hoffähig wurde, muss noch mehr über die Persönlichkeit und allgemeine wissenschaftliche Qualität von Gamow gesagt werden. Das soll anhand von drei Stichpunkten passieren: Tunneleffekt, genetischer Code und *Mr. Tompkins*, wobei wir den erstgenannten Tunneleffekt aus dramaturgischen Gründen zuletzt betrachten wollen. Denn er stellt Gamows frühen (1928) und zugleich grandiosen Beitrag zum Verständnis der atomaren Wirklichkeit mit ihren Quantensprüngen dar, der allerdings im Verlauf des Zweiten Weltkriegs etwas von seiner Unschuld einbüßte, da er das mysteriöse Geschehen, das zur Freisetzung der Kernenergie führt, verständlich machen konnte.

Tatsächlich verließen viele Wissenschaftler die Physik, als nach 1945 explodierende Atombomben mit Rauchpilzen sichtbar wurden. Sie taten diesen Schritt unter anderem, um sich einer ganz neuen Wissenschaft, der Molekularbiologie, zuzuwenden, die damals ihre ersten sensationellen Erfolge feiern konnte. Ausgelöst wurde die Physikerwanderung durch das bis heute aufgelegte und berühmte Buch *Was ist Leben?* von Erwin Schrödinger, in dem der berühmte Nobellaureat 1945 vorschlug, die Gene als eine Art Code-Script zu sehen, in dem Informationen stecken und vermittelt werden. Aufgrund dieses Hinweises fingen viele Forscher an, sich Gedanken über die Frage zu machen, wie ein genetischer Code aussehen und funktionieren könne, um das Leben mit seiner Biochemie hervorzubringen.

Dass es einen solchen Code geben müsse, wussten die Wissenschaftler spätestens seit 1953, als entdeckt wurde, dass sowohl die Erbsubstanz (die Gene) als auch ihre Produkte (die Proteine) chemisch gleichartig gebaut sind, nämlich als Ketten von allerdings unterschiedlichen Bausteinen. Der Code würde die Reihenfolge der Glieder einer Kette in die der anderen übertragen, und Gamow war der Erste, der sich ernsthaft überlegte, wie dies im Detail aussehen bzw. mit Molekülen bewerkstelligt werden könnte.

Ihn lockte dabei nicht zuletzt die Tatsache, dass die Natur bei den benutzten Bausteinen sparsam umgegangen war und ihr zum Beispiel 20 Moleküle (Aminosäuren) reichten, um alle Proteine herzustellen, mit denen Zellen ihre chemischen Reaktionen ablaufen lassen konnten. Gamow gründete einen Klub mit 20 Mitgliedern, zu dem auch der legendäre Physiker Richard Feynman gehörte. Jedem Mitglied des sogenannten RNA-Tie-Clubs[4] wurde einer der Bausteine zugewiesen, aus denen Zellen die lebenswichtigen Proteine bauten. Diese Moleküle wurden (und werden) im Fachjargon mit drei Buchstaben abgekürzt, und Gamow konnte der Versuchung nicht widerstehen, sich selbst das Kürzel Ala zu geben, das zwar offiziell auf die Aminosäure Alanin hinweist, das man aber auch so aussprechen kann, als sei mehr damit gemeint, für Menschen einer bestimmten Glaubensrichtung sogar sehr viel mehr.

Nach dem Zweiten Weltkrieg entwickelte Gamow eine Neigung, populäre Bücher zu schreiben, mit denen er auch einiges Geld verdiente. Er erfand zu diesem Zweck eine Figur namens Mr. Tompkins, die er durch wunderliche Wel-

---

[4] Die Buchstaben RNA kürzen den Namen einer Molekülsorte ab, die mit der Erbsubstanz DNA verwandt ist. Im damaligen Denken gab es die Informationskette »DNA macht RNA macht Protein«. Der genetische Code regelte dabei die genaue Umsetzung.

ten reisen lässt. Diese Welten werden durch moderne physikalische Theorien bestimmt und mit dem gesunden Menschenverstand kommt man dort nicht sehr weit. In Anlehnung an die berühmte *Alice im Wunderland* stellte Gamow 1946 als erstes Buch die Abenteuer von *Mr. Tompkins in Wonderland* vor, und einige der Bände werden bis heute aufgelegt wie auch sein allgemeinverständliches und nach wie vor lesenswertes Buch mit dem hübschen Titel *Eins, zwei, drei ... Unendlichkeit*, das auf Deutsch zum ersten Mal 1958 erschienen ist.

Der Tunneleffekt

Gamow hat kurz vor seinem Lebensende auch *The Story of Quantum Theory*, die Geschichte der Quantentheorie, in Buchlänge aufgeschrieben, und er hat sich dabei an bedeutenden Personen orientiert, wie wir es hier auch tun. Die Helden heißen Planck, Bohr, Pauli, de Broglie, Heisenberg, Dirac und Fermi, wobei es nur allzu bedauerlich ist, dass er seinen eigenen Beitrag zur Wissenschaftsgeschichte nicht einmal im Hintergrund anspricht.

Gemeint ist die Erklärung für die zunächst vielfach verwirrende Beobachtung, dass beim radioaktiven Zerfall Teilchen aus dem Atomkern herausgeschleudert werden. Verwunderlich ist dieser Tatbestand deshalb, weil – nach allem, was die Physiker sagen konnten – die Energien der austretenden Teilchen nicht ausreichen, um die Barriere zu überwinden, die von der Natur um den Kern herum errichtet worden war, mit dem Ziel, das dort versammelte Ensemble von Elementarteilchen an seinem Platz zu halten. Bei dem sogenannten Betazerfall spaltet sich zum Beispiel ein Neutron in ein Proton und ein Elektron auf, das dann den Atomkern nachweislich verlässt, was aber nach klassischem Verständnis gar nicht sein darf. Jedenfalls nicht in der traditionellen Form des wissenschaftlichen Denkens, in dem der gesunde Menschenverstand das Sagen hat. Mit dieser Beschränkung bricht aber die Physik der Quantensprünge. In ihr kann auch sein, was nicht sein darf, und Gamow wollte wissen, wie das passieren kann.

Die Physiker sprechen bei der (experimentell nachweisbaren) Fähigkeit atomarer Objekte, Hindernisse auch dann zu überwinden, wenn ihre Energie dazu nicht ausreicht, von einem Tunneleffekt. Es gibt einen Film von 1959 – *Ein Mann geht durch die Wand* mit Heinz Rühmann als Hauptdarsteller –, in dem der Tunneleffekt in unsere alltägliche Welt getragen wird. Es gelingt dem Helden nämlich, Wände zu durchschreiten, um auf die gleiche Weise von innen nach außen (oder in ein anderes Zimmer) zu gelangen, wie es atomare Teilchen schaffen, die Gefangenschaft im Kern innen mit dem Aufenthalt in der freien Welt außen zu tauschen.

Der Tunneleffekt musste Gamow sympathisch sein, und 1928 konnte er zeigen, dass die atomare Flucht durch eine Anwendung der neuen Mechanik verstanden werden konnte, wobei sich die von Schrödinger entwickelte Wellenmechanik als entscheidende Hilfe erwies. Zwar hatte Schrödinger selbst noch gemeint, beispielsweise Elektronen als konkrete Wellen betrachten zu können. Aber Gamows Bemühen machte bald klar, dass das, was Schrödingers Gleichung erfasste, als eine komplexe Wahrscheinlichkeit für ein Teilchen verstanden werden musste, sich an einem bestimmten Ort aufzuhalten. Und die Lösung von Schrödingers Gleichung billigte den Elektronen eine zwar kleine, aber eben real existierende und nicht verschwindende Wahrscheinlichkeit zu, den Wall zu überwinden, mit dem die Natur ihre Kerne umgibt. Kurz, die Objekte aus der atomaren Sphäre mogeln sich mehr oder weniger unterhalb der Energiebarriere durch. Seitdem kennt man den Tunneleffekt, der zum Beispiel in der Kosmologie längst unentbehrlich geworden ist, um die Energiequelle der Sonne zu verstehen. Zwar hatten Physiker längst erkannt, dass dort Energie in Form von Wärme entsteht, wenn Wasserstoffe zu Helium verschmelzen. Aber sie wussten zunächst nicht, wie diese Fusion zustande kommen sollte, wenn Atomkerne von hohen Barrieren umgeben waren. Die Antwort lieferte der Tunneleffekt, und so konnte Gamow mit seiner Theorie nicht nur Ruhm ernten, sondern in das kosmologische Geschäft zurückkehren, das er in den frühen Jahren seines Studiums betreten hatte.

Ylem

Der Tunneleffekt macht insgesamt viele Beobachtungen verständlich, die von der Spaltung von Urankernen bis zur Entwicklung von modernen Mikroskopen reichen. Als Beispiel soll hier das in den 1980er-Jahren mit dem Nobelpreis gewürdigte Rastertunnelmikroskop genannt werden, das wir Gerd Binnung und Heinrich Roher verdanken und bei dem eine Oberfläche mit einer Spitze abgetastet wird, ohne dass sie berührt wird.

Gamow selbst bekam mit dem zwar erklärten, aber geheimnisvoll bleibenden Tunneln plötzlich die Chance, sich sinnvoll Gedanken über der Anfang der Welt zu machen. In den 1920er-Jahren war ja nicht nur die Quantentheorie aufgekommen, sondern auch die Expansion des Kosmos erkannt worden. Diese musste von einem Anfangspunkt oder Urzustand des Kosmos ausgehen, der heute als Urknall bezeichnet wird. Gamow versuchte, daraus eine physikalisch nachprüfbare Frage zu formulieren, und zwar so: Wenn die Konzeption eines singulären Moments – eines Urknalls – als Weltentstehung in der Fachwelt akzeptiert werden wollte, dann musste sie zum Beispiel erklären, woher die Elemente kamen und warum manche sehr viel häufiger auftraten als andere.

Gamow nahm sich konkret vor, die Frage anzugehen, wie Atomkerne entstehen, was technisch unter den Begriff »Nukleosynthese« gefasst wurde. Messungen hatten gezeigt, dass der simple Wasserstoff (H), bei dem ein Proton von einem Elektron umsponnen wird, das mit Abstand häufigste Element des Universums ist. Auf 10 000 Wasserstoffe kamen rund 10 000 Heliumatome, sechs Sauerstoffatome und ein Kohlenstoffatom, während der gesamte Rest noch seltener als die zuletzt genannte Sorte ist. Konnte die Hypothese einer punktförmigen Urexplosion in einem ersten Schritt erklären, warum und woraus in den ersten Momenten der Welt vor allem Wasserstoff entstanden ist? Und konnte sie in einem zweiten Schritt die ungleiche Verteilung der schwereren Elemente erfassen?

Gamow spekulierte, aber er blieb diszipliniert und orientierte seine wilden Ideen an konkreten Zahlen. So konnte man damals genau sagen, wie viel Helium die Sonne enthielt, und zudem angeben, wie viel Helium sie pro Sekunde dank der Kernfusion und des dazugehörigen Tunnels anfertigte. Aus beiden Zahlen ließ sich leicht berechnen, dass die Sonne rund 30 Milliarden Jahre gebraucht hatte, um ihren heutigen Zustand zu erreichen – was aber Unsinn sein musste, da die Welt insgesamt jünger war. Also, so überlegte Gamow, muss Helium schon im Urknall selbst entstanden sein. Aber wie?

Die Überlegungen kamen nicht so recht voran, bis Gamow merkte, dass er in den 1940er-Jahren fast der Einzige war, der sich damit herumschlagen durfte. Alle anderen Physiker, die etwa von Kernphysik verstanden, waren im Rahmen des legendären Manhattan-Projektes mit der Entwicklung von Atomwaffen beschäftigt. Davon jedoch war Gamow als gebürtiger Russe ausgeschlossen. So forschte er alleine weiter. Nach und nach ließen seine theoretischen Bemühungen erkennen, dass das Universums anfänglich keinerlei Atome enthielt, sondern eine Art heiße Suppe aus Neutronen, Protonen und Elektronen gewesen sein muss. Als Gamow nach einem Namen für diesen Urzustand suchte, stieß er in einem Lexikon auf den alten mittelenglischen Ausdruck *ylem*, der dort definiert war als »Urstoff, aus dem die Elemente gebildet wurden«. Genau diesen Urstoff versuchte Gamow zu erkunden, aber die Physik erwies sich als sperrig. Es ging schließlich um unvorstellbare Dichten von Materie mit gigantisch hohen Temperaturen, und außerdem wusste niemand so recht, wie man in dieses Chaos die Dimension der Zeit einführen sollte, die man doch messen können muss, was wiederum die Existenz von Atomen (und deren periodischem Verhalten) voraussetzt.

In der erwähnten Alpher-Bethe-Gamow-Arbeit von 1948 meinte Gamow der Lösung näher gekommen zu sein, was ihn, den ewigen Witzbold, veranlasste, eine eigene Schöpfungsgeschichte zu entwerfen. Diese ließ er mit dem Satz beginnen: »Am Anfang schuf Gott Strahlung und Ylem, und Ylem war ohne Form noch Zahl, und die Nukleonen rasten wie verrückt über die Tiefe hinweg.« Dem selbstbewussten Auftakt folgte eine eher ernüchternde Abhandlung. Denn tatsächlich konnten die Autoren nur ein wenig mit der Ursuppe spielen, ohne in der Lage zu sein, Kritikern Rede und Antwort zu stehen. Sie sahen sich dem Vorwurf ausgesetzt, ein Flickwerk der Art geliefert zu haben, wie wir es bei Ptolemäus finden, der eine falsche Grundannahme (die Erde befindet sich im Zentrum des Universums) durch unsinnige Rechnungen, sogenannte Epizyklen, aufgewertet hat. Als dann Anfang der 1950er-Jahre Messungen auch noch zu zeigen schienen, dass ein Urknalluniversum jünger sein musste als die Sterne, die es hervorgebracht hatte, warf Gamow den Bettel hin und kümmerte sich – siehe oben – fortan um die Gene und ihren Code. Die Kosmologen selbst wandten sich rasch von Denkmustern dieser Art ab, und niemand in ihren Reihen beachtete einen Vorschlag, den Gamow mit seinem Kollegen Alpher und dem Kosmologen Robert Herman (1914–1997) in den 1940er-Jahren als letzten Versuch unterbreitet hatte, um sein Konzept eines Urknalls zu testen. Das Trio hatte seinen theoretischen Modellen entnommen, dass das ursprünglich extrem heiße Ylem, für das Physiker heute den besser definierten Ausdruck Plasma verwenden, den Kosmos mit einer Strahlung angefüllt haben muss, die bis heute noch nicht ganz abgeklungen sein könnte und sich irgendwo noch im Hintergrund befinden müsste. Das damals gültige Bild vom Kosmos änderte sich schlagartig, als diese Strahlung tatsächlich 1964 gefunden wurde. Fortan durfte man an einen Urknall als Anfang der Welt glauben, und wir tun es immer noch. Dabei sollten wir wissen, was die Wissenschaft genau meint, wenn sie das Wort »Urknall« benutzt. Doch das geht nur, wenn man zur Kenntnis nimmt, dass sich die physikalische Wirklichkeit grundlegend ändert, wenn wir uns demselben rechnerisch nähern. Welche Physik im Urknall gilt, können wir nicht wissen, weil sowohl die Relativitätstheorie von Einstein als auch die Quantenphysik eine Rolle spielen, und deren Kombination – etwa als Quantengravitation – entzieht sich der Wissenschaft bislang. Die Wissenschaft nennt diesen völlig unerforschten (und derzeit unerforschlichen) Abschnitt der kosmischen Entstehung die »Weiße

Epoche«. Mit diesem Begriff lässt sich ausdrücken, was das Bild von Gamows Urknall besagt: »Urknall« heißt nicht, dass die Welt in einem Punkt begonnen hat, sondern nur, dass der Kosmos aus der Weißen Epoche mit einer Bewegung herausgekommen ist, die den Eindruck erweckt, als hätte dieser kurz zuvor – sehr kurz zuvor – in einem Punkt sein Leben begonnen. Mit anderen Worten, das Fragen geht weiter.

8

Lew D. Landau (1908–1968)

Streben nach Einfachheit und Ordnung

Das Ende von Lew D. Landau, den seine Freunde und Verehrer gerne »Dau« nannten, muss schrecklich gewesen sein. Er machte sich am 7. Januar 1962 auf dem Weg von Moskau nach Dubna, das von der sowjetischen Führung als Stadt der Wissenschaft erkoren worden war und in der nicht zuletzt Kernforschung betrieben werden sollte. Landau wollte die 120 Kilometer mit dem Auto zurücklegen, das von einem Studenten gesteuert wurde, aber die beiden sind nicht weit gekommen und auf eisglatter Straße mit einem Lastwagen zusammengestoßen. Während der Student starb, lag der berühmteste Physiker seines Landes im Koma, weil die Parteispitze unter Führung von Nikita Chruschtschow den Befehl ausgegeben hatte, Landau mit allen Mitteln am Leben zu halten. »Dau darf nicht sterben«, riefen sich die vielen Ärzte, Schwestern, Schüler und Kollegen zu, die sein Krankenlager versorgten und wahrscheinlich zu einem Gott im Himmel gebetet hätten, wenn dies in der UdSSR nicht verpönt gewesen wäre. Und tatsächlich – nach drei Monaten kam Landau wieder zu Bewusstsein, aber er war nicht mehr der Mensch, den man vorher gekannt hatte. Die Fähigkeiten, die ihn berühmt gemacht hatten – seine unvorstellbar rasche Auffassungsgabe, die er mit einem universellen Interesse und der souveränen Gabe koppelte, selbst schwierigsten Themen einfache und bedenkenswerte Gesichtspunkte abzugewinnen –, zeigten sich nicht einmal mehr im Ansatz. Dafür peinigten ihn Schmerzen, die ihn bis zu seinem (zweiten) Tod im Jahre 1968 nicht mehr verlassen sollten. Es müssen mühe- und qualvolle sechs Jahre gewesen sein, die Landau tapfer ertragen hat.

Frühe Stationen im Lebensweg

Lew Landau wurde in Baku geboren, der heutigen Hauptstadt Aserbaidschans, in dem damals ein Zentrum der sowjetischen Erdölindustrie zu finden war. Landaus Vater arbeitete dort als Ingenieur, und seine Mutter verfasste als Ärztin wissenschaftliche Arbeiten auf dem Gebiet der Physiologie. Der junge Lew Dawidowitsch ließ früh Züge eines mathematisch talentierten Wunderkinds erkennen, sodass er das Gymnasium mit 13 Jahren abschließen konnte. Das allerdings war in der weitverbreiteten jüdischen Familie Landau nicht ganz so ungewöhnlich, wie es klingt. Ihr entstammen nämlich zahlreiche berühmte Rabbiner und Gelehrte, unter anderem der deutsche Mathematiker Edmund Landau.

Lew schreibt sich 1922 an der Universität von Baku ein, wechselt aber bereits zwei Jahre später – er ist jetzt immerhin 16 Jahre alt – an die physikalische Abteilung der Universität in Leningrad, wo er mit der theoretischen Physik in Berührung kommt, die ihn sofort in den Bann schlägt. Landau zeigt sich unmittelbar von der »unglaublichen Schönheit der Allgemeinen Relativitätstheorie« beeindruckt, und wird sein Leben lang die Ansicht äußern, dass solch ein Entzücken als Merkmal eines jeden Physikers zu gelten habe. Bald tauchen die Arbeiten von Werner Heisenberg und Erwin Schrödinger in Leningrad auf, die ihn geradezu in Ekstase versetzen. Die Theorie der Quantensprünge bringt ihm nicht nur den äußersten Genuss wissenschaftlicher Schönheit, sondern gibt ihm auch ein Empfinden für die Kraft, die dem menschlichen Geist innewohnt und die ihn – und uns – befähigt, selbst die Dinge zu verstehen, die man sich nicht mehr auf schlichte Weise veranschaulichen kann. Zu ihnen zählt Landau das Prinzip der Unbestimmtheit ebenso wie die Krümmung der vierdimensionalen Raumzeit, mit deren Hilfe Einstein den Kosmos deutet.

1927 schließt Landau seine Studien ab und wird Mitarbeiter – »Aspirant« im Jargon der Sowjetbürokratie – am Physikalisch-Technischen Institut der Universität Leningrad. Aus dieser Zeit stammen seine ersten Publikationen: über das Licht, das Moleküle, die aus zwei Atomen bestehen, aussenden können, und über die Dämpfung, die Energie erfahren kann, wenn sie sich in Medien ausbreitet. In diesen Texten stellt Landau zusammen mit seinen Einsichten zugleich ein neues Werkzeug vor, mit dem theoretische Physiker fortan rechnen können. Es ist in der Fachwelt als Dichtematrix bekannt und handelt von der Wahrscheinlichkeit, mit der der Quantenzustand eines Systems durch sogenannte reine Zustände erfasst werden kann. Für Letztere lassen sich die ziemlich einfachen Gleichungen aufstellen, die wir den Pionieren der neuen Physik verdanken.

Im Ausland

Biografische Berichte stellen Landau als einen zwar hochtalentierten Wissenschaftler vor, sie weisen aber auch auf seine fast krankhafte Schüchternheit im Umgang mit anderen Menschen hin. So braucht er einige Jahre und viel Selbstdisziplin, um zu der lebensfrohen Person zu werden, als die er international galt.

1929 wendet sich das sowjetische Volkskommissariat für Volksbildung an Landau und erlaubt ihm, sich im Ausland umzusehen. In den nächsten Jahren lebt und arbeitet er in England, der Schweiz und Dänemark, wobei der Aufenthalt im Kopenhagener Institut von Niels Bohr den stärksten Eindruck hinterlässt. Dort waren junge Physiker aus so vielen Ländern vertreten, dass sich die Regel etablierte, öffentliche Auftritte nur in einer anderen als der Muttersprache absolvieren zu dürfen. Hier in dem freien Wechselspiel des Denkens und Argumentierens lebt Landau auf, und zwar so mächtig, dass er sich anschließend als Bohrs Schüler betrachtet und sein Leben lang so bezeichnet. Landau kehrt in den frühen 1930er-Jahren noch zweimal nach Kopenhagen zurück, um unter anderem über Fragen der Messbarkeit von physikalischen Größen im Rahmen der erweiterten neuen Theorie – einer relativistischen Quantentheorie – nachzudenken.

Vielseitigkeit

Was Landau an den großen Stars der Physik wie etwa Heisenberg beeindruckt, ist neben ihrem Scharfsinn bei der Lösung einzelner Probleme auch der Umfang des Interesses, mit dem sie ihre Wissenschaft erfassen. Er wird es ihnen in den kommenden Jahren nachtun und sich zu einem der vielseitigsten Forscher entwickeln, die seine Disziplin kennt. Zu der Vielfalt seiner Themen gehören der Magnetismus, die Eigenschaften von Metallen bei tiefen Temperaturen, die elektronischen Merkmale von Supraleitern, die Theorien von Phasenübergängen (wie sie etwa von flüssig zu gasförmig oder von flüssig zu fest stattfinden, wenn Wasser verdampft oder gefriert) und viele weitere Phänomene. Unter

Supraleitung verstehen die Physiker das Verschwinden des elektrischen Widerstands, wie er beispielsweise in Metallen beobachtet werden kann, wenn diese Festkörper auf sehr tiefe Temperaturen abgekühlt werden. Dabei meint »tief«, dass man sich bis auf ein paar Grad auf den absoluten Nullpunkt zubewegt, der bei runden minus 273 Grad Celsius liegt.

1937 hatten russische Physiker unter der Leitung von Pjotr Kapitza ein weiteres merkwürdiges Phänomen entdeckt, das bei solch tiefen Temperaturen auftritt. Sie hatten Helium, das unter normalen Umständen als Gas vorliegt, so weit abgekühlt, dass es flüssig wurde. Unterhalb einer bestimmten – der sogenannten kritischen – Temperatur geschah nun etwas Besonderes. Das flüssige Helium fing an, die Wände des Gefäßes hochzukriechen, in denen es eingeschlossen war. Es drang darüber hinaus in engste Öffnungen (Kapillare) ein und schien ohne jede Reibung zu strömen. Bald wurde klar, dass das flüssige Helium einen Zustand angenommen hatte, in dem jede innere Reibung verschwunden war und sich die dazugehörigen Atome (Teilchen) unbeeinflusst bewegten. Man sprach von der Eigenschaft der Suprafluidität, nannte das tiefgekühlte Helium eine Supraflüssigkeit und fragte nach einer entsprechenden Erklärung durch die Physik.

Landau wagte sich an das merkwürdige Phänomen, für dessen Entdeckung Kapitza 1978 den Nobelpreis für Physik erhalten sollte. Die Suprafluidität erschien als etwas völlig Ungewohntes und galt allein deshalb als höchst komplex, weil es bei ihr ja nicht um Eigenschaften einzelner Heliumatome, sondern um deren Strömungen im Verbund ging. Nun gehörte es immer schon zu den schwierigen Themen der Physik, Flüssigkeiten im Rahmen der klassischen Theorien zu behandeln. Es erforderte daher ziemlichen

Mut von Landau, überhaupt den Versuch zu unternehmen, der dabei entstandenen, anspruchsvollen Wissenschaft namens »Hydrodynamik« eine Quantenform an die Seite zu stellen. Aber den ehrgeizigen Aspiranten reizte die Aufgabe, kollektive Phänomene zu erklären, denn sie machen das eigentliche Wirken der Natur aus, auf dessen Verstehen es Landau letzen Endes ankam. Er war sich darüber im Klaren, dass er statistisch argumentieren musste. Um damit so einfach wie möglich zu beginnen, entwarf er ein Modell des suprafluiden Heliums, das aus zwei Komponenten zusammengesetzt war, welche mit einer bestimmten, von der Temperatur abhängenden Wahrscheinlichkeit auftraten. Eine der beiden flüssigen Formen agierte normal (sie hatte normale Fließeigenschaften), und die andere zeigte sich suprafluide (die dazugehörige Quantenmechanik und die mathematisch Behandlung der beiden Flüssigkeitsanteile als »Quasiteilchen« bzw. als »elementare Anregungen« übergehen wir an dieser Stelle).

Was Landau besonders an dem suprafluiden Zustand von Helium lockte, war die Beobachtung, dass diese merkwürdige Flüssigkeit besser als jede andere Form der Materie Wärme leiten konnte. Man kann dies im Laboratorium sofort erkennen, weil das Helium in dem Moment, in dem es suprafluide wird, eine vollkommen glatte und ruhige Oberfläche aufweist. Die Hitze, die etwa in kochendem Wasser in Form von Blasen aufsteigt, weil es ihr sonst zu langsam geht, und wilde Bewegungen verursacht, entweicht im suprafluiden Helium allein von dessen Oberfläche, weil sie sich nahezu sofort dorthin begeben kann. Wie Landau erkannte, wurde die Bewegung des suprafluiden Anteils des Heliums nicht durch irgendeinen Transport von Wärme begleitet. Das legte den Gedanken nahe, dass die normale Komponente die Wärme selbst sein konnte, die sich dabei von der Masse, welche die Flüssigkeit ausmachte, abgesondert hatte. Diese Vorstellung weicht natürlich radikal von den traditionellen Ideen ab, die Physiker zum Verständnis von Wärme entwickelt haben und in der sie diese Erscheinung durch die Bewegung von Molekülen deuten (und zwar sowohl qualitativ als auch quantitativ mit größtem Erfolg).

Wenn solche Sätze von einer Person gelesen werden, die Quantenphysik vom Hörensagen kennt, wird sie sich wundern und an die Klage der frühen Quantentheoretiker erinnert: »Ist es auch Wahnsinn, so hat es doch Methode.« Tatsächlich kann einen der Umgang mit den Quantensprüngen und ihren Folgen an den Rand des Wahnsinns treiben, aber wir können uns trotzdem nicht aussuchen, wie es in der Natur zugeht. Landau hatte jedenfalls als Forscher immer wieder Vergnügen, das Quantenhafte ihres Wesens auszukosten, und er konnte sogar ein erstes umfassendes Verständnis des Atomkerns vorlegen, indem er ihn – erneut mit raffinierten Methoden der statistischen Physik – als einen Tropfen beschrieb, der natürlich nicht aus einem klassischen Saft bestehen konnte, sondern vielmehr als »Quantenflüssigkeit« existieren musste.

Landaus tiefes Interesse an Quantenflüssigkeiten wie dem suprafluiden Helium hängt übrigens mit seinem dringenden Wunsch zusammen, im sinnlich zugänglichen Bereich des alltäglichen Makrokosmos ein Phänomen zu finden, das nur durch die Existenz von Quanten erklärt werden kann. Er träumte davon, die Quanten für Laien so erfahrbar und erlebbar zu machen, wie sie es für die Fachleute sind bzw. im Laufe ihrer Arbeit werden. Vielleicht sollte man all die vielen Didaktiker, die sich um einen besseren Physikunterricht bemühen, vor folgende »Landau-Herausforderung« stellen: Durch welche Erscheinung zeigt uns die sinnlich zugängliche Welt unmittelbar, dass sie eine Quantennatur hat und dementsprechend Sprünge ausführen muss, um so zu sein, wie sie sich zeigt?

Der Lehrer

Landau war aber nicht nur ein vielseitiger Forscher, sondern auch ein überragender Lehrer. Schon früh hat er sich zum Thema Pädagogik Gedanken gemacht. 1932 war er nach Charkow gegangen, um hier in der Ukraine eine Bildungseinrichtung zu leiten, die aus dem Leningrader Institut, an dem er seine erste Aspirantur bekommen hatte, hervorgegangen war. 1935 wurde der inzwischen immerhin 27-jährige Landau zum Professor für Allgemeine Physik in Charkow, und in dieser Position entwarf er als Lehrer das Konzept eines »theoretischen Minimums«, mit der er die Grundkenntnisse meinte, die jemand in der theoretischen Physik haben muss, um wissenschaftlich erfolgreich arbeiten und forschen zu können.

Er selbst bemühte sich in seinen Vorlesungen um die Vermittlung solch eines Minimums, und er ließ es sich nicht nehmen, persönlich in den Prüfungen herauszufinden, ob das erhoffte Grundwissen bei den Studenten angekommen war oder nicht. Dabei muss er nicht gerade milde mit den Studenten umgegangen sein, was sie veranlasste, an der Tür zu seinem Büro ein Schild mit dem Hinweis »Vorsicht – bissig« anzubringen.

Im Frühling 1937 wurde Landau nach Moskau geholt. Hier blieb er für den Rest seines Lebens und leitete bis zu seinem Unfall die Theoretische Abteilung des Instituts für Physikalische Probleme, wie es nun einmal in origineller amtlicher Weise heißt. Wissenschaftlich arbeitete er weiter an seiner Beschreibung von Quantenflüssigkeiten, und in pädagogischer Hinsicht verbesserte er ständig seine Vorlesungen. Im Laufe der Jahrzehnte konnten sie dank der Mitarbeit von Jewgeni M. Lifschitz zu einem maßgeblichen und international anerkannten *Lehrbuch für Theoretische Physik* ausgearbeitet werden, das insgesamt zehn Bände umfasst. Wer Schönheit und Eleganz in der Lehre sucht, wird hier fündig. Das beginnt mit dem ersten Band, der schlicht *Mechanik* heißt und in seinem zweiten Kapitel über Erhaltungssätze informiert. Auf knappstem Raum führen Landau und Lifschitz vor, wie die Erhaltungssätze der Physik aus elementaren Eigenschaften von Raum und Zeit folgen. Weil die Zeit homogen ist – das Ergebnis eines physikalischen Experiments hängt nicht von der Uhrzeit ab –, stellt die Energie eine Größe dar, für die es einen Erhaltungssatz geben muss. Und weil der Raum ebenfalls homogen anzunehmen ist – die Gesetze der Physik ändern sich nicht, wenn jemand sie weiter links oder rechts prüft –, gilt auch ein Erhaltungssatz für den Impuls. Es ist ein ästhetisches Prinzip, das Landau hier vorführt, da die Homogenität von Raum und Zeit als Symmetrie der entsprechenden Gleichungen dargestellt werden kann. Dann folgt laut Landau aus einer (mathematischen) Symmetrie eine physikalische Konstanz, und solche Einsichten kann und muss man genießen.

Leben und Sterben in Moskau

Landau hat mit dem Verfassen ungewöhnlicher Bücher zur Physik begonnen, sobald er nach Moskau gekommen war, also 1937. Er entwarf damals einen *Kurs obshche fiziki* – eine *Allgemeine Physik*, welche den Leser mit dem physikalischen Denken und den wichtigsten Gesetzen, die ihm zu verdanken sind, vertraut machen sollte. Wer darin liest, wird immer wieder erstaunt sein, auf welchen Wegen man von Landau hinter die Phänomene geführt wird, um sie von da aus besser durchschauen zu können.

Wir wissen inzwischen – etwa durch das Buch *Terror und Traum* des Historikers Karl Schlögel –, dass das genannte Jahr für Moskau ein markantes Todesdatum darstellt. Stalin wütete und verwüstete von dort aus ein ganzes Land. »Mit dem Jahre 1937 endeten jäh Menschenleben. Es sandte seine Schockwellen durch das ganze Land und war noch weit über die Grenzen hinaus spürbar. Innerhalb eines Jahres wurden an die zwei Millionen Menschen verhaftet, an die 700 000 ermordet, fast 1,3 Millionen in Lager und Arbeitskolonien verschickt«, wie Schlögel feststellen muss.

Wir kennen bis heute kaum den rationalen Kern dieser grausamen Ereignisse, und wir wissen auch nicht, wie weit Landau von ihnen wusste oder was er von ihnen spürte. Wir wissen aber, dass er an die Ideale der Revolution von 1917 glaubte und 1938 ein Flugblatt verfasste, das zum Sturz von Stalin aufrief – mit der Folge, inhaftiert und unsanft behandelt (geschlagen) zu werden. Nur weil der berühmte Physiker Pjotr Kapitza sich persönlich für ihn einsetzte und den politischen Führern erklärte, dass nur Landau in der Lage sei, die moderne Physik zu verstehen, zu lehren und zu fördern, überlebte dieser die Martern, die ihm das sogenannte Volkskommissariat für Innere Angelegenheiten zufügte.

Möglicherweise hat ihn seine Begeisterung für die Physik der Quantenflüssigkeiten über die stalinistischen Jahre getragen und geistig gerettet. Es ist zumindest bemerkenswert, dass Landau sie ausgerechnet in den Jahren des Terrors durch die elegante und originelle Einsicht bereichern konnte, dass nicht nur eine Symmetrie die Physik beeinflusst, sondern auch ihre Brechung. Während eine Symmetrie – wie erwähnt – für die Erhaltung einer Größe sorgt, bringt ihre Aufhebung eine Veränderung – etwa ein neues Muster – und somit eine physikalische Wirkung mit sich, die auf diese Weise erklärt werden kann. Als Beispiel für eine Symmetriebrechung kann man sich einen Festkörper vorstellen, in dem zunächst alle Elektronen durcheinanderschwirren und damit eine homogene Verteilung zeigen, bis sie durch ein Absenken der Temperatur in ihrer Aktivität so eingeschränkt werden, dass sie eine Bewegungsrichtung vorziehen. Als Ergebnis entsteht eine messbare Magnetisierung und der Festkörper agiert als sogenannter Ferromagnet.

Das Konzept der Symmetriebrechung wirkt bis in das 21. Jahrhundert hinein. Es liegt längst der modernen Physik von Elementarteilchen zugrunde, und seine Anwendung ist gerade in jüngster Zeit mit Nobelpreisen ausgezeichnet worden. Landau selbst hat ebenfalls den begehrten Preis der Schwedischen Akademie bekommen, und zwar für seine »bahnbrechenden Theorien der kondensierten Materie, insbesondere des flüssigen Heliums«, wie es die Begründung ausdrückt. Allerdings: Die Einladung nach Stockholm kam ausgerechnet 1962, also in dem Jahr, in dem er einen Lastwagen gerammt hatte und mit dem Tode rang. Man musste ihn viermal wiederbeleben, bevor er aus dem Koma erwachte. Sein Leben war für einige Jahre gerettet, aber nach Schweden konnte er nicht mehr reisen. Der Preis kam dafür zu ihm nach Moskau. Das hat ihm immerhin noch ein Lächeln abringen können.

Acht Erben

1

John Bardeen (1908–1991)

Der Unbekannte mit zwei Nobelpreisen

John Bardeen ist der einzige Physiker, der zwei Nobelpreise für das von ihm vertretene Fach der Physik bekommen hat, und die erste Auszeichnung ist ihm 1956 für die Erfindung bzw. Entwicklung eines elektronischen Bauelements namens Transistor zuerkannt worden. Transistoren haben eine Revolution in der Kommunikation ausgelöst – zunächst in Form der kleinen Transistorradios, die sich jeder leisten und überallhin mitnehmen konnte. Transistoren können aber mehr, und sie werden inzwischen in unvorstellbaren Stückzahlen hergestellt und massenhaft in Computer eingebaut, und dabei übertreffen sie in dieser Hinsicht jede andere von Menschen produzierte Funktionseinheit bei Weitem. Doch trotz dieses unvergleichlichen Erfolges ist der aus Madison in Wisconsin stammenden Amerikaner außerhalb der wissenschaftlich orientierten Kreise kaum jemandem bekannt, selbst in seinem Heimatland gibt es da Schwierigkeiten. Denn als Bardeen 1972 zum zweiten Mal nach Stockholm eingeladen wurde, um vom schwedischen König nochmals die goldumrahmte Urkunde (und den Scheck) für die begehrteste Auszeichnung der Wissenschaft entgegenzunehmen – diesmal für seine grundlegenden Beiträge zu einer Theorie der Eigenschaft von leitfähigen Materialien, bei tiefen Temperaturen jeglichen elektrischen Widerstand aufzugeben und einen Strom endlos und ohne jeden Verlust fließen zu lassen (Supraleitung) –, stellte ihn eine Zeitung seines Landes mit der Überschrift »John Who?« vor.

Die Anfänge

Die Frage nach Bardeens Person darf man seit einigen Jahren nicht mehr stellen, denn im 21. Jahrhundert gibt es nunmehr eine Biografie des *True Genius* der modernen Physik – also des *Wahren Genies* –, in der Lillian Hoddeson und Vicke Daitch Leben und Wissenschaft von John Bardeen beschreiben. Dieser wurde knapp einhundert Jahre vor dem Erscheinen des Buches als Sohn eines Anatomieprofessors und einer Lehrerin geboren und seine überragende Intelligenz machte sich schon früh in der Schule bemerkbar. Der junge John übersprang mehrere Klassen und wurde bereits mit 15 Jahren an der in seiner Geburtsstadt gelegenen Universität von Wisconsin zum Studium der Elektrotechnik zugelassen, das er mit Vorlesungen in Physik und Mathematik ergänzte.

Das anfängliche Interesse, das Bardeen am Technischen zeigte, ist verständlich, wenn man sich erinnert, dass es in der Mitte der 1920er-Jahre große Ölfirmen wie die 1907 gegründete Gulf Oil Company waren, die das Denken nicht nur der akademischen Jugend im Mittleren Westen beeinflussten. So träumte auch der Teenager John davon, ein Ingenieur zu werden – »to be an engineer«. Nachdem er seine ersten Studien 1929 als Master of Science abgeschlossen hatte, übernahm er folgerichtig von 1930 bis 1933 eine Stelle in den Forschungslaboratorien der genannten Ölfirma in Pittsburgh (Pennsylvania), um in dieser Position Methoden zu erarbeiten und geophysikalische Zusammenhänge zu erfassen, die dem Auffinden und Ausnutzen von neuen Ölfeldern dienen sollten.

So gut dies auch funktionierte, da gab es noch etwas anderes. Denn während dieser praktischen Jahre hatte sich immer stärker die Kunde von der neuen Physik der Quantensprünge verbreitet, die vor Kurzem in Europa verstanden worden war und allmählich Bardeen lockte. Er wechselte nach Princeton in New Jersey, um an dem dortigen berühmten Institute for Advanced Studies, an dem bis zu seinem Tod auch Einstein tätig war, eine Doktorarbeit in theoretischer Physik anzufertigen. Sein Lehrer war der aus Budapest stammende, in Fachkreisen hochgeschätzte und 1963 mit dem Nobelpreis geehrte Eugene Wigner. Er lenkte Bardeens Interesse gezielt auf die Physik von Festkörpern (vor allem von Kristallen und Metallen), die man damals unter Berücksichtigung der Quantennatur von Elektronen und Energien vorsichtig zu entwickeln begann. Bardeen versuchte in seinem ersten eigenen Beitrag, die Leitfähigkeit von Metallen mit der Quantentheorie in den rechnerischen Griff zu bekommen, und er machte dabei erste Erfahrungen mit einem theoretischen Konzept, das bald allgemein und umfassend in der Physik fester Körper eine Rolle spielen sollte.

Gemeint ist die Idee, dass Elektronen in Kristallen sogenannten Bändern zugeordnet werden können. Das heißt, die Energie, über die Elektronen verfügen, sorgt dafür, dass sie entweder beweglich sind oder an bestimmten Atomen haften bleiben. Bei Letzteren handelt es sich um diejenigen Atome, die das Gitter bilden, welches dem Festkörper seine

Form gibt (bzw. welches ihn erst im Unterschied von Pulvern oder etwa Flüssigkeiten zum Festkörper macht). Bekanntlich bedingt die Existenz von Quanten, dass nicht alle Zustände erlaubt sind, es also auf der Energieskala Bereiche gibt, in denen sich kein Elektron aufhalten und somit existieren kann. Bei einzelnen Atomen führt diese Quantenbedingung zu den getrennten Bahnen des Bohr'schen Modells bzw. zu den getrennten Aufenthaltswahrscheinlichkeiten, wenn man sich ein korrekteres Bild von der Situation im Atom macht. In einem Festkörper gibt es nun aber so viele Elektronen, dass sich ihre mit den Quantenbedingungen zu vereinbarenden Bereiche überlappen. Sie verschmieren und weiten sich zu einem Band aus, wie man sagt. Dabei lässt sich ein Band mit hoher von einem Band mit geringer Energie unterscheiden, sodass sie in der Fachwelt zwei verschiedene Namen tragen, nämlich »Leitungsband« bzw. »Valenzband«.

Der erste Name ist leicht verständlich. Denn wenn sich Elektronen im sogenannten Leitungsband befinden, können sie sich bewegen, und somit leitet der Festkörper Strom, sonst nicht. Mit dem zweiten Namen hat es Folgendes auf sich: Ein Metall (wie Kupfer) ist aus der Sicht eines Quantenphysikers dadurch charakterisiert, dass Elektronen leicht aus dem Valenzband, das ihrem gebundenen Grundzustand entspricht, in das Leitungsband, welches ihrem beweglichen angeregten Zustand entspricht, springen können. Bei einem Isolator (wie Glas) ist die Lücke für den Sprung zu groß, um unter normalen Umständen überwunden zu werden, und so halten sich die Elektronen überwiegend im Valenzband auf. Mit seinem Namen will man andeuten, dass dort viele Elektronen bereitstehen, um eventuell auf die Reise zu gehen, die sich als elektrischen Strom zeigt. Zwischen diesen beiden genannten Festkörperarten stehen die sogenannten Halbleiter, deren Name korrekt ausdrückt, was sie können, nämlich manchmal einen Strom leiten und manchmal nicht. Bei ihnen hängt die Lücke – die Größe des Quantensprungs – zwischen Leitungs- und Valenzband stark von äußeren Bedingungen (etwa der Temperatur) ab. Das wirkte zunächst eher störend, bis man bemerkte, dass diese Flexibilität im Gegenteil einen Glücksfall darstellt, der bald genutzt werden konnte – vor allem in den Transistoren, für die Bardeen seinen ersten Nobelpreis erhalten hat.

Der Weg zu Bell

Nachdem Bardeen 1936 seinen Doktortitel erwerben konnte, nahm er einen (ziemlich ruhigen) Posten als Assistenzprofessor an der Universität von Minnesota an, dem er bis 1941 treu blieb, bevor er – wie viele andere Wissenschaftler auch – für kriegswichtige Vorhaben von der US Navy nach Washington beordert wurde. Hier beschäftigte er sich unter anderem mit der Entwicklung von Minensuchgeräten, und zwar als »ziviler Physiker« in militärischen Kreisen. Bardeen erfüllte diesen Job bis 1945, und nach dem Ende des Zweiten Weltkriegs suchte und fand er eine Stelle in den Forschungslaboratorien, die eine Telefongesellschaft, die Bell Telephone Company, in New Jersey errichtet hatte. In den heute legendären Bell Labs kümmerte sich eine engagierte Gruppe von Physikern um die Erforschung von Festkörpern, und ihr schloss sich Bardeen an. Der *solid state* und seine Möglichkeiten hatten es ihm angetan.

Während er mit der Anfertigung seiner in Princeton eingereichten Doktorarbeit beschäftigt war, konnte Bardeen einige Zeit an der Harvard Universität verbringen und dort den aus Deutschland bzw. aus Europa vertriebenen Physikern zuhören, die man auch als Hitlers Geschenk an die freie Welt bezeichnen kann. Diese bemühten sich unter anderem darum, den 1911 entdeckten Zustand von Metallen zu verstehen, den man Supraleitung nannte, weil in ihm jeder elektrische Widerstand verschwand. Supraleitung trat in kristallinen Materialien ein, wenn sie nur hinreichend tief abgekühlt wurden, und die Physiker bissen sich bei dem Versuch, diesen Zustand von Elektronen in einem Metall zu erklären, die Zähne aus. Der aus Leipzig geflohene Felix Bloch hat damals in Harvard das formuliert, was man manchmal ironisch das Erste Bloch'sche Theorem nennt. Es besagt: »Jede Theorie der Supraleitung kann widerlegt werden.« Das stimmte allerdings nur so lange, bis Bardeen sich in den 1950er-Jahren an das Thema wagte.

1933 hatten zwei ebenfalls vor Hitler geflohene Brüder, Fritz und Heinz London, eine klassische Theorie der Supraleitung entwickelt, die in Harvard stark erörtert wurde und Bardeen imponierte. Zur Erklärung des Phänomens nahmen die Brüder unter anderem an, dass in einem Supraleiter der Strom nicht mehr proportional zu einer elektrischen Spannung ansteigt, wie das sonst der Fall ist, sondern dass das entsprechende elektrische Feld für eine zeitliche Änderung des Stroms sorgt. Fehlt solch ein Feld, kann es auch keine Änderung mehr geben, und der Strom hört nicht mehr auf zu fließen, wie es im Experiment beobachtet wird.

Noch wusste niemand, wie diese klassischen Gedanken der Brüder London mit den neuen Quantenbedingungen zu kombinieren waren, aber Bardeen erfuhr bei den Diskussionen in Harvard aus erster Hand, dass das erwähnte Konzept einer Bandlücke wesentlich sein konnte oder gar musste, wenn er auch in den späten 1930er-Jahren selbst noch wenig damit anfangen konnte. In dieser Zeit – genauer

1938 – fing er dafür etwas anderes an, nämlich mit der Gründung einer Familie. Er heiratete seine große Liebe Jane Maxwell, und die Familie wuchs bald auf fünf Mitglieder an.

Halbleiter

Bardeen begann seine Tätigkeit bei den Bell Labs im Oktober 1945. An seinem ersten Arbeitstag traf er mit dem Experimentalphysiker Walter Brattain zusammen, der dort seit 1929 beschäftigt war. Die beiden teilten sich ein Büro und verstanden sich von Anfang an gut. Ihre gemeinsame Aufgabe bestand darin, mithilfe von Halbleitern die elektronischen Effekte zu erzielen, die bislang mit Röhren zustande kamen. Röhren – das meinte Vakuumröhren, in denen durch geeignete Elemente (Kathode, Anode, Gitter) Strom fließen konnte, und zwar steuerbar. Diesen Effekt nutzte man in der Praxis, um beispielsweise Verstärker, Empfänger und mit ihnen Radiogeräte zu bauen.

Immer schon haben Leute, Wissenschaftler wie Unternehmer, nach Wegen gesucht, elektrische Signale zu blockieren oder zu verstärken, um mit den entsprechenden Schaltungen Rechen- oder Sendeanlagen zu konstruieren. In den Kindertagen des elektronischen Zeitalters wurden schwache elektrische Ströme von solchen Vakuumröhren verstärkt, die aber nicht der Weisheit letzter Schluss sein konnten, da sie nur über eine begrenzte Lebensdauer verfügten. Sie gingen überhaupt leicht kaputt und brauchten überdies viel zu viel Platz. Die Suche nach Alternativen hatte also schon früh die Aufmerksamkeit der Forscher auf Halbleiter gelenkt, die zumindest so beeinflusst werden konnten, dass sie etwa als Gleichrichter agierten und nur

Strom in eine Richtung durchließen. Dies wusste man bereits seit dem Ende des 19. Jahrhunderts. In den folgenden Jahren lernte man dann, Halbleiter nach Wunsch herzustellen – und als Bardeen bei Bell anfing, konnte man endlich auch erklären, was dabei passierte. Man nutzte das erwähnte Bändermodell der Festkörperphysik und bemühte sich, mit seiner Hilfe Situationen auszudenken und herzustellen, in denen das Leitungsband eines Halbleiters leicht oder schwer zu füllen war.

Der Halbleiter, der in Bardeens Tagen bei Bell am meisten Interesse bei ihm fand, ist als Silizium (in den Chemiebüchern mit c als Silicium) bekannt. Es findet sich zum Beispiel im Sand, der chemisch vorwiegend aus dem Stoff Siliciumdioxid besteht, welchem man in reiner Form als Quarz begegnet. Das chemische Element heißt auf Englisch *silicon*, und das berühmte Silicon Valley, das bei San Francisco liegt und in den 1970er-Jahren die Wiege der amerikanischen Computerindustrie wurde, trägt seinen Namen (man muss sich allerdings davor hüten, aus dem amerikanischen *silicon* bei einer Übersetzung das deutsche Silikon zu machen).

Wenn man sich das Silizium als Atom vorstellt, um seine Bedeutung und Einsatzfähigkeit zu erklären, kommt es auf die vier Elektronen an, die seine äußere Schale ausmachen. In einem Gitter (Kristall) aus Silizium befinden sich diese Elektronen vornehmlich im Valenzband, das weit vom Leitungsband entfernt liegt. Deswegen kommt im Normalfall kein Stromfluss zustande. Dies kann man nun entscheidend ändern, indem ein Siliziumkristall gezielt mit einem Element ausgestattet (dotiert) wird, das über fünf Außenelektronen verfügt, zum Beispiel mit Phosphor. Jedes Phosphoratom, das in das ursprüngliche Gitter aus Silizium eingebaut wird, vermag ein Elektron freizugeben. Dieser Ladungsträger kann nun das Leitungsband des Kristalls leichter erreichen, der jetzt als dotiert bezeichnet wird – in dem Fall ist Silizium mit Phosphor dotiert. Umgekehrt lässt sich auch ein Element einfügen, dass statt der vier nur drei Außenelektronen hat wie etwa Aluminium. Das führt dann dazu, dass bei dieser Dotierung eine Art Loch entsteht, das sich aber auch bewegen kann. Es verschiebt sich so, wie dies ein leerer Platz in der Mitte einer Sitzreihe tut, wenn die Menschen von außen ein- bzw. nachrücken. Wenn ein Elektron zu viel vorhanden ist, sprechen die Physiker wegen dessen negativer Ladung von einem n-dotierten Halbleiter, und wenn ein Elektron zu wenig da ist und ein Loch entsteht, ist von einem p-dotierten Halbleiter die Rede. Und wenn auch jeder einzeln für sich nicht gerade als Wunderwerk anzusehen ist, so kann man mit einer geeigneten Kombination aus n- und p-Halbleitern – pnp oder npn zum Beispiel – die Welt verändern. Der Transistor ist nämlich eine solche Kombination. Der Weg zu ihm beginnt im Oktober 1947.

Der Transistor

In diesem Monat nahmen Bardeen und Brattain bei Bell Kontakt mit einem dritten Physiker auf, dem aus London stammenden William Shockley, an dem sich bis heute die Geister scheiden. Für viele gilt Shockley als der Moses von Silicon Valley, der durch seinen unternehmerischen Geist die Grundlagen der amerikanischen Computerindustrie legte. Andere erinnern sich an seine genetischen oder besser rassistischen Eskapaden, in denen er in den 1960er-Jahren beweisen wollte, dass Afroamerikaner statistisch minder intelligent sind als Amerikaner europäischen Ursprungs.

Auf jeden Fall war es Shockley, der die Zusammenarbeit des Trios aus Bardeen, Brattain und ihm selbst zuwege brachte, die noch im Dezember 1947 zur Erfindung des Transistors führte. Ihr sollte neun Jahre später die Verleihung des Nobelpreises an alle drei Wissenschaftler folgen. Zwar stammt der Gedanke, einen Verstärker mithilfe des Halbleiters Silizium zu konstruieren, von Shockley, aber in seinem 1950 erschienenen Buch *Electrons and Holes in Semiconductors*, Elektronen und Löcher in Halbleitern, hält er im Vorwort fest, dass die eigentliche Entdeckung ohne ihn zustande gekommen sei. Sie sei allein Bardeen und Brattain zu verdanken, wobei Bardeen die zündende Idee gehabt und Brattain über das Geschick verfügt habe, sie umzusetzen. Wir wollen die Bescheidenheit anerkennen, aber zugleich anmerken, dass es mindestens einen Beitrag von Shockley gab, nämlich seinen Anfang Dezember 1947 gemachten (und gut begründeten) Vorschlag, das Silicium durch einen anderen Halbleiter namens Germanium zu ersetzen. Mit diesem Material konnten etwas robustere Anordnungen hergestellt werden, die es ermöglichten, am 16. Dezember 1947 zum ersten Mal etwas zu präsentieren, das wir heute einen Transistor nennen.

Das 1948 geprägte Wort »Transistor« vereint die beiden englischen Begriffe *transfer* und *resistor* – Übertrag und Widerstand – und bezeichnet einen Widerstand, der durch einen Strom steuerbar ist. Die einzelnen Schritte, die Bardeen und Brattain im Dezember 1947 unternahmen, und das genaue Design ihres Prototyps, der fachlich korrekt als Spitzentransistor bezeichnet wird, müssen wir an dieser Stelle leider übergehen. Sie haben viel mit der Verteilung von Ladungen an Oberflächen und ihrem theoretischen Verständnis zu tun, sodass ihre Beschreibungen zu viel Platz erfordern würde. Entstanden ist bei allem zuletzt eine Anordnung von dotierten Halbleitern in drei Schichten mit unterschiedlich dotierten Nachbarn, was entweder die Kombination pnp oder die Folge npn ergibt. Wenn alle drei Schichten Anschlüsse für elektrischen Strom haben, kann man die Schaltungen so einrichten, dass ein Signal entweder gestoppt oder verstärkt wird. Das Unterbrechen des Stroms ist einfach zu verstehen und erfolgt dann, wenn die ihn ausmachenden Elektronen auf eine n-dotierte Schicht treffen. Spannender wird es, wenn die Gegenrichtung eingeschlagen wird, dabei Elektronen auf Löcher treffen und beide sich zusammenfinden (rekombinieren) können. Hierbei kann Energie frei werden, sogar als sichtbares Licht, was in Leuchtdioden ausgenutzt wird.

Seine eigentliche (verstärkende) Funktion bekommt der Transistor, wenn etwa in einer npn-Anordnung ein kleiner Strom auf die mittlere Schicht geleitet wird. Sie wird heute als Basis bezeichnet und verbindet die anderen Elemente, die Emitter bzw. Kollektor heißen. Ein in der Basis von außen eintreffender kleiner Strom sorgt im Inneren der Schicht für räumliche Veränderungen (Rekombinationen) der Ladungsträger. Diese Rekombinationen wiederum machen sich sogleich als großer Strom auf der Strecke zwischen Emitter und Kollektor bemerkbar. In der Physik und der Technik geht es genau um das auf diese Weise verstärkte Signal. Sein Auftauchen stellte das Ziel der Arbeiten am Transistor dar. Kurz vor Weihnachten 1947 wurde es erreicht.

Supraleitung

Den bahnbrechenden Erfolg des Transistors kann man so beschreiben, wie es Hans-Joachim Braun in seinem Buch *Die 101 wichtigsten Erfindungen der Weltgeschichte* getan hat: »Ab 1955 setzte die Anwendung von Transistoren in der Rechnertechnik ein; Transistorradios machten Furore. 1958 baute der amerikanische Elektroingenieur Jack Kilby aus Halbleiterelementen einen ersten integrierten Schaltkreis, der den Weg zur Entwicklung des Mikrochips wies. Im Jahre 2002 wurden etwa [sage und schreibe] eine Trillion Transistoren produziert«, nicht nur für Computer, sondern zum Beispiel auch für Hörgeräte, die ja akustische Signale verstärken sollen und vor der Erfindung des Transistors klobig und unzuverlässig waren.

Als der oben genannte Siegeszug des Transistors startete, hatte sich Bardeen bereits umorientiert. Die Erfindung des Trios hatte in den Bell-Laboratorien dazu geführt, dass ein umfassendes Halbleiterprogramm gestartet wurde, zu dem Bardeen seiner Ansicht nach nicht wesentlich beitragen konnte. Er fand es an der Zeit, sich endlich mehr dem Phänomen der Supraleitung zu widmen, und dafür schien ihm eine Universität besser geeignet. 1951 verließ er deshalb seinen alten Arbeitgeber und wechselte an die Universität von Illinois in Urbana, wo er sich erneut die Gleichungen und Theorien der Brüder London vornahm, die er bei seinem Aufenthalt in Harvard kennengelernt hatte. Zwei Jahre später übernahm er die Aufgabe, für das (immer noch in Deutschland herausgegebene) *Handbuch der Physik* einen Übersichtsartikel über den Wissensstand zur Supraleitung zu schreiben. Während er an diesem Projekt saß, meldete sich ein junger Student bei ihm, der von Harvard nach Urbana wechseln wollte und ein Thema für eine Dissertation suchte. Sein Name war J. Robert Schrieffer. Bardeen fragte, ob er sich für die Supraleitung erwärmen könne, und so kam es, dass Schrieffer im Jahre 1972 mit nach Stockholm fahren sollte. Bardeen durfte dort erneut als Mitglied eines Forschertrios, zu dem neben Schrieffer noch

Leon Cooper gehörte, seinen zweiten Nobelpreis entgegennehmen. Cooper war Mitte der 1950er-Jahre aus New York nach Urbana gekommen.

Bardeen strukturierte das heute als BCS – Bardeen, Cooper, Schrieffer – bekannte Team wie eine Familie, in der er die Rolle des väterlichen Patriarchen übernahm, der seine Kinder ermutigte, ungewöhnliche Vorschläge zu unterbreiten. Dabei tat sich besonders Cooper hervor, der eines Tages überlegte, ob es eine Wechselwirkung geben kann, die in einem Gitter Elektronen dazu bringt, ihr Einzeldasein aufzugeben und sich in festen Paaren zusammenzuschließen. Man spricht heute von Cooper-Paaren. Diese waren zwar durch einen Quantensprung von dem normalen Grundzustand getrennt, konnten aber das kollektive Phänomen des widerstandslosen Strömens erklären, wenn sie erst einmal gebildet worden waren. (Wobei an dieser Stelle angefügt werden soll, dass die Paarbildung ein Beispiel für das bei Landau vorgestellte Konzept der Symmetriebrechung ist, da die geordnete und gerichtete Bewegung von Paaren weniger symmetrisch als die homogene Einzelbewegung ist.)

Mitten in die Arbeit an der Supraleitung platzte 1956 die Nachricht von der Verleihung des Transistor-Nobelpreises an Bardeen, was ihm wenig behagte. Zum einen musste er gerade jetzt viel Zeit für andere Aufgaben verwenden, und zum anderen fand er, dass eine solch hohe Auszeichnung für ein Verständnis der Supraleitung angemessener wäre – falls sie denn gelingen würde. Bardeen hatte immer mehr das Gefühl, dass sich das BCS-Trio einer Lösung näherte, was konkret bedeutete, dass man die Umrisse der Wellenfunktion für eine angemessene Schrödinger-Gleichung, die den Grundzustand eines Supraleiters erfassen konnte, zu erkennen schien.

Anfang 1957 spielte Schrieffer nach dem Besuch einiger wissenschaftlicher Tagungen mit mehreren mathematischen Möglichkeiten, bis es plötzlich Klick machte. Da stand sie auf einmal auf dem Papier, die ersehnte Gleichung. Endlich konnten die Theoretiker beschreiben, was in Supraleitern physikalisch passieren muss, um Elektronenpaare, erstens, entstehen zu lassen (mithilfe des Gitters, das bei tiefen Temperaturen eigene Kräfte entwickelt) und, zweitens, aufrechtzuerhalten (durch eine neue Art von Statistik, die kollektive Bewegungen ohne Abschwächung erlaubt). Als sich die fertige Theorie nach einigen arbeitsintensiven Monaten allen Zweifel gewachsen zeigte und sich zudem herausstellte, dass sie Vorhersagen gestattete, die im Experiment geprüft werden konnten – etwa über den Wärmetransport in Supraleitern –, fühlte sich Bardeen auf Wolke sieben und verkündete stolz auf dem Campus: »Wir wissen jetzt, wie Supraleitung funktioniert.«

Blochs Erstes Theorem war damit widerlegt. Bardeen konnte sich ganz entspannt seinem Lieblingssport widmen und Golf spielen – und auf den zweiten Anruf aus Stockholm warten. Der kam im Oktober 1972, Bardeen war noch zu Hause. Als er sodann sein Auto holen wollte, um die frohe Botschaft persönlich an der Universität zu verbreiten, funktionierte der Garagenöffner nicht. Gerüchten zufolge soll in der Elektronik ein Transistor versagt haben.

2

John A. Wheeler (1911–2008)

Der Vater der Schwarzen Löcher

Als John Archibald Wheeler hochbetagt – fast 100-jährig – im Jahre 2008 starb, ging der letzte Physiker von uns, der noch mit Albert Einstein und Niels Bohr persönlich die Frage nach der Bedeutung der Quanten und der Natur der physikalischen Wirklichkeit diskutieren konnte. Denn von 1938 an arbeitete er fast vier Jahrzehnte an dem legendären Institute for Advanced Studies in Princeton (New Jersey), an dem auch Einstein tätig war, und im dem Jahr, in dem der Zweite Weltkrieg begann, kam auch Bohr an diese Institution. Eigentlich hatte der Däne geplant, sich möglichst ausführlich mit Einstein zu unterhalten, aber er verbrachte dann zunächst viel mehr Zeit mit dem jungen Amerikaner Wheeler, der in Florida zur Welt gekommen war, in Baltimore studiert und in seiner Doktorarbeit eine neue mathematische Methode, die sogenannte S-Matrix, in die Kernphysik eingeführt hatte. Wheeler und Bohr erörterten immer wieder die gerade in Berlin gelungene Kernspaltung und ihre energetische Deutung durch Lise Meitner. Sie modellierten dabei den Atomkern wie eine Flüssigkeit, die in Tropfenform vorliegt und wie solch ein Gebilde platzen kann. Auf diese Weise konnten sie das geeignete Uranisotop identifizieren, mit dem nach Beschuss mit langsamen Neutronen eine Kettenreaktion in Gang kommen kann, in deren Verlauf eine gigantische Menge an Atomenergie freigesetzt wird.

Man spricht bei Atomen von Isotopen, wenn es verschiedene Formen eines Elements gibt, deren Kerne zwar die gleiche Anzahl an Protonen, aber verschieden viele Neutronen enthalten. Isotope reagieren dank ihrer Elektronen chemisch gleich, sie lassen sich aber physikalisch beispielsweise durch ihre Massen trennen. Mit ihrer gemeinsamen Analyse konnten Bohr und Wheeler 1939 die theoretischen Voraussetzungen liefern, die den Weg für das bald – nach Einsteins Empfehlung an den amerikanischen Präsidenten Franklin Roosevelt – in Auftrag gegebene Manhattan-Projekt bereiteten. An dessen raschem Ende war eine Atombombe einsatzfähig und wurde über Japan abgeworfen. Während viele Physiker nach dem Zweiten Weltkrieg ihren Beitrag zum Bau der »Super«, wie sie von ihren Entwicklern genannt wurde, rückwirkend in Zweifel zogen und sich moralisch erschüttert zeigten, bedauerte der Unitarier Wheeler, der sich zu einem liberalen Christentum bekannte, etwas ganz anderes. Ihn ärgerte, dass die Atombombe erst so spät zum Einsatz gekommen war. Hätte man den Kriegsgegnern ihre dramatische Wirkung ein Jahr früher demonstriert, wäre es seiner Ansicht nach möglich gewesen, den Krieg zeitiger zu beenden und auf diese Weise Millionen von Menschenleben zu retten. Dazu muss man wissen, dass Wheeler seinen Bruder Joe schmerzlich vermisste, der noch im letzten Kriegsjahr sein Leben verloren hatte.

Verrückt

1939 war bekanntlich für die Welt allgemein ein wichtiges (negatives) Datum. Das Jahr hat es aber speziell für John Wheeler (positiv) in sich, da er damals mit Bohr eine Person traf, die ihn ungeheuer beeindruckt haben muss, wie er einmal in einem Gespräch gestanden hat: »Man kann über Buddha, Jesus, Moses oder Konfuzius wie über Menschen sprechen«, so Wheeler, »aber was mich überzeugt hat, dass es solche Figuren als Menschen tatsächlich einmal gegeben haben kann, das waren meine Gespräche mit Bohr.« Es ist schade, dass es keine Aufzeichnungen von ihnen gibt. In diesen Diskussionen muss es um all die grandiosen Verrücktheiten gegangen sein, die mit den Quantensprüngen in die Welt der Physik gekommen waren: die Lücken im Ganzen der Welt, die Unbestimmtheit der Realität, die Doppelnatur der Dinge, der Spin als unverständliche Zweiwertigkeit, die Interferenz von Teilchen mit Massen, die komplexen Funktionen für die Zustände.

Es ist anzunehmen, dass Wheeler sich an dem großen Vorbild orientierte und bemüht war, nur hinreichend verrückte Ideen zu produzieren, um etwas von der Wahrheit erhaschen zu können. Man hat ihm dies tatsächlich vorgeworfen, nämlich *crazy* zu sein, wie das schöne Wort in Wheelers Muttersprache lautet – eine Eigenschaft, die einen echten Forschergeist ausmacht. Je älter Wheeler wurde, desto ausgefallener wurden seine Ideen, was zwar manche zuweilen an seinem Verstand zweifeln ließ, aber von einem seiner berühmten Schüler, dem genialen Richard P. Feynman, dem wir auf dieser Treppe noch begegnen werden, entschieden zurechtgerückt wurde. »Einige Leute denken«, so Feynman, »in seinen später Jahre sei Wheeler crazy geworden. Das stimmt aber nicht. Er war immer crazy«, und das war gut so. Denn wenn man die verschiedenen Schichten von Verrücktheit, die Wheeler angeblich repräsentierte, Stück für Stück abträgt und schaut, was darunterliegt, trifft man zuletzt auf einen Kern, der eine sehr tiefe Wahrheit erkennen lässt, zu der man sonst nicht gelangen könnte – eine Wahrheit, die natürlich ihr Mysterium bewahrt.

Zu Wheelers Verrücktheiten gehört etwa sein Vorschlag, dass in dem Urknall, den George Gamow plausibel gemacht hatte, nicht nur Raum, Zeit und Materie entstanden sind, sondern auch die Naturgesetzlichkeiten selbst, die deren Qualitäten und Relationen regeln. Wheeler hielt die Frage, nach welchen Prinzipien die Bestimmungsstücke hervorgebracht worden seien, für angemessen. Ebenso aus der Reihe tanzt sein Gedanke, das als negative Lösung aus Paul Diracs Gleichung hervortretende Antiteilchen zum Elektron, das positiv geladene Positron, als ein Elektron aufzufassen, das rückwärts in der Zeit läuft. Überhaupt wollte Wheeler Abläufe zulassen, für die eine andere Zeitrichtung galt und die deshalb zum Beispiel aus der Zukunft kommen konnten – in Form sogenannter avancierter Potenziale –, um uns die physikalischen Wege dorthin ein klein wenig zu erleichtern.

War dies auch Wahnsinn, so führte er dennoch zu einer Methode, nämlich dem heute unentbehrlichen Berechnungsverfahren, das Dick Feynman später als Diagramme in die Physik einführte. Mit ihnen können sämtliche Wechselwirkungen von Elementarteilchen systematisch und für ein menschliches Gehirn handhabbar erfasst werden. Wheeler ermutigte auch seine Studenten dazu, sich möglichst abgedrehte Deutungen einfallen zu lassen, und so verwundert es nicht, dass der bis heute am meisten erörterte Gegenvorschlag zur Kopenhagener Interpretation der Quantenmechanik mit ihrer Komplementarität von einem seiner Doktoranden stammt. Hugh Everett legte in 1950er-Jahren das vor, was als *Many Worlds View*, als Vielweltensicht, bekannt geworden ist. Jede Beobachtung, so Everett, schafft durch diesen Akt eine eigene Realität, die der vorher bestehenden Wirklichkeit oder den vorher bestehenden Wirklichkeiten an die Seite tritt. So leben wir in einem Universum, zu dem es sehr viele Parallelwelten gibt – Multiversen, wie es ein ungeschicktes Wort nennt. Diese Idee kann man natürlich immer noch für zu spekulativ oder eben verrückt halten, aber sie gewinnt an Anhängern und an Plausibilität im Rahmen der modernen String-Theorie, die mit einer ungeheuren Anzahl an möglichen Vakuumzuständen operiert, welche alle im Urknall enthalten waren und befreit werden können.

Das Schwarze Loch

Wer täglich solche Verrücktheiten ernsthaft und professionell durchdenken muss, wundert sich natürlich nicht mehr, wenn jemand anmerkt, dass die Gleichungen der Physik ein apokalyptisches Ende der Welt vorhersagen. Gemeint sind die Gleichungen, mit denen Einstein den Kosmos beschreibt. Sie ermöglichen den Kollaps des ganzen Weltalls aufgrund seiner Masse. Auf diesen Tatbestand hat als Erster Robert Oppenheimer hingewiesen, als er noch mit Wheeler (und Einstein) in Princeton zusammen war. Danach ging er in die Wüste von New Mexico, um für sein Land und sein Volk das Manhattan-Projekt zu leiten.

Bleiben wir bei der Physik, dann nimmt Oppenheimers Einsicht Bezug auf die in Einsteins kosmischer Physik enthaltene (mathematische) Möglichkeit, dass dann, wenn erst einmal genügend Masse in einem wahrhaft gigantischen Stern versammelt ist, sich diese Materiemenge nicht ruhig verhält und stabil bleibt. Sie agiert vielmehr auf die seltsamste Weise und rückt unter dem Einfluss ihrer eigenen Schwerkraft enger zusammen. Erst nimmt nur die Dichte zu, wie man es aus dem Alltag kennt, wenn wir etwa einen Schneeball formen und zusammendrücken. Dann greift die Schwerkraft die Atome selbst an und presst die Elektronen in den Kern hinein. In diesem entstehen dann Neutronen, die alleine übrig bleiben und eine neue Art von Materie entstehen lassen. Sie ist später tatsächlich gefunden worden, nämlich auf den Sternen, die folgerichtig als Neutronensterne bezeichnet werden. Auf ihnen ist eine Handvoll Materie so schwer wie ein Kreuzfahrtschiff oder ein Jumbojet. Damit ist die Entwicklung aber noch nicht zu Ende, die mit der ursprünglichen Massenversammlung begonnen hat. Die Neutronen selbst können nämlich in sich zusammenstürzen, und dieses Einbrechen setzt sich fort – so Oppenheimers Mitteilung an Wheeler 1939 –, bis alles auf einen Punkt zusammenstürzt. Theoretische Physiker sagen zu diesem Punkt »Singularität«. In ihr verschwindet die ganze Masse in einem apokalyptischen Akt.

Das war zwar verrückt, aber es hatte einen methodischen Rückhalt – erst in der Mathematik und nach dem Zweiten Weltkrieg auch mehr und mehr in kosmischen Beobachtungen. Und so wurde die gerade skizzierte »gravitationsbedingt instabile stellare Materie« ein Thema, das Kosmologen und Astrophysiker lockte, die das Weltall mit Quantensprüngen anreichern, ausmessen und erfassen wollten. Das heißt, bis in die 1960er-Jahre gab es nur die Fachwelt, die über die Problematik nachdachte, aber dieser Zustand änderte sich schlagartig 1968. In diesem Jahr hielt Wheeler einen Vortrag über die Konsequenzen, die Einsteins Theorien bezüglich des Kosmos mit sich brachten. Sein Bericht fing schon sprachlich wunderbar an, als er die Allgemeine Relativitätstheorie mit folgenden Worten zusammenfasste: »Die Materie sagt der Raumzeit, wie sie sich zu krümmen hat, und die Raumzeit sagt der Materie, wie sie sich zu bewegen hat.«

Die Materie – vorausgesetzt, sie ist in ausreichender Menge vorhanden – schien sich nun auf diesen einzelnen

Punkt (Singularität) zubewegen zu können, um in ihm zu verschwinden. Wheeler störte etwas an dieser Prognose. Zu den ehernen Grundsätzen seiner Wissenschaft, an denen selbst die Quantensprünge nicht vorbeikamen, gehörte die Feststellung, dass so ohne Weiteres keine Ordnung aus Unordnung entsteht und dass nur die Unordnung (das Chaos) spontan zunimmt. An dieser Stelle operieren die Physiker, anbei bemerkt, mit dem Begriff »Entropie«. Angenommen, so Wheeler, irgendwo im Universum ist die Unordnung tatsächlich gewachsen (hat die Entropie zugenommen), wie gehen wir dann mit ihr um, wenn sie in dem oben genannten Punkt verschwindet und uns mit der Singularität alleinlässt? Wenn Unordnung aus der Welt verschwindet, dann muss die Ordnung in der Welt zugenommen haben. Damit wären aber die Gesetze der Physik verletzt, wobei noch erschwerend hinzukommt, dass der Grund des Übels zugleich mit abgehauen und verschwunden ist, nämlich in den apokalyptischen Punkt. Wheeler sprach elegant von der Vernichtung von Beweismaterial. Er befürchtete, die Singularität in Einsteins Theorie würde das »perfekte Verbrechen« erlauben, und rief seine Kollegen auf, sich mehr Gedanken über die »gravitationsbedingt instabile stellare Materie« zu machen. Und als er diese verflixten vier Worte zum x-ten Mal aussprach, war er sie plötzlich leid. Er schlug vor, sie ihrer Unaussprechlichkeit wegen zu ersetzen und stattdessen von einem »schwarzen Loch« zu reden, in dem zuletzt alles verschwindet. Einer der populärsten Begriffe, eine der ansprechendsten Metaphern nicht nur der modernen Physik, sondern auch der modernen Gesellschaft war damit geboren – das Schwarze Loch. Es findet sich täglich in allen möglichen Verbindungen in den Medien. Ob nun Steuergelder in Schwarzen Löchern verschwinden oder das Gedächtnis von Politikern Schwarze Löcher aufweist, wir alle kommen mit Wheelers Wort bestens zurecht und sollten ihm dankbar sein.

RBQs

Mit seiner Frage nach dem Schwarzen Loch hatte Wheeler wie so oft seinen Finger in eine schmerzende Wunde der Physik gelegt. Wenn es diese Gebilde am Himmel tatsächlich gibt – woran in diesen Tagen die Mehrheit der Physiker nicht zweifelt, die sogar ein Schwarzes Loch im Zentrum unserer Milchstraße ausgemacht haben –, dann gibt es noch eine Menge Arbeit, um sie zu verstehen. Was ist zum Beispiel mit der Information, die in einem Schwarzen Loch verschwindet?

Wheeler versuchte, den bekannten Erhaltungssätzen der Physik, die man etwa für die Energie und den Impuls formulieren kann, einen weiteren hinzuzufügen, der die Information betrifft. Vielleicht bleibt ja die Menge an Information, die in der Natur steckt, in jedem natürlich vorkommenden Prozess mit Quantensprüngen erhalten?

Um dies besser verstehen und formulieren zu können, müsste man genauer wissen, was Information meint. Es muss jedenfalls mehr als das sein, was in einer Zeitung steht. Bei Bohr hatte Wheeler gelernt, dass wir eigentlich nicht über die Natur bzw. die Wirklichkeit sprechen, sondern über unser Wissen davon. Dieses Wissen haben wir aus den Informationen gewonnen, die wir der Natur entnommen haben – und da ist das Rätsel: Wenn wir der Natur Information entnehmen können, muss sie in ihr enthalten sein. Dies ist in einer wissenschaftlichen Beschreibung aber nicht der Fall. Da hat die Natur Masse, Energie, Ladung und manches mehr, aber keine physikalische Eigenschaft, die an das Konzept der Information anzuschließen ist.

Wheeler nutzte dies zu einer tollkühnen Spekulation, indem er fragte, ob wir überhaupt sagen könnten, dass es erst die Welt (das Etwas, das englische *it*) gegeben habe, der man dann Informationen, die bekanntlich in Bits gemessen werden, entnehmen kann. Wir denken, erst war *it* und dann kommt ein Bit (womit nicht das Bier mit diesem Namen gemeint ist, auch wenn vielleicht der eine oder andere Leser an dieser Stelle genau das wünscht). Nun fragte Wheeler, ob nicht umgekehrt »It from Bit« kommen könne, ob nicht erst eine formbildende (informative) Bewegung da gewesen sei, die dann die Welt geschaffen habe. Selbst in der Bibel war am Anfang nicht ein Etwas, sondern eine Information, nämlich das Wort Gottes, mit dem das Nichts vertrieben wurde.

»It from Bit?« – dies ist eine gute Frage, und sie stellt nur eine der fünf großen Rätsel dar, die Wheeler als die »really big questions« (RBQs), die wirklich wichtigen Fragen, bezeichnete, denen sich die Menschen zu stellen haben und dies vermutlich am besten im Rahmen der exakten und experimentierfähigen Wissenschaften. Er formulierte jede von ihnen in drei knappen Worten, was wir im Deutschen zu imitieren versuchen:

It from Bit? (Sein aus Information?)
Why the Quantum? (Warum die Quantensprünge?)
A participatory Universe? (Ein partizipatorisches Universum?)
What makes Meaning? (Wie entsteht Bedeutung?)
What makes Existence? (Woher kommt Etwas?)

Ein großes Geschenk

Wheeler stellte und erörterte diese Fragen aus der Überzeugung heraus, dass Physik nicht nur physikalische Theorien hervorbringen soll, sondern zugleich den Versuch unternehmen muss, »die physikalische Welt in einem grundlegenden Sinn mit dem Menschen zu verknüpfen«. Er war der Ansicht, dass man von der Physik, die den Kosmos und die Atome berechnen konnte, auch etwas zum Verständnis unserer Existenz selbst beitragen müsse. Er wollte immer sehen, wie die Dinge zusammenhängen, und er lud seine Studenten ein, sich darüber auch Gedanken zu machen und sie mit ihm zu erörtern. Mehr als sechzig Doktoranden und noch mehr Assistenten sind bei ihm gewesen und voller Dankbarkeit geblieben.

Als Wheeler im Juli 2001 neunzig Jahre alt wurde – er war inzwischen von Princeton nach Austin in Texas gezogen, weil die dortige Universität ihm auch nach Überschreiten der Pensionsgrenze die Möglichkeit zur Weiterarbeit gab –, haben seine Schüler ihm das größte Geschenk gemacht, mit dem man jemanden wie ihn beglücken kann. Sie haben ihm ihre Zeit und Gespräche geschenkt – Gespräche über die Wissenschaft und das, was der Wirklichkeit zugrunde liegt, was ihr Sinn verleiht und uns Zufriedenheit gibt. Wheeler bekam bei dieser Gelegenheit natürlich den Auftrag, eine kleine Rede zu halten. Er wurde gebeten, einleitend etwas über seine fünf großen Fragen zu sagen, und er ging auf zwei von ihnen ein.

Wheeler erläuterte, was sein Ausdruck »partizipatorisches Universum« meint. Er soll vermitteln, dass das Universum – das da draußen – seine Gestalt (Form) erst durch unsere Fragen und die in den Antworten enthaltenen Informationen bekommt. Wheeler erläuterte diesen Gedanken durch das Handeln eines Schiedsrichters, der beim Baseball entscheiden muss, ob der Wurf eines Pitchers zulässig ist oder nicht. Was ist der geworfene Ball, bevor der Schiedsrichter sich und ihn festlegt? Er ist nur ein Etwas, das durch die Luft saust und zunächst ohne Belang bleibt. Das Ding bekommt seine Bedeutung erst, wenn der Schiedsrichter etwas entscheidet – gültig oder ungültig. Den physischen Ball gibt es ohne den Schiedsrichter. Aber er wird erst, was er (für uns) ist, durch ihn (einen von uns). Das Baseball-Universum ist in diesem Sinne partizipatorisch – und unser Kosmos auch.

Was das geheimnisvolle und poetische *It from Bit* angeht, so wollte Wheeler mit dieser Frage auf die Möglichkeit hinweisen, dass alles seine Existenz durch Ja-oder-Nein-Antworten – also aus binären Möglichkeiten – bekommt, also aus Bits. Und er fügte schmunzelnd hinzu: Die Bits sind genau wie die Quanten. Sie können springen – vom Nein zum Ja. Dazwischen gibt es nichts. Oder doch?

17 und 4 als Quantenspiel

Übrigens, zur Illustration seiner Idee, dass es die Informationen sind, die eine Welt entstehen lassen, hat Wheeler vorgeschlagen, einem klassischen Gesellschaftsspiel eine Quantenform zu geben. Gemeint ist das Spiel, das in Deutschland »17 und 4« heißt und bei dem ein aus einer Gruppe gewählter (freiwilliger) Teilnehmer entweder einen Begriff wie »Kaninchen« oder »Tannenbaum« oder eine Person wie den Bundeskanzler oder einen Musiker erraten muss, auf den sich die anderen Mitspieler in der Gruppe geeinigt haben. Der Kandidat hat »17 und 4« Fragen zur Verfügung, um mit den erhaltenen Antworten die Lösung zu finden, die nur »Ja« oder »Nein« lauten dürfen, was alles schön binär macht.

Anstelle dieser klassischen Form hat Wheeler nun empfohlen, eine Quantenversion zu spielen. Sie ist dadurch charakterisiert, dass am Anfang nicht feststeht, was der Kandidat zu erraten hat. Vielmehr ergibt sich die Lösung – das Gesuchte – erst durch die Antworten. Es entsteht im Spiel durch die Mitspieler. Der Kandidat (das Subjekt) erschafft durch seine Fragen (in Kombination mit den Antworten) erst das Objekt, das es zu erraten bzw. erkennen gilt.

Die Quantenversion ist natürlich anstrengender als die klassische Form. Aber auch spannender. Alle müssen alle Antworten mit bedenken. Subjekt und Objekt gehören zusammen. Sie sind nicht zu trennen, ganz so, wie es die Quantensprünge wollen.

3

Carl Friedrich von Weizsäcker
(1912–2007)

Physiker, Philosoph, Friedensforscher

»Ich wollte erst Lokomotivführer, dann Astronom werden. Mit zwölf Jahren das Erlebnis der Nacht des 1. August 1924: In den Sternen des Himmels ist Gott gegenwärtig, und sie sind Gaskugeln; wie gehört das zusammen? Wissenschaft und Religion waren einander begegnet. Das Problem der theoretischen Philosophie war gestellt. Mit vierzehn brachte mich Heisenberg mühelos aus der Astronomie zur Physik als der eigentlichen philosophischen Wissenschaft.«

Es ist Carl Friedrich von Weizsäcker, der hier als bereits berühmter und erfahrener Mann aus seinem überreichen Leben erzählt, das 1912 in Kiel als Sohn von Ernst von Weizsäcker, des späteren Staatssekretärs im Auswärtigen Amt, begann. In der Familie Weizsäcker gab es insgesamt vier Kinder, zu denen auch Carl Friedrichs jüngerer Bruder Richard gehört, der als CDU-Politiker einmal Bundespräsident unseres Landes war – etwas, das Carl Friedrich vor ihm hätte werden konnen, als die SPD unter Willy Brandt ihn 1970 als Kandidaten für dieses Amt der Bundesversammlung vorschlagen wollte, was er aber dankend ablehnte.

Wir gehen an den Anfang zurück und lesen in dem biografischen Text weiter, in dem etwas später an anderer Stelle genauer zu erfahren ist, was es mit dem jugendlichen Erlebnis der Nacht auf sich hatte: »Zu meinem 12. Geburtstag, im Juni 1924, wünschte ich mir eine drehbare, also auf Tag und Stunde einstellbare Sternkarte. Mit meiner Karte entwich ich von den Menschen in die warme, wunderbare Sternennacht, ganz allein. Das Erlebnis einer solchen Nacht kann man in Worten nicht wiedergeben, wohl aber den Gedanken, der in mir aufstieg, als das Erlebnis abklang. In der unaussprechlichen Herrlichkeit des Sternenhimmels war irgendwie Gott gegenwärtig. Zugleich aber wusste ich, dass die Sterne Gaskugeln sind, aus Atomen bestehend, die den Gesetzen der Physik genügten. Die Spannung zwischen diesen beiden Wahrheiten kann nicht unauflöslich sein. Wie aber kann man sie lösen? Wäre es möglich, auch in den Gesetzen der Physik einen Abglanz Gottes zu finden?«

Der Physiker

Mit diesen Worten weist der 64-jährige Carl Friedrich von Weizsäcker im Jahre 1976 – also 51 Jahre nach dem geschilderten Festtag – in seinem Text *Selbstdarstellung* auf die beiden Pole der menschlichen Erfahrung hin, zwischen denen er sich im Denken orientiert: das religiöse Erleben, das dem Menschen etwas bedeutet, und das naturwissenschaftliche Fragen, das dem Menschen etwas mitteilt und über deren Beantwortung man sich einigen kann. Beide sind dabei mit einem ungeheuren Staunen verbunden. Die Spannung zwischen diesen beiden Eckpunkten hatte in der Mitte der 1920er-Jahre gerade eine völlig neue Dimension bekommen und ist vor allem mit dem Namen des Physikers Werner Heisenberg verbunden, bei dem von Weizsäcker 1933 an der Universität Leipzig promovieren konnte. Heisenberg hatte 1927 als gerade einmal 26-Jähriger die Eigenschaften der atomaren Wirklichkeit erkannt, die heute durch das

Wort »Unbestimmtheit« zwar populär geworden, aber geheimnisvoll geblieben sind. Der noch nicht 15-jährige Teenager von Weizsäcker lebte damals in Berlin, als Heisenberg hier Station machte und dem Knaben Carl Friedrich (wahrscheinlich in kurzen Hosen) auf einer Taxifahrt die verrückt klingende Vermutung mitteilte: »Ich glaub', ich hab' das Kausalgesetz widerlegt.« Von Weizsäcker berichtet von dieser Begegnung in seinem Buch *Wahrnehmung der Neuzeit* und verrät auch, welche maßgebliche Empfehlung ihm Heisenberg mit auf den Lebensweg gegeben hat: »Physik ist ein ehrliches Handwerk; erst wenn du das gelernt hast, darfst du darüber philosophieren.«

Von Weizsäcker hat sich daran gehalten und nicht nur ordentlich zur Physik beigetragen, sondern sogar seinen Namen in ihren Annalen verewigen können, was im Anblick der Ungnade seiner späten Geburt erstaunlich ist. Mit dem Ausdruck »späte Geburt« meinte man damals, dass alle diejenigen Physiker, die ein paar Jahre oder gar ein ganzes Jahrzehnt nach Wolfgang Pauli oder Werner Heisenberg zur Welt gekommen sind, feststellen mussten, dass es am Ende ihrer Studien schon eine neue Physik gab, deren grundlegende Gesetze alle schon entdeckt oder erfunden worden waren – eben von den anderen, die das Glück hatten, etwas früher auf die Welt gekommen zu sein. Trotzdem ist dem jungen von Weizsäcker noch ein nobelpreisverdächtiger Beitrag zur Physik gelungen, und zwar zusammen mit dem Physiker Hans Bethe (der die begehrte Auszeichnung aus Stockholm später für andere Arbeiten bekommen hat). Die Fachwelt spricht heute vom Bethe-Weizsäcker-Zyklus und meint damit die von den beiden erkannte kreisförmig verlaufende Reaktion, in der die drei Elemente Kohlenstoff, Stickstoff und Sauerstoff (und ihre Isotope) ihre Bauteile immer wieder umlagern und sich so gegenseitig hervorbringen; dabei produzieren sie energiereiche Strahlung und geben zugleich auch Wasserstoffen die Gelegenheit, zum Element Helium zu fusionieren. Der Bethe-Weizsäcker-Zyklus erklärt auf diese Weise, woher zum Beispiel die Sonne ihre Energie bezieht – nämlich aus einer kontinuierlich betriebenen und schön rund laufenden Kernfusion.

Es gibt übrigens eine Anekdote, die von dem verliebten Carl Friedrich erzählt, der mit einem Mädchen an einem schönen Sommertag auf der Wiese sitzt. »Scheint die Sonne nicht herrlich?«, schwärmt sein Schatz. »Ja«, soll er schmunzelnd und stolz geantwortet haben, »und ich bin der Einzige, der weiß, wie sie das macht.«

Der Philosoph

Mitte der 1930er-Jahre arbeitet von Weizsäcker, nachdem er sich in Berlin als Physiker habilitiert hat, als Assistent bei Lise Meitner, die Uran mit Neutronen beschießt, ohne zunächst zu bemerken, was passiert, wenn Kerne dabei getroffen werden. 1937, noch vor dem Ereignis der Entdeckung der Kernspaltung, legt von Weizsäcker sein Buch *Die Atomkerne* vor. Dabei handelt es sich um sein erstes und letztes Buch über die Physik selbst, denn immer mehr bedrängen und beschäftigen ihn andere Fragen – politische und philosophische.

In den kommenden Jahren denkt er intensiv über die Deutung bzw. Bedeutung der Quantenmechanik nach, und mitten im Krieg (1943) publiziert er in einem Leipziger Verlag seine Überlegungen *Zum Weltbild der Physik*. Es beginnt mit folgenden Sätzen: »Vor einigen Jahrzehnten besaß die Physik ein geschlossenes Weltbild. Es bot einen Rahmen, in den alle bekannten physikalischen Erscheinungen passten. Es übte als Vorbild eines wissenschaftlichen Weltbildes einen entscheidenden Einfluss auf alle anderen Wissenschaften aus. Bis in die großen Fragen der Weltanschauung hinein erstreckten sich seine Wirkungen und halfen das geistige Gesicht der Zeit zu prägen. Heute besteht dieses Weltbild nicht mehr.« Um es genauer zu sagen, es besteht nicht mehr als die einheitliche Sicht, welche die alte klassische Physik zu bieten hatte und die zum Beispiel Immanuel Kant veranlasst hat, seine *Kritik der reinen Vernunft* zu schreiben. Von Weizsäckers Überlegungen *Zum Weltbild der [neuen] Physik* werden zum Glück bis heute aufgelegt. Wer sich für den Autor und sein verführerisches Vermögen, Physik und Philosophie zusammen zu denken und das Wissenschaftliche im menschlichen Streben nach Klarheit darzustellen, interessiert, der wird hier eine Goldgrube finden. Nie sind die beiden Geistesdisziplinen – nach dem Vorbild Bohrs betrachtet er sie als komplementär – so eng und authentisch miteinander verwoben worden wie in diesem Buch. Und nirgendwo zeigt sich besser, warum es berechtigt und notwendig ist, von Weizsäcker als Physiker *und* Philosophen vorzustellen. Das wunderbare Werk des gerade einmal 30-Jährigen endet mit der Erwartung, dass eines Tages »vielleicht ein neuer Mensch die Augen öffnen und sich mit Erstaunen einer neuen Natur gegenübersehen« wird, was wir nicht weiter kommentieren und nur als Angebot an unsere Zeit vorlegen wollen.

Dem *Weltbild der Physik* folgen nach dem Weltkrieg weitere große Werke. Gemeint sind *Die Einheit der Natur* von 1971 und der *Aufbau der Physik* von 1985. Im hohen Alter hat von Weizsäcker in einem abschließenden Spätwerk mit dem Titel *Zeit und Wissen* (1992) versucht, eine Rekonstruktion der Physik zu geben, die er – ganz im Sinne von Niels Bohr – nicht als Beschreibung der Natur auffasst, sondern als Beschreibung dessen, was Menschen von der Natur wissen. Der Bogen, den von Weizsäcker dabei zu schlagen versucht, reicht vom Anfang der abendländischen Metaphysik, der durch den Satz des Parmenides, demzufolge Wissen und Sein dasselbe sind, charakterisiert ist, bis zum gegenwärtigen Ende dieses Denkens, welches durch eine Frage von Martin Heidegger markiert wird: »Offenbart sich die Zeit selbst im Horizont des Seins?«

Man konnte und kann nur die Vielfalt der Themen bewundern, die von Weizsäcker etwa in *Die Einheit der Natur* nicht nur anspricht, sondern bereichert. Es geht ihm neben der Wissenschaft selbst um eine Philosophie der Sprache. Er entwickelt ein Verständnis der Zeit und ihrer Richtung und liefert eine Deutung der Information sowie eine Bewertung der neuen Wissenschaft namens Kybernetik. Und damit haben wir nur einige wenige Aspekte seines Gedankenreichtums genannt. Von Weizsäcker formuliert seine Einsichten stets elegant und einprägsam zugleich. Für das Verständnis der Information schlägt er zum Beispiel zwei grandiose, grundlegende Thesen vor, die ein langes Nachdenken lohnen und belohnen: »Information ist, was jemand versteht«, und diesem ersten fügt er einen zweiten Satz hinzu: »Information ist, was Information erzeugt.«

Von der Verantwortung

Mit solchen Arbeiten bewegt sich von Weizsäcker in der Bundesrepublik der Nachkriegsjahre immer weiter von der Naturwissenschaft Physik weg und auf die Geisteswissenschaft Philosophie zu. Auch wenn er nach 1945 zunächst noch eine Abteilung des Max-Planck-Instituts für Physik in Göttingen übernommen hat, besonders glücklich oder produktiv geworden ist er dabei nicht. Seine akademischen Ziele liegen woanders, und eines erreicht er 1957, als ihn die Universität Hamburg auf den Lehrstuhl für Philosophie beruft. Hier kann er sich nicht nur zahlreichen wissenschaftstheoretischen Fragen in Hinblick auf den Gang der Wissenschaft widmen. Er kann sich darüber hinaus als Philosoph den Fragen nach der Verantwortung des Forschers zuwenden, die ihn ganz sicher persönlich beschäftigen. Immerhin haben er und sein Lehrer Heisenberg während des Dritten Reichs in einem sogenannten Uranverein über die praktischen Folgen der von Otto Hahn in Berlin entdeckten Kernspaltung nachgedacht. Dabei ging es um den Bau von Kernwaffen, und zwar für Hitler.

Von Weizsäcker hat nach 1945 gerne die Formel benutzt, er sei »nur durch göttliche Gnade« vor der Versuchung bewahrt worden, eine deutsche Atombombe zu bauen. Viele Zeitgenossen haben ihm geglaubt und würden dies auch bereitwillig weiterhin tun. Aber es gibt inzwischen Hinweise, dass von Weizsäcker nicht so friedlich und harmlos gewesen ist, wie er es nach 1945 dargestellt – oder sollten wir sagen: uns weisgemacht – hat. Er scheint im Uranverein nicht nur physikalisch, sondern auch politisch gedacht und die illusionäre Hoffnung gehabt zu haben, mit der neuen Waffe den »Führer« zu führen. Er war es nämlich, der Heisenberg 1941 überredet hat, in das von deutschen Truppen besetzte Kopenhagen zu fahren, um mit Bohr über die Möglichkeit von Atomwaffen zu sprechen, wobei das ganze Unternehmen vermutlich von der Gestapo verfolgt wurde. Und im Sommer desselben Jahres, während deutsche Panzer Richtung Moskau rollten, hat von Weizsäcker ein unheilvolles Patent für ein »Verfahren zur explosiven Erzeugung von Energie und Neutronen, z.B. in einer Bombe« angemeldet, wie es inzwischen sogar im Nachrichtenmagazin *Der Spiegel* zu lesen war (Ausgabe 11/2010, S. 72). Leider haben wir von dieser 1990 in Moskau entdeckten Patentschrift zu allgemeinem großen Bedauern nicht von ihm selbst erfahren. Das legt die Vermutung nahe, dass der große Philosoph uns womöglich jahrzehntelang hinters Licht geführt hat.

Von Weizsäcker selbst hat 1980 in einem Vortrag versucht, »Rechenschaft über die eigene Rolle« abzugeben, die er bei der Entwicklung sowohl der Kernphysik als auch der Atombombe gespielt hat. Die zentralen Sätze lauten, dass er nur wegen einer Einsicht diese Rede halte, und dies sei »eine moralische Einsicht«, der er sich nicht habe entziehen können. Sie heißt: »Die Wissenschaft ist für ihre Folgen verantwortlich.« Vermutlich hat dieser Satz den Beifall des Publikums gefunden, aber es könnte sein, dass von Weizsäcker genau das wollte und kaum etwas anderes im Sinn hatte. Mit dem Satz entlässt er nämlich die Öffentlichkeit – also uns – aus der Verantwortung, und gaukelt uns vor, das ganze Problem alleine schultern zu können. Wir dürfen uns somit beruhigt zurücklehnen und auf die Wissenschaft schimpfen, schließlich war sie es (und nicht wir), die mit dem Feuer gespielt hat. Das Einzige, was uns zu tun bleibt, ist dem Philosophen zu applaudieren, dem wir spätestens seit diesen seinen Worten zutrauen, stets verantwortlich gehandelt zu haben. So möchte von Weizsäcker von uns gesehen werden, und so haben wir ihn jahrzehntelang gesehen. Aber hat er auch so gehandelt? Wir haben Zweifel, und sie wachsen.

Die Kernspaltung

Der junge von Weizsäcker verbrachte seine Tage in den Laboratorien in Berlin, in denen Otto Hahn 1938 die Urankerne gespalten hat. Die beiden haben sich laut von Weizsäcker unmittelbar nach dem wissenschaftlichen Erfolg unterhalten. Hahn befürchtete, dass seine Entdeckung »sehr bald weltweit bekannt sein würde«, was deshalb schlimm sei, weil dieser Vorgang zur »Freisetzung der Kernenergie« und deren »Verwendung als Waffe« führen kann – einer Waffe, »die allen bisherigen weit überlegen sein würde. Hahn erschrak zutiefst über die Gefahr, dass Hitler solche Waffen in die Hand bekäme«, wie von Weizsäcker schreibt und worüber man sich wundern darf. Und zwar deshalb, weil ohne die Erklärung, die Lise Meitner und ihr Neffe Otto Robert Frisch erst später in Schweden für Hahns Beobachtungen geliefert haben, nichts von einer »Freisetzung der Kernenergie« bekannt war. Hahn jedenfalls verstand nichts von alldem. Das musste sich somit der junge von Weizsäcker selbst ausgedacht haben, der 1938 gerade einmal 26 Jahre alt war. Und deshalb erstaunt umso mehr, was er nach der Berliner Begegnung mit Hahn zu Papier bringt und als Brief an den Philosophen Georg Picht schickt: »1. Wenn Atomwaffen möglich sind, wird es jemanden auf der Erde geben, der sie baut. 2. Wenn Atomwaffen gebaut sind, wird es jemanden auf der Erde geben, der sie kriegerisch einsetzt. 3. Also wird die Menschheit wohl nur die moderne Technik überleben können, wenn es gelingt, die Institution des Krieges zu überwinden.« Das heißt doch wohl, dass von Weizsäcker an den Experimenten mit Uran nicht weiter interessiert war, sofern sie auf ein tieferes physikalisches Verständnis der Struktur von Atomen hinausliefen. Sein Augenmerk lag, dem Schreiben nach zu urteilen, eindeutig auf dem politischen Aspekt.

Er sah sich auf dem Weg zur Atombombe, was er diplomatisch nutzen wollte – unabhängig von den Machtverhältnissen.

Der Friedensforscher

Konzentrieren wir uns auf den letzten Satz des obigen Zitats: »Die Institution des Krieges überwinden« – mit diesem Gedanken treffen wir schon früh auf ein Leitmotiv, das sich durch von Weizsäckers Leben zieht. Er benutzt die Wendung in seinen Briefen immer wieder – etwa wenn er im Sommer 1987 als »sehr ergebener« von Weizsäcker dem »sehr geehrten Herrn Staatsvorsitzenden« Erich Honecker erklärt, »dass bei der bestehenden Struktur der Menschheit« der Bau von Atomwaffen »praktisch nicht würde verhindert werden könne[n]« und »auf die Dauer die Überwindung der Institution des Krieges als die einzige Lösung zu sehen« sei. Das Thema bleibt uns bis zuletzt erhalten, wenn von Weizsäcker im Juli 1995 dem französischen Präsidenten Jacques Chirac nicht nur darlegt, warum sein Land auf die geplanten Atomwaffenversuche im Pazifik verzichten solle, sondern auch, worum es allgemein geht: »1. Wenn Atombomben möglich sind, so wird es in der heutigen Menschheit jemanden geben, der sie herstellt. 2. Wenn Atombomben hergestellt sind, so wird es in der heutigen Menschheit jemanden geben, der sie militärisch einsetzt. 3. Die Atombombe ist ein Weckersignal; sie ist das deutlichste Beispiel moderner Waffentechnik. Der Menschheit wird damit auf die Dauer nur die Wahl bleiben, entweder die Institution des Kriegs zu überwinden oder sich selbst zugrunde zu richten.«

Leider erfahren wir nicht und nirgendwo im Ansatz, wie von Weizsäcker diese Institution überwinden will und wie sie überhaupt eingerichtet wurde. Und so wirkt von Weizsäckers dritte Karriere, die des Friedensforschers, eher schal, unehrlich und aufgesetzt.

Sie beginnt auf dem Hamburger Lehrstuhl für Philosophie, auf dem er 1957 die Göttinger Erklärung gegen die Ausrüstung der Bundeswehr mit taktischen Atomwaffen formuliert. 1961 initiiert er ein Tübinger Memorandum, das sich gegen die atomare Aufrüstung wendet und für eine Anerkennung der Oder-Neiße-Grenze plädiert. Seine Appelle finden vor allem Gehör, seit ihm 1963 der Friedenspreis des Deutschen Buchhandels verliehen worden ist und er in der Dankesrede eine Weltinnenpolitik fordert, um die es heute erneut geht – allerdings unter dem geschwollenen Namen »Global Governance«. Von Weizsäckers öffentlicher Ruhm steigt und steigt. Kein Hörsaal ist groß genug, um die Menschen zu fassen, die seine Vorlesungen hören wollen. Diese beinhalten vor einem philosophisch-physikalischen Hintergrund insbesondere Vorschläge für Friedensaktivitäten, durchleuchten die Ernährungslage der Welt, plädieren für die Gründung sowohl einer »Forschungsstelle für Kriegsverhütung« als auch einer »Forschungsstelle für westliche Wissenschaft und östliche Weisheit« und stimmen uns auf einen »Garten des Menschlichen« ein.

1970 richtet die Max-Planck-Gesellschaft am Starnberger See für von Weizsäcker ein Institut zur Erforschung der Lebensbedingungen in der technisch-wissenschaftlichen Welt ein, in dem er Themen wie die Gefahr von Atomkriegen, die Umweltzerstörung und den schwelenden Nord-Süd-Konflikt erkundet. 1980 tritt er in den Ruhestand, der bei ihm eher als Unruhestand zu bezeichnen ist, weil er sich nach der Emeritierung als Vertreter eines »radikalen Pazifismus« präsentiert, was ihm als »das christlich einzig Mögliche« erscheint. So versucht er mit seiner Autorität in ungezählten

Vorträgen und Aufsätzen bei den Menschen einen »Bewusstseinswandel« in die Wege zu leiten und unternimmt diese Anstrengung unter dem Motto: »Nicht Optimismus, aber Hoffnung habe ich zu bieten.«

Seine politischen Bücher zum Frieden werden vielfach Bestseller – etwa *Der Weltfriede als Lebensbedingung des technischen Zeitalters* (1969), *Der ungesicherte Friede* (1975) und *Der bedrohte Friede* (1981), um nur einige Titel zu nennen. Von Weizsäcker kommt in diesen Texten immer wieder auf die Institution des Krieges zu sprechen, die als unvermeidlich hinzunehmen, er sich weigert. Doch wie es den Menschen gelingen kann, diese elende Institution abzuschaffen, wissen wir, wie gesagt, bis heute nicht. Aber wir wissen vieles bis heute nicht – und vielleicht ist es besser so.

4

David Bohm (1917–1992)

Die implizite Ordnung des Ganzen

David Bohm wurde als Sohn eines jüdischen Möbelhändlers in einem kleinen Dorf in Pennsylvania geboren. Als Kind interessierte er sich sehr für die Sterne und als Jugendlicher hat er, wenn er gerade keine Science-Fiction-Bücher verschlang, eine Teekanne erfunden, die nicht tropft.

Als Bohm in den 1930er-Jahren unter anderem bei Robert Oppenheimer Physik studierte, engagierten sich dessen Studenten noch in pazifistischen und kommunistischen Zirkeln, was für Bohm mehrere Konsequenzen hatte. Zunächst verwehrten ihm die Behörden die Unbedenklichkeitseinstufung und damit die Beteiligung am Manhattan-Projekt, und nach 1950 bekam er Schwierigkeiten mit berüchtigten US-Politikern – allen voran Senator McCarthy –, die »unamerikanischen Umtrieben« auf der Spur waren, womit sie die Kommunisten oder deren Sympathisanten meinten. Bohm verweigerte jede Zusammenarbeit mit solchen Ideologen, was heißt, dass er es strikt ablehnte, über Kollegen zu sprechen, um sie möglicherweise zu denunzieren. Sein standhaftes Verhalten hatte zur Folge, dass er keine Anstellung in den USA fand. So ging er erst nach Brasilien, dann nach Israel (wo er in Haifa seine Frau Sara traf) und zuletzt nach England, wo er 1961 einen Arbeitsplatz am Birkbeck College in London fand, dem er bis zu seiner Emeritierung 1987 gedient hat. Bohm ist dann auch in London gestorben.

Die Teile und das Ganze

Dass Bohm alleine wegen seiner aufrechten politischen Haltung die USA verlassen musste, konnte auch sein berühmter Freund und Fürsprecher Albert Einstein nicht verhindern. Einstein hielt nicht nur aus politischen, sondern auch aus wissenschaftlichen Gründen zu (und viel von) Bohm. Beide bewerteten sie die traditionelle Deutung der Quantenmechanik, die Kopenhagener Interpretation, ähnlich skeptisch. So trafen sie sich viele Monate lang, um an ihrem eigenen Verständnis der Quantensprünge zu feilen. Als Folge dieser Dialoge bildete sich in Bohm immer deutlicher das Konzept heraus, das er in einem Buchtitel einmal als *Die implizite Ordnung* bezeichnet hat.

Bevor wir darauf eingehen können, muss noch erwähnt werden, was Bohm vor seiner Kooperation mit Einstein gemacht hat, nämlich Versuche unternommen, die Physik des Plasmas zu verstehen. Unter einem Plasma verstehen Physiker einen Zustand, in dem Materie so heiß wie eine leuchtende Flamme und so klebrig wie gekneteter Pizzateig ist und in dem es keine Atome, wohl aber die dazugehörigen geladenen Teilchen wie zum Beispiel die Elektronen gibt. Wer schon einmal unsere Sonne in Nahaufnahme gesehen und dabei die Bewegungen ihrer viele Tausend Grad heißen Oberfläche bemerkt hat, die an das Auf und Ab von Wellen auf einem Ozean erinnern, kann sich grob ein Plasma vorstellen. Bohm wollte wissen, was die Elektronen in solch einer Umgebung machen, und zu seiner Überraschung stellte er fest, dass sie dort aufhören, sich wie individuelle Teilchen zu benehmen. In seinen Experimenten gingen sie vielmehr dazu über, sich so verhalten, als ob sie so etwas wie ein großes Ganzes oder ein dicht vernetztes oder verwobenes Gemenge geworden wären. Technisch sagen die Physiker, dass Bohm mit seinen Überlegungen die sogenannte Vielkörpertheorie (*Many Body Theory*) auf den Weg gebracht hat. Und tatsächlich bedarf es eigener (statistischer) Methoden, um von dem einen Elektron, welches die Grundgleichungen der Quantenmechanik beschreiben, zu den vielen zu kommen, die im Plasma miteinander in Wechselwirkung treten. Sie tun dies aber nicht so, dass sie sich durch ihre Ladung abstoßen, sondern so, dass sie sich umgekehrt zu einem Verbund – zu einem verbundenen Ganzen – zusammenfinden. Dabei kam es Bohm, wie er einmal im Alter verraten hat, immer so vor, als ob der Elektronenschwarm, der dabei zustande kommt, etwas Lebendiges an sich habe. Ja, es schien ihm, als ob er so etwas wie ein sich in die Welt ausweitender Organismus sei, der eindeutig aus Teilen besteht – aus Händen, Füßen, Ohren und anderen Gebilden – und zweifellos nur als Ganzes agieren und sich bewegen kann.

Als theoretischer Physiker entdeckte Bohm zwei heute nach ihm benannte Effekte, die mit Magnetfeldern zusammenhängen. Erstens, es kommt zu einer Bewegung des Plasmas (Diffusion), wenn es sich in einem Magnetfeld befindet. Man spricht heute dabei von der Bohm-Diffusion, die keine konzeptionellen Folgen zeitigt. Zweitens, ein Magnetfeld kann den merkwürdigen (spezifisch quantenmechanischen) Vorgang beeinflussen, bei dem Elektronen miteinander interferieren, wie Wellen es tun. Und das Verwunderliche an dieser in der Literatur als Aharonov-Bohm-Effekt bekannten Quantenbesonderheit besteht darin, dass sie nicht auf das (reale) Magnetfeld selbst zurückgeführt werden kann, sondern auf eine nicht messbare (unwirkliche) Größe, die Physiker in ihre Theorien eingeführt haben, um die mathematische Schreibweise zu vereinfachen. Sie nennen diesen irrealen Teil der Theorie »Vektorpotenzial« und leiten das (reale) Feld davon ab. Ein solcher Schritt in fast transzendente Sphären musste gedanklich deshalb unternommen werden, weil sich der Aharonov-Bohm-Effekt im konkreten Versuch auch dann noch zeigt, wenn das Magnetfeld längst verschwunden ist, das heißt, wenn seine Stärke den Wert null erreicht hat und auf den Messgeräten nichts mehr angezeigt wird (was aber nicht bedeutet, dass da nicht doch noch etwas sein könnte).

Auch wenn dies nur wie eine hilflos wirkende Formulierung erscheint, hier zeigt die Natur offenbar, was Bohm einen »dynamischen Holismus« nennt. Die Natur agiert als ein Ganzes, bei dem auch Dimensionen mitspielen, die uns zwar physisch, aber nicht psychisch (spirituell) verschlossen bleiben. Diese Besonderheit begegnet uns bereits in der Urform der Quantenmechanik selbst, die ja imaginäre Größen benötigt, um formuliert werden zu können. Sie muss dadurch die Wirklichkeit verlassen und aus ihr heraustreten, um sie dann aus unwirklichen Dimensionen in den Blick oder den Griff zu bekommen.

Gegen die Orthodoxie

Je länger Bohm sich mit den Quanten beschäftigte, und je mehr er über ihre physikalischen Wirkungen und philosophischen Deutungen nachdachte, desto mehr faszinierte ihn das Thema. Zugleich aber wurde er immer unzufriedener mit den bisherigen Grundannahmen, zu denen etwa die Unbestimmtheit gehört, die auf Werner Heisenberg zurückgeht und mit der bestritten wird, dass es so etwas wie eine objektive Existenz von Elektronen oder Photonen gibt. Bohm wollte auch nichts davon hören, dass die Quantenphysiker Objektivität nur beim Zufall zulassen, nämlich dann, wenn sie zum Beispiel ein Photon auf einen halbversilberten Spiegel lenken, der es mit jeweils 50-prozentiger Wahrscheinlichkeit durchlässt oder reflektiert. Zwar kann und wird sich das Lichtteilchen in die eine oder andere Richtung bewegen, aber es gibt keine ersichtliche Ursache (Kausalität), die dies übernimmt und festlegt. »Es passiert einfach«, sagten die Vertreter der orthodoxen Quantenphysik, und Bohm hielt das wie Einstein für zu wenig, zu billig oder gar zu dumm. Er vermutete tiefere, vielleicht verborgene Ursachen hinter den Dingen, die es zu erkunden galt. Deshalb dachte er darüber nach, wie man sie zu fassen bekommen könnte.

Zunächst fragte sich Bohm, ob es überhaupt sinnvoll und womöglich sogar falsch sei, Elektronen als einfache (d.h. nicht zusammengesetzte) und strukturlose Gebilde zu betrachten. Er schlug stattdessen vor, die Träger der negativen Elementarladung als komplexe und dynamische Einheiten zu sehen, in denen ja immerhin Masse, Elektrizität, Spin und was sonst noch verpackt sein mussten – und zwar jede Eigenschaft schön einzeln und für sich. Und wenn sich solch ein kleines Ganzes in der Welt umherbewegt, dann bleibt nicht unbestimmt, was es tut. Es folgt vielmehr einer nachvollziehbaren »Bahn«, nur dass deren Aussehen nicht mehr nur – wie in der klassischen Physik – durch konventionelle Kräfte bestimmt wird. Jetzt wirken insbesondere »Quantenpotenziale« mit in den Ablauf hinein. Diese sind so angelegt, dass sie dem sich bewegenden Elektron, so Bohm, »aktive Informationen« über das Umfeld vermitteln, in dem es unterwegs ist.

Zur Erläuterung seiner Idee einer »aktiven Information« bietet Bohm die Analogie eines Schiffes, das durch Radarsignale gesteuert wird. Das Radar verfügt über alle relevanten Informationen aus der Umgebung und leitet das Schiff, indem es seiner Bewegung die geeignete Richtung und

Schnelligkeit gibt. Das (rein physikalische) Vorwärtskommen selbst wird durch die Motoren im Maschinenraum ermöglicht, aber diese kausale Kraftquelle bleibt ohne Radar uninformiert. Sie allein erlaubt es einem außenstehenden Beobachter nicht, die Bahn des Schiffes nachzuvollziehen oder gar zu berechnen.

Bohms Überlegungen wurden lange Zeit als nicht uninteressant, aber letztlich ohne Belang verstanden. Sie schienen mehr von Metaphysik als von der Physik selbst zu handeln. Doch dies änderte sich in den 1980er-Jahren, als Experimente zeigten, dass es offenbar eine merkwürdige Verschränktheit der Quantenwelt gibt, die genau auf das Ganze hinweist, auf das Bohms Denken letztlich hinauswollte. Wir werden diese Entwicklung genauer kennenlernen, wenn wir den Schotten John Bell treffen, der mehr oder weniger direkt für diesen Aspekt der Quantenwirklichkeit und seine Aufdeckung zuständig ist. Auf jeden Fall hat Bohms Bemühen um eine zugleich ordentliche und unorthodoxe Deutung der Quantensprünge dadurch neuen Auftrieb erfahren.

Die implizite Ordnung

In den 1960er-Jahren dachte Bohm vermehrt über das Konzept nach, das wir gewöhnlich als Ordnung bezeichnen und an dem viele Teile beteiligt sind.

Eines Tages fiel ihm ein merkwürdiges Gerät auf. Es bestand aus zwei konzentrischen Glaszylindern, und der Raum zwischen ihnen war mit Glyzerin ausgefüllt, also mit einer hoch viskosen (zäh fließenden) Flüssigkeit. Wenn man nun einen Tintentropfen in das Glyzerin einbringt und den äußeren Zylinder umdreht, sorgen klassische physikalische

Kräfte dafür, dass der ursprüngliche Tropfen in die Länge gezogen und zu einem Faden wird. Er wird lang und länger, bis man ihn nicht mehr sehen kann. Wird nun der Zylinder in die Gegenrichtung umgedreht, erscheint bald erneut ein sichtbarer Faden, der rasch an Dicke zunimmt und zuletzt wieder zu dem Tropfen wird, mit dem alles angefangen hat.

Bohm deutete dieses Geschehen dadurch, dass er sagte, der Tintentropfen, der ins Glyzerin gelangt ist und dort diffundiert, habe in seinen Teilen (den Tintenmolekülen) eine verborgene Ordnung behalten, die sich zwar nicht (so ohne Weiteres) sichtbar manifestiere, aber keinesfalls als ein Zustand von Unordnung oder Ordnungslosigkeit zu verstehen sei. Bohms Ansicht nach sind alle separaten Objekte, Strukturen, Gebilde und Ereignisse Auswirkungen einer tieferen und ungebrochenen Ganzheit, deren Ordnung er mit dem Attribut »implizit« charakterisierte (und die im Fall des Tintentropfens und seiner Moleküle auf physikalisch-chemischen Wechselwirkungen beruhen wird).

Um den Ausdruck »implizit« zu verstehen, empfiehlt es sich an Sätze zu denken, die eine implizite und explizite Bedeutung haben. »Ich fahre gerade von Konstanz nach München« hat die explizite Bedeutung, dass ich irgendwo zwischen den beiden Städten bin. Die implizite Bedeutung erschließt sich aus dem Umfeld: Wenn der Satz etwa auf einem Bahnhof fällt, meint »fahren« nichts anderes als »mit dem Zug fahren«, an einer Tankstelle bedeutet es »mit dem Auto fahren« und so weiter. Eine implizite Ordnung operiert mit Informationen von außen und entsteht nur in einem Umfeld, das zu dem Ganzen dazugehört. Das Ganze selbst kann in diesem Rahmen nichts Starres sein, sondern befindet sich in Bewegung. Für Bohm ist deshalb das Universum ein ungeteiltes Ganzes in einem dahinströmenden Fluss: »In diesem Strömen kann man ein sich dauernd änderndes Muster an Wirbeln, Wellen, Blasen, Verwerfungen, Spritzern und anderen Verformungen sehen, die offenbar über keine unabhängige Existenz für sich verfügen. Sie sind vielmehr aus den fließenden Bewegungen hervorgegangen (abstrahiert), und sie tauchen auf und verschwinden in dem Prozess des gesamten Strömens. Vorübergehende Randerscheinungen (*subsistence*) dieser Art, die den genannten abstrakten Formen zukommen können, implizieren nur eine relative Unabhängigkeit oder Autonomie des Verhaltens und keine absolute Existenz als letzte Substanz.« So äußert sich Bohm in seinem 1980 publizierten Buch *Wholeness and the Implicate Order*, in dem er – sprachlich nicht gerade entgegenkommend – darlegt, dass wir lernen müssen, alles als Teil einer »ungeteilten Ganzheit« zu verstehen, die sich »in einer fließenden Bewegung« befindet.

Hologramme

Eine andere Metapher, die Bohm heranzieht, um die implizite, eher verborgen bleibende Ordnung der Welt, die seiner Ansicht nach durch die Quantensprünge geschaffen und uns zugänglich gemacht wird, zu veranschaulichen, kennen wir als Hologramm. Hologramme sind flache (zweidimensionale) Bilder, in denen wir aber die Gegenstände als das erkennen können, was sie sind, nämlich dreidimensionale Strukturen. Hologramme werden heute mithilfe von Laserstrahlen hergestellt und können mit bloßem Auge betrachtet werden. Als Bohm jedoch über sie schrieb, war die Technik der Hologrammerstellung noch nicht ausgereift. Es brauchte erst noch den Laserstrahl, um die gesamte im Hologramm enthaltene Information einem Betrachter zugänglich zu machen. Das heißt: Bevor der zuletzt erwähnte Strahl in Aktion tritt, erkennt das Auge fast nichts. Doch wie der Tintentropfen in den mit Glyzerin gefüllten Zylindern eine verborgene Ordnung besitzt, verfügt auch das Muster auf dem unbeleuchteten Hologramm über eine implizite Form, die sichtbar gemacht werden kann. Wenn ein Hologramm in Stücke geschnitten wird, kann aus jedem Fitzelchen das Objekt, das abgebildet worden ist, komplett rekonstruiert werden. Es ist als Ganzes im jedem Teil des Hologramms enthalten. Bohm schlug schließlich vor, sich das ganze Universum als eine Art gigantisches Hologramm zu denken, in dem die vollständige Ordnung auf implizite Weise in jedem Abschnitt der Raumzeit enthalten ist.

Die Kunst und die Menschen

Wer diesem Gedanken nicht vor vorneherein abgeneigt gegenübersteht, könnte sich fragen, ob es nicht für das von Bohm beabsichtigte Denken eine bessere Metapher als das Hologramm gibt. Und die gibt es. Sie entsteht mit Bohms Überzeugung, dass es der Wissenschaft nicht allein gelingen kann, das Wirkliche zu erkennen, und dass sie zu diesem Zweck Anleihen bei der Kunst machen sollte. Für ihn war die Trennung von Kunst und Wissenschaft nur etwas Vorläufiges, wobei man gerne gewusst hätte, ob ihm klar war, dass er sich da in wunderbarer Übereinstimmung mit Goethe befindet. Jener sah in seiner Farbenlehre eine Zeit kommen, in der sich Wissenschaft und Poesie wieder vereinen würden. Im Übrigen war Goethe auch der Meinung, dass man die Wissenschaft nur dann als Ganzes verstehen kann, wenn man sie als Kunst denkt.

Wissenschaft als Kunst denken – genau damit können wir die Metapher hervorbringen, die wir dem Hologramm vorziehen sollten, nämlich die Idee, das Ganze der Welt im

Bild eines Bildes – quasi als Gemälde – zu sehen. Ein Gemälde entsteht anders als eine Fotografie, nämlich so, dass der Maler bei jedem Punkt oder Strich, den er aufträgt, an das Ganze denkt, das entstehen soll. In einem Kunstwerk ist deshalb in jedem Teil das Ganze enthalten – nicht als Substanz, aber als die Relation, die sich in der Form zu erkennen gibt, welche das fertige Bild letztlich anvisiert und annimmt.

Kunstwerke verbergen und offenbaren zugleich in jedem Punkt, an jeder Stelle eine implizite Ordnung, die zu dem Gesamtbild führt, um das es gerade auch in der Wissenschaft geht. Und um das Erfassen der gesamten uns umgebenen Wirklichkeit ging es Bohm stets. Er wollte die Natur der Realität und ihre Trennungen und Teilungen, die nicht nur in den Laborversuchen, sondern auch in unser aller Leben erkennbar werden, verstehen. Bohm bedauerte diesbezüglich die Tatsache, dass viele Menschen in diesem Separieren ihr Heil suchten und sich als Angehörige von Nationen, Kulturen, Religionen von anderen Menschen unterscheiden wollten. Ihm wäre lieber gewesen, die Menschen würden bei aller Individualität mehr Wert auf Zusammengehörigkeit und Gemeinschaftsbildung legen. Die Quantensprünge zeigen, dass die Welt nur so ganz ist und bleibt. Wir müssen sie lediglich ernst nehmen.

5

Richard P. Feynman (1918–1988)

Der klügste Mann der Welt

Richard Feynman stammte aus dem winzigen Far Rockaway auf Long Island im Staate New York. Er wurde von seinen Freunden stets »Dick« gerufen und starb als Physiklegende, und zwar im kalifornischen Pasadena, in dem es das weltberühmte California Institute of Technology, kurz Caltech, gibt, dem Feynman über Jahrzehnte als Professor für Physik angehörte und diente. Er trug bei der Arbeit stets weiße Hemden und graue Hosen und war zugleich als genialer Physiker und großer Kindskopf bekannt. Bei ihm trifft man auf höchste Originalität im Bereich der Physik und platteste Banalität in Fragen von Kunst und Philosophie. Während es sich lohnt, jedes Wort zu bewahren, das er zu seiner Wissenschaft sagte, ist es ebenso ratsam, nicht alles zu ernst zu nehmen, was er zu moralischen, ästhetischen und politischen Fragen von sich gab. Als seine Kollegen einmal voller Bewunderung bemerkten, Feynman sei doch wohl der klügste Mann der Welt, antwortete seine Frau: »Wenn dies der klügste Mann der Welt ist, dann helfe uns Gott.«

Forscher und Lehrer

Wie gesagt, in der Physik kannte sich Feynman aus wie kein anderer in seiner Zeit, und diese Wertschätzung bezieht sich nicht nur auf sein Spezialgebiet, das auf den leider etwas komplizierten Namen »Quantenelektrodynamik« hört und die nächst höhere Ebene der Quantenmechanik darstellt, auf der elektrische Ladungen und magnetische Momente anfangen, eine Rolle zu spielen. Sie bezieht sich auch auf die ganze Physik allgemein, auf das physikalische Denken, das Feynman in all seinen Nuancen meisterhaft beherrschte und immer wieder spannend präsentieren konnte.

Was die Forschung angeht, so stellt die von Feynman entwickelte QED, wie die Quantenelektrodynamik gerne abgekürzt wird, die genaueste physikalische Theorie dar, die uns zur Verfügung steht. Sie beschreibt, wie sich Licht und Materie begegnen und miteinander in Wechselwirkung treten, etwa wenn ein Sonnenstrahl von einem Spiegel reflektiert wird. Das heißt, Feynman hat herausgearbeitet, wie die Energie des Lichts mit der Energie der Elektronen zusammentrifft und dabei zum Beispiel Farben und Beugungsmuster entstehen. Und das Besondere daran steckt in der bildhaften Methode, die Feynman bereits 1949 als junger Mann gefunden hat. Sie vermag es, die in der QED rasch sehr kompliziert werdenden mathematischen Strukturen zu bändigen und in ansprechenden Schaubildern – den nobelpreisgekrönten Feynman-Diagrammen – einzufangen und auszuwerten.

Und was die Lehre anbelangt, so hat er in den 1960er-Jahren mit seinen längst legendären *Feynman Lectures of Physics*, die als drei leuchtend rote Bände in ungewöhnlichem Format erschienen sind, an Raffinesse alle anderen Lehrer übertroffen und neue didaktische Maßstäbe für unsere Zeit gesetzt. Dass es Feynman in diesen Vorlesungen gelungen ist, nicht irgendeinen zufällig aktuellen Stand seiner Wissenschaft darzustellen, sondern sich in der Lage gezeigt hat, das Wesentliche seines Fachs und die Art seines Vorgehens plausibel vorzuführen, lässt sich unter anderem daran messen, dass seine »Lectures« seit ihrem Erscheinen im Jahre 1963 in unveränderter Form gedruckt und verwendet werden. In ihnen hat Feynman offengelegt, was Physik ist und wie sie arbeitet. Inzwischen gibt es Feynman-Fans, die seine Vorlesungen zitieren, als ob es um heilige Stellen aus der Bibel geht. »Buch III, Kapitel 12, Vers 26«, heißt es dann zum Beispiel, wobei statt des Verses natürlich eine Zeile gemeint ist.

Besonders gerühmt wird Buch I, Kapitel 37, das die Quanten in die Physik einführt. Feynman beginnt mit dem berühmten Experiment, in dem Elektronen eine Wand mit zwei benachbarten Öffnungen, einem Doppelspalt, durchlaufen und so interferieren wie Wellen, obwohl sie individuell als Teilchen registriert und gezählt werden. Feynman erklärt, wie Elektronen ihre Quantennatur offenbaren, indem sie selbst dann, wenn sie einzeln den Doppelspalt passieren und sich also durch eine der beiden Öffnungen bewegen, irgendwie doch die Möglichkeit behalten, gleichzeitig auch den anderen Weg zu wählen. Die paradoxe Erscheinung hat mit der Unbestimmtheit zu tun, die Werner Heisenberg entdeckt hat und die stets ein Unbehagen hinterlässt. So auch bei Feynman, der dieses Gefühl nicht versteckt, sondern – im Gegenteil – seiner anhaltenden Verwunderung wie folgt deutlich Ausdruck verleiht (wobei wir seiner ursprünglich prosaischen Schreibe, einem Vorschlag des Physikers David Mermin folgend, eine poetische Form geben):

Es war immer schwierig,
die Sicht der Dinge zu verstehen,
die sich in der Quantenmechanik zeigt.

Wenigstens für mich,
denn ich bin gerade so alt,

dass ich den Punkt noch nicht erreicht habe,
an dem alles für mich offensichtlich ist.

Ich werde immer noch nervös dabei.

Ihr wisst doch, wie das ist.
Jede neue Idee braucht eine Generation oder zwei,
bevor es offensichtlich wird,
dass eigentlich gar kein Problem vorliegt.

Ich kann das eigentliche Problem nicht definieren,
also vermute ich, dass es so ein Problem nicht gibt.
Doch ich bin nicht sicher,
dass es kein wirkliches Problem gibt.

Der Spaß an den Dingen

An dem Tag, an dem Feynman starb, befestigten die Studenten des California Institute of Technology am höchsten Gebäude des Campus ein riesiges Banner mit der Inschrift »We love you, Dick«. Diese Geste zeigt, dass Feynman für Generationen von Physikstudenten mehr als nur ein großer Wissenschaftler und faszinierender Lehrer war. Sie liebten ihn als eine Person, die an allem Spaß zu finden schien, und *fun* könnte das Wort sein, das Feynman am besten charakterisiert. Schließlich war er es, der unübersehbar mit einem als Camper umgebauten Lieferwagen durch Pasadena bzw. Los Angeles kutschierte, auf dessen Nummernschild »Qantum« zu lesen war (mehr als sechs Zeichen waren damals nicht erlaubt und die Mehrzahl Quanta schon vergeben) und auf dessen Karosserie einige der Diagramme gemalt waren, die den Fahrer berühmt gemacht hatten.

Feynman hatte schlichtweg Spaß, wenn er Physik trieb, und er hatte Spaß, wenn er seine Bongo-Trommel bearbeitete. Er machte sich mit Begeisterung daran, die Hieroglyphen der Mayas zu entziffern, und es bereitete ihm großes Vergnügen, den »Safecracker« zu spielen, das heißt Kombinationen für einen Safe zu entschlüsseln, vor allem dann, wenn in dem Safe Geheimdokumente lagen (aus deren Inhalt er aber keinen Nutzen zog). Feynman amüsierte sich königlich, wenn er Sprachen der Welt imitierte – er konnte einen glauben machen, perfekt das Spanische oder Chinesische zu beherrschen, während er aber nur bedeutungslose Laute von sich gab, die so klangen, als ob. Und er ließ sich auch mit großer Freude auf seinen rau rollenden New Yorker Akzent ein, den er als junger Mann pflegte, damit ihn niemand mit den Snobs verwechselte, die aus Harvard oder Princeton kamen. Kurz, er hatte *fun*.

Der Ernst des Lebens

Bereits der Studienanfänger Feynman fiel durch seine mathematischen Fähigkeiten auf, die mit rechnerischem Vermögen und physikalischer Intuition verknüpft waren, und so holte ihn Robert Oppenheimer 1943 nach Los Alamos, damit er am Manhattan-Projekt mitwirken konnte. Bald leitete Feynman die Gruppe, die für die entscheidenden Berechnungen von Größe und Reichweite der Atombomben verantwortlich war. Dabei ist anzumerken, dass damals noch eine computerlose Zeit herrschte und der Umfang der Kalkulationen viel fantasievolle Kopf- und Handarbeit erforderte.

Als Feynman in Los Alamos lebte, kam es zu einer persönlichen Tragödie. Er hatte sehr früh geheiratet, und er liebte seine Frau Arlene sehr. Es war »a love like no other love«, wie er einmal geschrieben hat. Aber dann wurde Arlene krank, und niemand konnte ihr helfen. Feynman musste zusehen, wie seine junge Frau vergeblich gegen die Tuberkulose ankämpfte. In diesen schweren Tagen gab ihm die Physik Halt, und seitdem befand er, dass Wissen »der höchste Wert« sei, an dem sich ein Mensch orientieren kann. Dieser Erkenntnis folgend, lenkte er sich an Arlenes Sterbebett ab, indem er ihren stockenden Atem untersuchte und sich vorstellte, was im Gehirn alles vor sich gehen kann, wenn das Lebensende naht. Nach Arlenes Tod verließ Feynman sofort das Krankenhaus und ging in sein Büro. Er arbeitete und arbeitete, aber einige Tage später, als er bei einem Spaziergang durch die Stadt in einem Laden ein Kleid sah, das Arlene gefallen hätte, brach er zusammen.

Feynmans Umgang mit Frauen wurde in den folgenden Jahren seltsam. Er verbrachte viel Zeit in Bars, heiratete ein zweites Mal (mit unerfreulichem Ende) und fand erst spät in Gweneth die Frau, die ihn aushielt und bei ihm blieb.

QED

Als der Krieg zu Ende ging – ohne einen Kommentar des eher unpolitischen Feynman zum Abwurf der Atombombe –, folgte er seinem unmittelbaren Vorgesetzen aus dem Manhattan-Projekt, dem Physiker Hans Bethe, an die Cornell Universität im Staate New York. Dort blieb er bis zu seinem Wechsel nach Kalifornien. In Cornell versuchte Feynman von der bereits funktionierenden und erfolgreichen Quantenmechanik zu einer Quantenelektrodynamik zu kommen. Selbst wenn das einem Außenstehenden beim ersten Lesen nicht viel sagt, so reicht ein kurzer Blick in die Entwicklungsgeschichte der Physik, um zu sehen, dass Feynman sich keck an ein historisches Projekt wagte.

Der Triumphzug der klassischen Physik von Newton bis zum Ende des 19. Jahrhunderts war gelungen, weil ihre Vertreter nach einer Mechanik (mit den Gesetzen von Isaac Newton) eine Elektrodynamik (mit den Gesetzen von James Clerk Maxwell) gefunden hatten. So konnten sie sowohl die Bewegung von materiellen Körpern als auch die Dynamik von elektrischen und magnetischen Feldern berechnen und behandeln. Im 20. Jahrhundert war es – wie es sich historisch gehört – zuerst gelungen, eine Quantenmechanik aufzustellen, und nun wartete die Welt gespannt auf die Quantenelektrodynamik, und genau das wollte Feynman bewerkstelligen. Dieser Herkulesaufgabe standen – neben technischen und mathematischen Problemen – zwei Hindernisse im Weg: ein psychisches und ein physikalisches. Die psychische Hürde hatte Paul Dirac aufgebaut, weil der schweigsame Engländer sich schon einmal um dieses Thema gekümmert, dann aber aufgegeben hatte. Dirac sprach von einer allzu großen Herausforderung, die ganz besondere Ideen brauchte. Doch was andere abgeschreckt hatte, schien Feynman nur anzustacheln. Er fühlte sich stark genug, es seinem Helden der jüngeren Physikgeschichte zu zeigen.

Dirac hatte aber seine wissenschaftlichen Waffen nicht aus Langeweile gestreckt, sondern weil er ein physikalisches Problem nicht aus dem Weg räumen konnte, das mit der sogenannten Selbstenergie eines geladenen Teilchens, etwa eines Elektrons, zu tun hat. In der Theorie kam dafür immer wieder ein unendlicher Wert heraus, was physikalisch unsinnig war, und irgendwann hörte Dirac auf, sich darüber den Kopf zu zerbrechen.

Was Selbstenergie ist und warum sie Schwierigkeiten macht, lässt sich gut erklären, wenn man sich, ohne auf Ladungen achten zu müssen, einen Stein vorstellt, der sich in einem Schwerefeld wie beispielsweise der Erde befindet. Wer ausrechnen will, welche Energie solch ein Stein in einer gewissen Höhe über dem Boden hat, muss dazu auch die Theorie von Einstein mit in Rechnung stellen, in der Masse und Energie äquivalent sind. Und damit passiert die Katastrophe – in der Theorie: Da der Stein über eine Masse verfügt, bekommt er Energie. Diese Energie schlägt sich als mehr Masse nieder, was wiederum ihre Energie vermehrt. Dieser energetische Zugewinn muss erneut der Masse des Steins hinzugefügt werden, der dadurch seine Energie erhöht – und so geht es als Spirale bis in alle Ewigkeit weiter, bis also alles unendlich und somit physikalischer Unsinn ist.

Wie dem Stein in einem Schwerefeld ergeht es einem geladenen Elektron in einem elektrischen Feld, und deshalb klappte Dirac frustriert seine Hefte zu. Es war dann Feynman, der sie wieder öffnete und einen Ausweg fand, um die Unendlichkeiten zu vermeiden, die in Fachkreisen ganz behutsam als »Singularitäten« hofiert werden. Dazu musste unser Spaßvogel allerdings einen langen Umweg in Kauf nehmen, was heißt, dass er die Quantenmechanik, welche ihm überholt zu sein schien, neu erfinden und mit anderen Methoden rekreieren musste. Feynman entwickelte eine Sprache, in der es sogenannte Wegeintegrale (*path integrals*) gab, mit denen sich die Wege – genauer: die Bewegungen – der atomaren Realitäten darstellen ließen. Der Zauberer Feynman kramte aus seinem Zylinder zudem sogenannte Proagatoren heraus, die für diese Wege verantwortlich waren und mit denen er bald die Bildchen, seine berühmten Diagramme, malen konnte, die alles so einfach aussehen ließen.

Das mit dem Zaubern stimmt. Denn als Feynman seine Methode bei den Elektronen und dem Licht (seinen Photonen) einsetzte, verschwanden die Singularitäten – die hässlichen Unendlichkeiten – eine nach der anderen. Das ist genau so gemeint, wie es da steht: Jeder unendliche Wert, der in den (alten) Rechnungen auftrat, wurde von einem anderen unendlichen Wert kompensiert, der mit der (neuen) Methode sichtbar wurde. Die Unendlichkeiten hoben sich gegenseitig auf, und die Theorie konnte alles berechnen. Feynman triumphierte, das heißt, er triumphierte eigentlich nicht. Zwar jubelten seine Kollegen, aber einer schüttelte den Kopf: Paul Dirac. Er sah zwar, dass Feynman recht hatte, aber der Preis dafür war ihm zu hoch. Feynman hatte seiner Ansicht nach die Schönheit der Physik geopfert. Dabei hatte sich Dick Feynman bei seinem Suchen gerade auf sie verlassen. Denn als er seine Diagramme entwickelte und noch unsicher war, ob sie weiterhelfen konnten oder nicht, probierte er sie dadurch aus, dass er sie auf bereits verstandene Probleme anwandte. So musste zum Beispiel der Betazerfall, von dem schon mehrfach die Rede war, herhalten. Als er das Feynman-Diagramm dieser Umwandlung eines Neutrons in ein Teilchentrio aus Proton, Elektron und einem Neutrino skizzierte, stellte er fest, dass das Gebilde nicht nur »Eleganz und Schönheit« besaß, sondern ihn anstarrte. »Das verdammte Ding leuchtete«, erzählte er seinem Biografen James Gleick und fügte hinzu, dass er in jenem Augenblick wusste, wie die Natur in diesem Fall funktionierte und wie man ihr auch in anderen Fällen auf die Schliche kommen konnte.

Der andere Feynman

Feynman hat seinen Spaß an vielen Dingen gefunden, nicht nur am Karneval in Rio de Janeiro, an dem er aktiv mit seinen Trommeln teilnahm, sondern auch daran, seine Freunde und Kollegen mit provozierenden Vorschlägen herauszufordern. 1959 schlug er seine »Room-at-the-bottom«-Idee vor, als er Ingenieure aufforderte, das zu entwickeln, was heute Nanotechnologie heißt. Feynman fragte bei dieser Gelegenheit, ob nicht in den mikroskopischen Dimensionen der Dinge Platz genug sei, um etwa Motoren oder Suchgeräte zu konstruieren. Er forderte die Physiker zunächst auf, einen elektrischen Antrieb zu bauen, der kleiner als ein Prozent eines amerikanischen Zolls (*inch*) sein sollte, das etwas mehr als 2,5 cm umfasst. 1000 US-Dollar bot er dem Konstrukteur des ersten funktionierenden Mikrogeräts an, und kaum ein halbes Jahr später war Feynman sein Geld los. Einen Teil davon konnte er sich ein paar Jahre darauf zurückholen, als er eine andere Wette gewann, in der es um die Frage ging, ob Feynman es durchhalten würde, auch nach seinem Nobelpreis 1965 jede administrative Funktion auszuschlagen und sich trotz wachsender Popularität ganz seiner eher komplexer werdenden Wissenschaft zu widmen. Als Zeitraum des Durchhaltens waren zehn Jahre ausgemacht, und obwohl Feynman mit vielen lukrativen Angeboten bedacht wurde, lehnte er sie alle ab. Er sah nicht, wie er auf den möglichen Posten den Spaß bekommen könnte, der ihn mehr als alles Geld interessierte (den Scheck aus Stockholm ausgenommen).

Nicht ablehnen konnte Feynman gegen Ende seines Lebens die Bitte seines Präsidenten Ronald Reagan, in dem Untersuchungsausschuss mitzuwirken, der die Challenger-Katastrophe vom Januar 1986 untersuchen und die Sicherheitskonzeption der US-Behörde NASA analysieren sollte. Sieben Astronauten waren bei dem missglückten Start der Raumfähre ums Leben gekommen. Feynman wurde nach Washington eingeladen, um mitzuhelfen, die Ursachen des Unglücks zu finden. Schon damals lebte er mit geborgter Zeit, wie er es nannte, nachdem 1982 bei ihm Krebs diagnostiziert worden war, und zwar eine Form, die das Knochenmark befällt. Mehrere Operationen hatten ihm noch die Chance auf mehr Jahre im Leben gegeben, und als die Einladung bzw. Aufforderung aus Washington kam, wollte er das bisschen verbleibende Leben eigentlich anders nutzen. Aber er hatte Freunde, die an dem Shuttle-Programm arbeiteten, und er hielt viel von dem gesamten Projekt der Raumfahrt. Damit es weitergehen konnte, mussten dessen Schwachstellen erkannt werden. Und so konnte man eines Tages in der Zeitung lesen: »Mr. Feynman kommt nach Washington«.

Die erwähnten Freunde arbeiteten am sogenannten Jet Propulsion Laboratory (JPL), das in den Bergen vor Pasadena lag, nicht sehr weit von Feynmans Hochschule, dem Caltech. Hier erfuhr er, dass Techniker und Ingenieure schon einige Male auf Sicherheitsmängel verwiesen hatten – es gab zum Beispiel einige Schwierigkeiten mit Turbinenschaufeln. Doch was den meisten Bauchschmerzen bereitete und was Feynman sofort ins Auge fiel, das waren höchst raffinierte Konstruktionen, die als O-Ringe zwar anschaulich, aber unter ihrem Wert bezeichnet wurden. Auf den ersten Blick handelte es sich hierbei um gewöhnliche Gummiringe. Auf den zweiten Blick offenbarten sie jedoch ihre Besonderheit: Der Gummi war dünner als ein Bleistift, und bei einem Durchmesser von mehr als zehn Metern mussten die Ringe einen nahezu perfekten Kreis abgeben. Sie dienten in dieser Form dazu, die Segmente, aus denen eine Rakete gebaut ist, sorgfältig abzudichten. Meist taten sie dies so, wie man es erwartete. Aber ab und zu gab es ein Problem: »O-Ringe zeigen bei der Überprüfung der Segmentnut Spuren einer Versengung«, notierte Feynman nach seinem Besuch am JPL. Das gab Anlass zur Sorge. Denn »sobald ein kleines Loch durchgebrannt ist, entsteht augenblicklich ein großes Loch«, aus dem entzündbare Gase ausströmen können, und das hat »katastrophale Folgen in Sekunden«. Als Feynman dies verstanden hatte, buchte er das Ticket in die Hauptstadt.

Da er als einziges Mitglied des Untersuchungsausschuss nicht zur Raumfahrtbehörde NASA gehörte, galt ihm mehr öffentliche Aufmerksamkeit als allen anderen. Feynman konzentrierte sich auf die O-Ringe, und dabei wurde ihm bald klar, dass es weniger die Hitzebelastung war, der sie nicht standhalten konnten. Es war vielmehr das Gegenteil, nämlich Temperaturen unter dem Gefrierpunkt, wie es sie im Winter auch schon einmal in Florida, wo die Abschussrampe der Challenger Mission stand, geben kann. Tatsächlich hatte es einige sehr kalte Nächte vor dem fatalen Start gegeben, und das Material der O-Ringe könnte spröde und beim Flug löchrig geworden sein. Um seine Einsichten zu den O-Ringen vorzutragen und die Aufmerksamkeit des Publikums zu haben, führte Feynman eine kleine Show vor, die live im Fernsehen übertragen wurde. Er besorgte sich eine kleine Klammer sowie ein paar Zangen und bestellte eine Karaffe Wasser mit Eiswürfeln nebst Gläsern. Vor ihm lag ein Stück von einem O-Ring, das dem Ausschuss für Prüfzwecke zur Verfügung gestellt worden war. Während nun einige Zeugen ihre Aussagen machten, knipste Feynman mit der Zange eine Ecke des O-Rings ab, bog sie um, fixierte diesen Zustand mit einer Klammer und tauchte beides in das eiskalte Wasser. Er ließ das Gummi eine Weile darin baden, um sich dann zu Wort zu melden: »Ich habe ein Stück Gummi des O-Rings genommen und eine Zeit lang in Eiswasser gelegt. Wenn man nun die Klammer entfernt, schnellt das Gummi nicht mehr zurück. Mit anderen Worten, bei einer Temperatur von null Grad verliert der O-Ring seine Elastizität. Und das ist, so scheint mir, für unser Problem von Belang.« Damit war die grundlegende physikalische Ursache der Challenger-Katastrophe gefunden, wie wir inzwischen sagen können. Aber es sollten noch Monate vergehen, bevor alle organisatorischen, politischen und andere Mängel erkannt und korrigiert werden konnten. Als alles vorbei war – auch die Feier im Rosengarten des Präsidenten – flog Feynman zurück nach Kalifornien, wo er dann bald darauf starb. Sein persönlicher Bericht an den Präsidenten schließt mit den Worten: »Eine erfolgreiche Technik setzt voraus, dass der Realitätssinn Vorrang vor der Öffentlichkeitsarbeit hat, denn die Natur lässt sich nicht betrügen.« Oder in seiner eigenen Sprache, die so knapp und prägnant sein kann: »For a successful technology, reality must take precedence over public relations, for Nature cannot be fooled.« Feynman hat in diesem Satz »Natur« großgeschrieben – noch eine gute Idee von ihm.

6

John S. Bell (1928–1990)

Die Präzision einer Ungleichung

Am Ende seines Lebens hatte John Bell Pech. Kurz nachdem der aus dem irischen Belfast – und aus ärmlichen Verhältnissen – stammende Physiker für den Nobelpreis seiner Fachs nominiert worden war, starb er in seiner Heimatstadt an den Folgen einer Gehirnblutung. Seine große Zeit als Wissenschaftler konnte Bell an dem als CERN bekannten Zentrum für Kernphysik mit seinen riesigen Teilchenbeschleunigern in Genf erleben. Dort hielt er sich in den 1950er- und 1960er-Jahren auf, um über Reaktionen und Umwandlungen von Elementarteilchen zu grübeln, wie sie mithilfe von Quantensprüngen zu verstehen waren. In der Schweiz verlor Bell nach und nach sein Interesse an den Maschinen und ihren Möglichkeiten, und er dachte mehr und mehr über die Grundlagen der angewandten Physik nach. Dazu hatten ihn vor allem die Deutungen inspiriert, die David Bohm den Quantensprüngen gegeben hatte. Sie handelten von »verborgenen Parametern«, die es noch aufzuspüren galt und mit deren Hilfe »das präzise Verhalten eines individuellen Systems« bestimmt werden konnte, wie Bohm in seinem 1951 erschienenen Lehrbuch *Quantentheorie* betont hatte. Bell ärgerte, dass seine Kollegen Bohms Ideen lässig ablehnend gegenüberstanden – wenn sie sie überhaupt zur Kenntnis nahmen. So beantragte er 1964 ein Sabbatjahr, um für sich selbst zu klären, was die Existenz von Quanten für die Natur der Wirklichkeit, des Wirklichen, des Realen oder der

Realität bedeutet. Können wir auf verborgene Elemente des Wirklichen hoffen oder zeigt sich hier eine andere Qualität der von uns Menschen erkundeten Welt? (Übrigens, das akademische Sabbatjahr hat seinen Namen aus der Bibel bekommen. Es bezeichnet hier eine Ruheperiode für das Ackerland, das nicht unentwegt produktiv sein kann und vielmehr nach sechs Jahren der Bebauung einmal brach liegen und sich erholen soll.)

Sabbatjahre sind guter akademischer Brauch, also nutze ihn Bell, um sich genauer mit Bohms Frage zu befassen, die zuerst Albert Einstein aufgeworfen hatte. Der große alte Mann der Physik wollte ehedem wissen, ob die gegebene Form der Quantenphysik vollständig sei oder ob es noch irgendwo – in der Wirklichkeit oder hinter ihr – verborgene Größen (*hidden parameters*) geben könne, die das vielfach zufällig bleibende oder zumindest unvorhersehbar erscheinende Quantengeschehen dann doch festlegen (determinieren) würden. Aus den frühen 1930er-Jahren gab es aber einen Beweis des großen ungarischen Barons und Mathematikers John von Neumann, der das Vorhandensein von noch unbekannten oder unzugänglichen Bestimmungsstücken als Teil der Quantenmechanik ausschloss. Dieser Beweis wurde von vielen Physikern bestenfalls oberflächlich gelesen, aber vom Ergebnis her dankend zur Kenntnis genommen.

Doch als sich Bell das mit komplizierter Mathematik durchsetzte Beweisverfahren des berühmten Ungarn vornahm, stiegen leise Zweifel in ihm auf. Er fragte sich, ob das alles so stimmen könne. Seine Skepsis wurde befördert, als Bohm im Anschluss an sein Lehrbuch *Quantentheorie* neue Deutungen der alten Mathematik vorlegen konnte, die Bell ausgesprochen gut gefielen. Während die orthodoxen Wissenschaftler die Lösungen der Wellengleichung von Erwin Schrödinger so interpretierten, dass sich mit ihnen nur die Wahrscheinlichkeiten feststellen ließen, mit denen sich Partikel an gegebenen Orten aufhielten, sah Bohm in eben diesen Lösungen tatsächlich etwas Physikalisches (Reales), mit deren Hilfe die Quantenteilchen transportiert wurden. Bohm dachte an so etwas wie Zweige oder Blätter, die von Ozeanwellen getragen werden und mit ihnen vorankommen, während die Wellen selbst an ihrem Platz bleiben. Bell wollte diesem Konzept nachgehen und wissen, ob es in der Physik eine Möglichkeit, ein Experiment, geben könne, um die Stichhaltigkeit seiner Annahme zu prüfen.

Der rothaarige Ire

Wie es sich für einen Iren gehört, hatte John Bell rote Haare. In seiner Kindheit und Jugend musste er erst einige Jobs annehmen, um Schulen besuchen zu können. Seine glänzenden Noten erlaubten es ihm aber zum Glück bald, sich mit Stipendien über Wasser zu halten und weiterzukommen. Er studierte Physik an der Queen's Universität in seiner Heimatstadt und erwarb erste Abschlüsse sowohl in experimenteller als auch in mathematischer Physik. Von Belfast wechselte er sodann an ein in Oxfordshire gelegenes Atomforschungszentrum. Dort lernte er nicht nur die Bohm'sche Deutung der Quantenphysik, sondern auch seine Frau Mary kennen. Das Paar zog über Birmingham nach Genf an das eingangs erwähnte europäische Kernforschungszentrum CERN, und Bell lieferte auf diesen Stationen Beiträge zur theoretischen Elementarteilchenphysik, die manchmal auch Hochenergiephysik genannt wird, weil man die kleinsten Bausteinchen der Wirklichkeit nur mit dem Einsatz von gigantischen Energiemengen produzieren und aus ihrem Verbund mit dem Rest der Welt lösen kann.

Während seiner Zeit am CERN fiel Bell unter anderem durch sein Motorrad auf, das er nicht nur gerne fuhr, sondern auch hin und wieder in seine Einzelteile zerlegte und dann erneut zusammensetzte. Wenn er damit beschäftigt war, erzählte er zum einen gern, dass er als Protestant von seinen (überwiegend katholischen) irischen Landsleuten eher als Eindringling betrachtet wurde, weshalb es ihm keine Schwierigkeiten bereitete, anderswo als in seiner Heimat zu leben. Zum anderen wies Bell bereitwillig darauf hin, dass einer der Höhepunkte seiner Studienzeit in der Lektüre einiger Texte von Max Born bestand, die unter dem englischen Titel *Natural Philosophy of Cause and Chance* veröffentlicht worden waren. In diesem Buch drückt Born zwar seine Bewunderung für den Beweis aus, mit dem John von Neumann das Kapitel über verborgene Parameter in der Quantenwelt abschließen will, aber Born stellt das Argument nicht vor. Bei Bell blieben folglich Fragen offen, und sie tauchten sofort wieder auf, als er Bohms Lehrbuch las und ihm intuitiv immer klarer wurde, dass in von Neumanns Beweis ein Fehler stecken konnte oder gar musste. Aber wo und wie? Bell nahm sich vor, erst einmal genau herauszufinden, »was von Neumann und seine Nachfolger tatsächlich gezeigt hätten«, wie es zu Beginn in seiner ersten Arbeit *On the Problem of Hidden Variables in Quantum Mechanics* (1966) heißt.

Was ist eine nicht-lokale Wechselwirkung?

Als Bell sich an das Thema wagte, das ihn berühmt machen sollte, lebten er und seine Frau vorübergehend im kalifornischen Stanford. Sie verbrachten hier das eingangs erwähnte Sabbatjahr, das in Bells Fall mit einer Erkenntnis begann.

Bell fällt auf, dass in den Theorien der Quanten etwas fehlt, nämlich eine Unterscheidung zwischen dem, was Bell bald eine lokale Wechselwirkung nennt, und ihrem Gegenstück, die daher nicht-lokal (*nonlocal*) zu nennen wäre. Eine lokale Wechselwirkung kennt jeder, der schon einmal eine Ohrfeige bekommen hat, bei der eine Hand eine Backe trifft, ohne dass zwischen beiden etwas vermittelt. Jeder Hammer, der einen Nagel einschlägt, jede Hand, die den Hammer fasst – sie alle liefern Beispiele für lokale Wechselwirkungen, von denen es in der Welt so sehr wimmelt, dass man sich rasch fragt, ob es die andere Form, die nicht-lokale Wechselwirkung, überhaupt gibt.

Man kann in einigen Bereichen humanen Treibens, wo sich Menschen wenig mit Physik beschäftigen und eher spirituell operieren, von solchen Ferneinflüssen hören: Gebete können bekanntlich Leuten helfen, die räumlich weit weg sind, Voodoo-Priester stecken Nadeln in Puppen und verwunden dadurch angeblich Menschen, die sich an einem entfernten Ort aufhalten – und so soll eine Aktion »hier« für eine Wirkung »dort« zuständig sein, ohne dass sich eine physikalische Wechselwirkung nachweisen oder vermessen ließe.

Nun sollte man meinen, nicht-lokaler Zinnober dieser Art habe nichts mit der strengen Wissenschaft zu tun, aber genau da tauchte Bell auf, der versuchte, mithilfe von lokalen Wechselwirkungen zu verstehen, wie es zum Beispiel zwei Elektronen schaffen, wieder in ihren Ausgangszustand zu gelangen, nachdem sie einmal zusammengestoßen und dabei energetisch angeregt worden waren. Er konzentrierte sich konkret auf eine physikalische Eigenschaft von Elektronen, die zwar einen einfachen Namen trägt, die aber alles andere als einfach ist. Wir kennen das vertrackte Ding schon. Denn Bell meinte den Parameter, den Wolfgang Pauli als vierte Quantenzahl eingeführt hatte und der in den Lehrbüchern als Spin bezeichnet wird. Ohne den Spin lässt sich weder verstehen, wie chemische Bindungen zustande kommen, noch lässt sich erläutern, warum die Gegenstände so viel Platz einnehmen, wie sie es tatsächlich tun.

Wir kennen das Wort »Spin« aus dem Alltag etwa vom Tennis, wenn ein Spieler einem Ball Spin verleiht und wir damit bezeichnen, dass sich das Spielgerät um seine eigene Achse dreht. Beim Spin der Elektronen können wir uns zwar auch anschaulich vorstellen, dass die Elementarteilchen rotieren, aber damit wird nicht die besondere Qualität erfasst, die Spin in der Quantenwelt hat. Sein Erfinder Pauli versteht unter »Spin« vielmehr die Tatsache, dass Elektronen eine »klassisch unbegreifliche Zweiwertigkeit« besitzen, sie inhärent zweideutig sind. In der Tat beschreibt der Spin die Möglichkeit von Elektronen, einen Quantensprung der besonderen Art zur Verfügung zu haben, über den man sich ruhig wundern kann. Als sich Bell 1964 genauer um den merkwürdigen Spin kümmerte, bemerkte er zum einen, dass sich ein Elektron zweimal (!) um die eigene Achse drehen muss, um wieder zum Ausgangszustand zurückkehren zu können, und er fand zum zweiten keinen Weg, um die Wechselwirkung zwischen zwei derartig »spinnenden« Teilchen lokal erfassen zu können. Wie sollte man sich den genauen Ort dabei auch vorstellen? Denn Elektronen interagieren nur nicht lokal – über räumliche Distanzen hinweg –, wie Bell bemerkte und was ihn zunächst ratlos machte (und uns jetzt mit). Wie sollte oder konnte das vor sich gehen? Wie sollte oder konnte eine physikalische Wirkung von einem Ort zu einem anderen gelangen, ohne dazwischen Spuren zu hinterlassen?

Die Bell'sche Ungleichung

Die große Leistung, die Bell in den folgenden Jahren vollbrachte, bestand darin, eine Ungleichung zu formulieren, mit deren Hilfe im Experiment geprüft werden kann, ob die Quantensphäre lokal ist – weil sie nur aus lokalen Wechselwirkungen besteht –, oder ob es in ihr nicht-lokal zugeht. Das heißt, man kann in konkreten Situationen nachmessen, ob die sogenannte Bell'sche Ungleichung Bestand hat oder verletzt ist, und wenn sie sich als verletzt erweist, wissen wir, dass die Realität, von der die Physik handelt, nicht-lokal ist. Verrückterweise ist genau dies der Fall. Mit anderen Worten: Dank Bells Beiträge zur Physik können wir nachweisen, dass es in der Quantenwirklichkeit so zugeht, als ob da Voodoo-Priester zugange sind, die ein bestimmtes Elektron an seinem Ort anstechen, um ein anderes Elektron an einem anderen Ort aufheulen zu lassen; und zwischen den genannten Punkten ereignet sich auf keinen Fall etwas Physikalisches, also etwas, zu dem die Physiker etwas sagen können.

Bells Ungleichung kann mittels einer Idee getestet werden, die unter anderem auf Einstein zurückgeht. Bevor wir darauf eingehen, generell noch eine Bemerkung zu der ungewohnten Konzeption einer Ungleichung: Normalerweise handelt die Physik von Gleichungen – »Kraft gleich Masse mal Beschleunigung« heißt es etwa bei Newton, und von Einstein haben wir $E=mc^2$ gelernt. Ungleichungen gehören aber auch zum Handwerk der Wissenschaft, und sie dienen oft dem Abschätzen von Quantitäten. Auch die berühmte Unbestimmtheit von Heisenberg kann als Ungleichung formuliert werden, indem man sagt, dass das Produkt aus der Orts- und Geschwindigkeitsmessung eines atomaren Bausteins (zum Beispiel eines Elektrons) größer als das Quantum der Wirkung sein muss, das wir Planck verdanken.

Bells Ungleichung ist sehr viel trickreicher, aber es gibt eine buchlange gute Hinführung zu ihr, nämlich Nick Herberts *Quantenrealität* aus den 1990er-Jahren. Es existieren auch Vorschläge, sie für eine alltägliche Situation zu formulieren. Hier ein Beispiel, über das man ein wenig nachdenken muss, um mit ihm klarzukommen: »Die Zahl der Frauen, die mit einem Auto fahren, ist kleiner (oder höchstens gleich) der Zahl der Frauen, die das Französische sprechen plus der Zahl der Autofahrer (beiderlei Geschlechts), die nicht Französisch können.«

Das EPR-Paradoxon

Zurück zur Physik und dem Vorschlag Einsteins, mit dem Bells Ungleichung bewiesen werden konnte. Wir erinnern uns, dass Einstein nicht behauptete, die Quantenmechanik sei falsch. Er bestritt aber, dass mit ihr das letzte Wort über die Atome gesprochen war. Um zu beweisen, dass die quantenmechanische Beschreibung der Wirklichkeit unvollständig sei, dachte sich Einstein mit seinen Kollegen Boris Podolsky und Nathan Rosen 1935 einen Versuch aus, in dem eine physikalische Größe auftauchte, die zwar offenbar in der Wirklichkeit bestimmt war und feststand, von der die Quantentheorie aber behauptete, dass sie unbestimmt sei.

Wir wollen hier nicht nochmals dieses Gedankenexperiment von Einstein, Podolsky und Rosen (EPR) beschreiben – siehe dazu das Kapitel zu Einstein –, sondern einen entsprechenden Versuch, der wirklich stattgefunden hat, um Bells Ungleichung dabei zu prüfen. Anfang der 1980er-Jahre gab es nämlich zum ersten Mal die technischen Möglichkeiten, den EPR-Vorschlag zu realisieren, und eine Gruppe von französischen Physikern unter der Leitung von Alain

Aspect hat dies auch bewerkstelligt. Ihre kompliziert scheinende Apparatur sieht im Prinzip wie folgt aus: Aus Kalzium wird ein Gas bereitet, von dem aus sich einzelne Atome auf eine Kammer zu bewegen. Bevor die Kalziumatome die Kammer erreichen, werden sie von einem Laserstrahl getroffen, der seine Energie an die Atome abgibt und sie somit anregt. In diesem Zustand treffen sie in der Kammer ein. Hier verlieren die Kalziumatome diese Energie blitzartig wieder, indem sie zwei Lichtteilchen aussenden. Diese beiden Photonen verlassen den Kasten in entgegengesetzten Richtungen, sie treffen jeweils auf einen Filter und anschließend auf ein Messgerät.

Es spielt für die Diskussion im Augenblick keine Rolle, welche Eigenschaft die Filter analysieren, wichtig ist nur, dass sie die eintreffenden Photonen je nach Stellung aufhalten oder durchlassen können. Wenn ein Photon zum Beispiel den Filter auf Seite L passiert, wird es im Messgerät registriert, und seine vom Filter analysierte Eigenschaft ist dem Experimentator bekannt. Damit kennt er aber auch – und zwar aufgrund von physikalischen Erhaltungssätzen – den Zustand des Photons auf der Seite R, ohne auf ihn durch ein Messgerät Einfluss zu nehmen. Der Zustand des Teilchens bei R, so argumentierten Einstein, Podolsky und Rosen, ist also nicht unbestimmt, selbst wenn keine Beobachtung erfolgt. Vielmehr kann er sogar mit hundertprozentiger Wahrscheinlichkeit vorhergesagt werden und stellt folglich »ein Element der Wirklichkeit« dar. Diese Folgerung ist aber in der Quantenmechanik unzulässig, da die orthodoxen Vertreter der Quantentheorie behaupten, dass ein Zustand solange unbestimmt und damit kein Element der Wirklichkeit sei, solange er nicht registriert worden ist. Die Theorie der atomaren Wirklichkeit erweist sich offenbar als unvollständig – es sei denn, man lässt eine seltsame

Korrelation zwischen den Zuständen bei L und R zu, die es im Experiment zu finden gilt.

Wir wollen nun erläutern, wie der wirklich durchgeführte Versuch gezeigt hat, dass eine solche Korrelation tatsächlich existiert und dass die Quantentheorie auf diese Weise eine Beschreibung der Wirklichkeit liefert, die so vollständig ist, wie Menschen es nur hoffen können. Dieses Experiment wurde möglich mit der Entdeckung, die Bell 1964 gelang, als er nach einer Möglichkeit suchte, Einsteins Problem durch eine Beobachtung zu entscheiden. Dies scheint auf den ersten Blick ausgeschlossen, denn im Mittelpunkt des EPR-Argumentes steht doch ein Teilchen, das gerade *nicht* beobachtet werden soll. Wie will man nun feststellen, ob sein Zustand dennoch bestimmt ist? (Dies erinnert an die alte Scherzfrage, wie man herausfinden will, ob das Licht im Kühlschrank noch an ist, wenn die Tür geschlossen ist.)

Natürlich gibt es keine Möglichkeit, ein isoliertes Teilchen unbeobachtet zu beobachten. Bell empfahl deswegen, sich nicht um ein einzelnes Photonenpaar zu kümmern, sondern die Korrelation zwischen vielen Paaren dieser Art zu untersuchen. Nehmen wir an, die beiden Filter der Versuchsanordnung sind gleich orientiert und so angeordnet, dass alle Photonen sie passieren. Dann haben wir eine hundertprozentige Korrelation. Drehen wir einen Filter (zum Beispiel den bei R) um 90 Grad, stellen wir fest, dass jede Korrelation zwischen beiden Seiten verschwindet. Dies ist zwar nicht verwunderlich, es hilft aber auch nicht weiter. Die Frage, ob Einstein oder seine Gegenspieler richtig liegen, kann entschieden werden, wenn die Filter weder parallel noch senkrecht zueinander angeordnet sind, sondern sich in einer Zwischensituation befinden. Dabei sollte sich eine Korrelation zeigen, die irgendwo zwischen hundert Prozent und null liegt.

Bell konnte nun zeigen, dass sich unter verschiedenen Voraussetzungen verschiedene Formen der Korrelationen ergeben sollten. Wenn man, erstens, wie Einstein annimmt, dass die Quantenobjekte wirklich zu jeder Zeit alle Eigenschaften in wohldefinierter Weise besitzen – dies nennt man die Realitätsannahme – und wenn man, zweitens, weiter annimmt, dass keine Information zwischen den Photonen schneller als mit Lichtgeschwindigkeit ausgetauscht wird, dann kann man eine Grenze angeben, die die Korrelation nicht überschreiten darf. Diese Schranke wird dabei in mathematischer Form festgelegt, und zwar durch die Bell'sche Ungleichung. Die zweite genannte Voraussetzung wird auch als Annahme der »Lokalität« bezeichnet, da sie einen unmittelbaren (zeitlosen, instantanen) physikalischen Einfluss auf entfernte Objekte verbietet. Damit vermeidet man mögliche Verletzungen der speziellen Relativitätstheorie, mit der Einstein zeigen konnte, dass sich keine physikalische Wirkung schneller als Lichtgeschwindigkeit ausbreitet. Die Lokalität braucht nicht eigens aufgeführt zu werden, wenn die Quantenmechanik anstelle der Realitätsannahme verwendet wird, weil allgemein bewiesen werden kann, dass diese beiden großen Theorien der Physik, die unabhängig voneinander gefunden wurden, konsistent sind und sich nicht gegenseitig widersprechen.

Nun aber kommt der entscheidende Punkt: Wenn man annimmt, dass eine Quantenmechanik à la Bohr gilt, dann gibt es Orientierungen der Filter, bei denen die Bell'sche Ungleichung *verletzt* ist. Die Quantenmechanik prophezeit eine *bessere* Korrelation der Photonen als die Annahme einer lokalen Realität. Die klärenden Experimente dazu wurden zum ersten Mal zwischen 1982 und 1984 von Alain Aspect, Jean Dalibard und Gérard Roger ausgeführt und inzwischen vielfach wiederholt. Die von ihnen erzielten Ergebnisse lassen keine Zweifel zu. Die Korrelationen waren genau um den Teil höher, den die Quantentheorie vorausgesagt hat. Die Annahme einer lokalen Realität kann also in der Quantenwelt nicht zutreffen. Die atomare Wirklichkeit ist nicht-lokal, sie offenbart einen Zusammenhang zwischen einzelnen Objekten, der als Ganzheit beschrieben werden kann. Quantenteilchen wie etwa die Photonen im EPR-Versuch, die einmal in physikalischer Wechselwirkung gestanden haben, bleiben danach für immer verbunden, auch wenn keine direkte Verknüpfung mehr zwischen ihnen besteht.

Bohr hatte auf diese besondere Art des quantenhaften Zusammenhängens schon 1935 in seiner Antwort an Einstein hingewiesen. Erwin Schrödinger hat diesen Gedanken im selben Jahr aufgegriffen und vorgeschlagen, für solche korrelierten Zustände ohne Wechselwirkung den Begriff »Verschränkung« zu verwenden, der im Englischen *entanglement* heißt (und auf dieser Weise etwas an *enlightment*, dem englischen Wort für Aufklärung erinnert). Dies sei nämlich das eigentliche Charakteristikum der Quantentheorie. Sie zeigt uns eine verschränkte Welt, die in gewisser Weise am Grund unserer Wirklichkeit existiert. Was bedeutet das für unsere Wahrnehmung? Diese Verschränkung erlaubt uns, genau genommen, nicht mehr, von isolierten Teilchen, etwa von einzelnen Elektronen zu reden. So etwas gibt es nicht. Die klassische Zerlegung eines Ganzen in seine Teile ist, streng genommen, verboten. Denn alles steht mit allem irgendwie in Relation. Dennoch sind wir gezwungen, das Ganze in seine Einzelteile zu trennen, weil wir sonst über die verschränkte Welt gar nicht sprechen können. Und reden müssen wir schon miteinander, um uns unsere Erfahrungen (auch die experimenteller Art) mitteilen zu können.

Keine außersinnliche Wahrnehmung

Um jedem Missverständnis vorzubeugen: Aus der Tatsache, dass Photonen über große Entfernungen miteinander kommunizieren können, folgt nicht, dass der menschliche Geist dasselbe tun kann und es also eine Art Telepathie gibt. Denn in dem beschriebenen Experiment wird keinerlei Information zwischen den beiden Messapparaturen ausgetauscht. Jeder Experimentator erhält an seinem Detektor eine zufällige Zahlenreihe, aus der er nichts über die seines Kollegen erfahren kann. Die Korrelationen, die die Verschränkung der Quantenwelt zeigen, können erst erkannt werden, wenn die beiden Zahlenreihen nebeneinanderliegen. Die Quantentheorie kann ebenso wenig zur Erklärung sogenannter telekinetischer Fähigkeiten verwendet werden. Immer wieder liest man davon, dass es einem Menschen mit seinem Willen gelungen sein soll, den Zeitpunkt zu beeinflussen, zu dem ein radioaktives Element zerfällt. Zur Deutung dieser Leistung wird dann dunkel etwas über die Quantenwirklichkeit geraunt, die von der menschlichen Kenntnis über diese Vorgänge abhänge und demnach vom menschlichen Willen gesteuert werden könne. Tatsache ist, dass sich in allen Fällen, in denen der radioaktive Zerfall registriert worden ist, herausgestellt hat, dass die Statistik des Gesamtvorgangs unverändert geblieben ist. Dies hat auch der willensstärkste Beobachter bislang nicht ändern können. Sollte es eines Tages dennoch einmal durch »telekinetische Kräfte« gelingen, hierauf Einfluss zu nehmen, könnte man sich jedoch nicht auf die Quantenmechanik berufen, denn sie wäre gerade dann verletzt. Die Verschränkung der Quanten kann also nicht verwendet werden, um das angebliche Phänomen einer außersinnlichen Wahrnehmung wissenschaftlich aufzuwerten. Und falls es in ferner Zukunft einmal ein Experiment geben sollte, mit dem ESP-Korrelationen (ESP = *extra sensory perception*) genau so sicher festgestellt würden wie EPR-Korrelationen, dann wäre damit die ganze Physik (unabhängig von jeder Quantenannahme) herausgefordert. Solche Nachweise gibt es heute jedenfalls nicht, und ich rechne nicht damit, dass es sie jemals geben wird.

7

Murray Gell-Mann (*1929)

Das Quark und der Jaguar

Murray Gell-Mann stammt aus New York und hat eine dröhnende und durchdringende Stimme. Er ist überhaupt ein selbstbewusster Mann, was vielleicht mit seiner von ihm gern und stolz vorgeführten Fähigkeit zu tun hat, einfach alles zu wissen und zu können – so jedenfalls wirkt Gell-Mann gern auf andere, die mit ihm ins Gespräch kommen wollen. Im Bereich der Natur kennt er sich exzellent aus und in kulturellen Dingen weiß er das meiste schon, egal ob es um Details der Kirchengeschichte, architektonische Feinheiten von Barockgebäuden, Webmuster von Perserteppichen geht. Gell-Mann spricht mehrere Fremdsprachen, darunter so ungewöhnliche wie das Suaheli, und vermag darüber hinaus bei vielen Sprechern sogar deren regionale Eigenarten zu benennen und ihre Dialekte lokal zuzuordnen. Oft erklärt er Besuchern aus entlegenen Gebieten der Welt, wie ihre Namen eigentlich – also: korrekt den Regeln nach – auszusprechen seien. Der große deutsche Komiker Loriot würde in solchen Fällen vielleicht sagen: »Professor Gell-Mann, Sie haben ja recht, aber das macht Sie nicht sympathisch.«

Quark

Der Überflieger Gell-Mann begann am Ende des Zweiten Weltkriegs mit dem Studium der Physik an der Yale Universität und promovierte 1951 am Massachusetts Institute of Technology (MIT) in Boston, und zwar bei dem aus Österreich stammenden Physiker Viktor Weisskopf, der in seiner Autobiografie *Mein Leben* davon erzählt, dass der Student Gell-Mann in den Vorlesungen nie mitschrieb, sondern besonders genau hinhörte, um den Lehrer bei einem Irrtum zu erwischen – was den aber nur anspornte. Mitte der 1950er-Jahre stieg Gell-Mann selbst zum Professor auf, und zwar wurde er als Kollege des bereits vorgestellten Richard Feynman an das California Institute of Technology in Pasadena berufen. Dieser liebevoll als »Caltech« bezeichneten Institution blieb er bis zu seiner Emeritierung im Jahre 1993 treu. Dazu sollte man wissen, dass Gell-Mann 1967 an seinem Arbeitsplatz eine hübsche Karriere machte, als seine normale Professur in eine verwandelt wurde, die einen berühmten Namen trägt. Gell-Mann wurde Robert-Millikan-Professor für Physik, wobei Millikan den mit Nobelehren versehenen Gründer des Caltech meint. Die amerikanischen Universitäten ehren mit diesen *name professorships* gerne ihre großen Forscher und binden sie an sich – nicht zuletzt, indem sie ihnen bessere Bezüge und Privilegien gewähren. Gell-Mann nutzte sie, um möglichst wenig Lehre zu betreiben. Seine Seminare handelten stets von aktuellen Problemen der Physik, also von dem, was ihm gerade durch den Kopf ging.

Am Caltech drang Gell-Manns Fantasie immer tiefer in die Materie, genauer gesagt, in die immer kleiner werdenden Teilchen der Atome ein, wobei seine grundlegenden und weiterführenden Beiträge vor allem aus den Jahren zwischen 1954 und 1964 stammen, also aus dem Zeitraum zwischen seinem 25. und seinem 35. Lebensjahr. Damals kam er zu der zunächst wenig akzeptierten Einsicht, dass die Vielfalt der atomaren Bausteine, die von der überwiegenden Zahl seiner Kollegen als elementar betrachtet wurden, erst dann zu verstehen und in eine Ordnung zu bringen ist, wenn man annimmt, dass sie eine innere Struktur aufweisen und insofern aus anderen, noch kleineren Teilchen aufgebaut sind. Es sind dann erst diese Gebilde, die es überhaupt verdienen, mit dem Attribut »elementar« ausgezeichnet zu werden. Gell-Mann kam in Kalifornien – unter anderem in Kooperation mit dem aus Moskau stammenden George Zweig – zunächst zu dem Schluss, dass genau drei solcher Grundbestandteile nötig sind, um zum Beispiel ein Proton zu formen, wie es aus Atomkernen bekannt ist. Diese Dreizahl inspirierte ihn zu einem seltsamen Namen, der ohne Rücksicht auf die Eigentümlichkeiten der deutschen Sprache eingeführt wurde und trotzdem auch hierzulande populär geworden ist. Immerhin gibt es eine Fernsehshow, die sich mit ihm schmückt (und die wir gleich nennen).

Als Gell-Mann über das Innenleben von Protonen und anderen Kernbausteinen grübelte, las er immer mal wieder zur Entspannung in dem Roman *Finnegans Wake* von James Joyce, der als ein Roman der Sprache selbst verstanden werden muss und keine Handlung von Personen im üblichen Sinne kennt. Gell-Mann gefielen die vielen Wortspiele, die Joyce unternahm, und er wurde besonders aufmerksam, als auf Seite 383 seiner Ausgabe zu lesen stand, wie ein Mann namens Mark etwas zum Trinken (Bier) bestellte, was im Englischen gewöhnlich in *quarts* geschieht, die »kworts« gesprochen werden. Aus dem Protagonisten Mister Mark machte Joyce einen »Muster Mark«, der statt eines Quarts merkwürdigerweise »three quarks« orderte, die »kworks« zu sprechen sind und genau das waren, was Gell-Mann suchte, nämlich drei Teilchen für ein Proton.[5]

---

5 Die Passage heißt bei Joyce: »Three quarks for Muster Mark! / Sure he hasn't got much of a bark, / And sure any he has it's all beside the

Prompt nannte er seine elementaren Teilchen »Quarks«, offenbar ohne zu wissen, woher Joyce das Wort hatte: nämlich von Markgräfler Marktfrauen, die auf einem Bauernmarkt in Freiburg, den der durchreisende Dichter aufsuchte, Quark als ein bekanntes Milchprodukt feilboten. Zudem war sich Gell-Mann anscheinend nicht bewusst, dass das Wort in seinem Herkunftsland Deutschland außerhalb der Welt der Lebensmittel keinen besonders guten Ruf hat. Der große Goethe zum Beispiel hat sich seinen Spaß mit ihm gemacht, als er in seinem *Faust* dem Teufel die Chance gibt, den Forschergeist des Menschen mit dem Satz zu charakterisieren: »In jeden Quark begräbt er seine Nase.« Und wenn sich eine Wissenschaftssendung *Quarks & Co* nennt, dann erkennt man leicht, dass die Verantwortlichen zeigen wollen, dass sie sich in der Physik auskennen. Aber wir sehen zugleich auch, dass ihnen das nötige Sprachgefühl abgeht, wenn sie Quark der Art produzieren, den man nicht verspeisen kann.

Doch lassen wir das Milchprodukt, wo es hingehört, nämlich bei den Lebensmitteln. Hier geht es um Wissenschaft und die physikalische Mehrzahl Quarks (sprich: kworks). Ihr Schöpfer erhielt ihretwegen 1969 den Nobelpreis für Physik, wobei man genauer sagen muss, dass die Schwedische Akademie Gell-Mann insgesamt »für seine Beiträge und Entdeckungen betreffend der Klassifizierung der Elementarteilchen und deren Wechselwirkungen« ausgezeichnet hat. Diese Begründung hat zwei Seiten. Auf der einen drückt sie aus, dass Gell-Mann mehr als die eben erwähnte ursprüngliche Idee von (drei) elementaren Bau-

---

mark.« Auf Deutsch (nach Thomas Lehr): »Drei Quarks für Muster Mark! / Sicher bellt er kaum sehr stark, / Und alles, was er hat, liegt unter der Mark.«

steinen vorzuweisen hat, nämlich eine – gemeinsam mit Feynman im Jahre 1957 aufgestellte – Theorie des radioaktiven Betazerfalls und seiner Teilchen, die durch die schwache Wechselwirkung erzeugt werden. Auf der anderen Seite übergeht die schwedische Begründung eindeutig Gell-Manns Theorie zum Aufbau der Materie, die er im Anschluss an die erste Einführung seiner Quarks ausarbeiten konnte. Sein Vorschlag für eine Konstruktion der Welt von unten operiert nicht nur mit mehr als den drei frühen Quarks, er führt darüber hinaus noch weitere Eigenschaften (sogenannte Farbladungen) ein, um so in einem Standardmodell alle Merkmale der atomaren Materie zu liefern. Doch auf dieses Gedankenspiel geht die Schwedische Akademie nicht ein. Sie zeichnet nur aus, was der junge Gell-Mann geleistet hat, und hält sich ansonsten dezent zurück.

Der Jaguar

Es gibt viele Physiker, die ähnlicher Meinung sind, dass der späte Gell-Mann sich zwar bemüht, aber zugleich auch verirrt hat. Sein umfassendes Quarkmodell, das technisch Quantenchromodynamik (QCD) genannt wird und mit diesem Namen an Feynmans funktionierende Quantenelektrodynamik (QED) erinnern soll, kennt nicht nur Befürworter, sondern auch Skeptiker in der Zunft. Und als Gell-Mann nach langer Dienstzeit das Caltech im Alter von 64 Jahren verließ, um sich einer völlig neuen Herausforderung zu stellen, nämlich nach dem Einfachen (der Teile) das Komplexe (des Ganzen) zu erforschen, verloren einige Kollegen jedes Interesse an seinem Tun. Tatsächlich ist es sehr ruhig um den sonst so lauten Mann geworden.

Dabei klingt höchst aufregend, was Gell-Mann nach seinem Abschied von Kalifornien unternahm. Er zog nach New Mexico, um an dem in Santa Fe eingerichteten Institut mitzuwirken, das seit den 1980er-Jahren konzipiert worden war, um eine Wissenschaft der Komplexität auf die Beine zu stellen, mit der man die bisherigen Grenzen des Wissens erweitern und sich den realen Problemen einer bekanntlich keinesfalls einfachen Welt stellen kann.

Seinen abenteuerlichen Versuch, dabei eine neue Erklärung für den Menschen betreffende physikalische Phänomene zu finden, hat Gell-Mann in seinem 1994 erschienenen Buch *Das Quark und der Jaguar* beschrieben. Der Titel geht auf ein Gedicht des chinesisch-amerikanischen Poeten Arthus Sze zurück, der mit einer Indianerin vom Stamm der Hopi verheiratet ist. Nachdem Sze von Gell-Mann nicht nur etwas über Quarks erfahren, sondern auch von dessen Zusammentreffen mit einem Jaguar im südamerikanischen Regenwald gehört hatte, brachte er den geheimnisvollen Satz zu Papier: »Das Reich des Quark gleicht einem Jaguar, der in der Nacht umherstreicht.« Physiker würden sich weniger poetisch ausdrücken und einfach sagen, dass sie eine wunderbare Aufgabe gefunden haben, wenn sie erklären wollen, wie aus den elementaren Quarks komplexe Formen wie ein Jaguar möglich und wirklich werden.

Gell-Mann hoffte in Santa Fe wissenschaftlich nachweisen zu können, dass eine schichtweise entstehende Komplexität im Grunde simplen Regeln folgt, die uns zugänglich sind und ihrerseits zufällig zum Tragen kommen. Er führte das Konzept eines »komplexen adaptiven Systems« ein, das in der Lage ist, Informationen aus der Umwelt zu verarbeiten und dabei Regelmäßigkeiten zu erkennen. Letztere bringt das System sogleich in ein »Schema«, mit dem es anschließend in der realen Welt agieren kann. Gell-Mann will vor allem verstehen, wie beim Zusammenschluss einfacher Teile komplizierte Qualitäten entstehen – man spricht von »Emergenz«, etwa wenn Wassermoleküle zusammen das Phänomen der Flüssigkeit zeigen. Und er möchte emergente Erscheinungen durch simple Formeln und Regeln ausdrücken, um so wissenschaftliche Untersuchungen überhaupt erst zu ermöglichen. Noch arbeitet er an diesem Projekt, und wir nutzen die Zeit, um einen Blick auf die Quarks zu werfen, die Gell-Mann berühmt gemacht haben, und zwar weltweit.

Ordnung im Zoo der Elementarteilchen

Um zu verstehen, was Gell-Manns Quarks zu leisten imstande sind, muss man etwas in die Vergangenheit zurückgehen und sich vergegenwärtigen, was die Physiker zu erklären hatten, als die ersten Teilchenbeschleuniger gebaut waren und funktionierten. In der Frühzeit der Physik dachten die Experten, die Welt bestehe aus den wenigen Elementarbausteinen, die sie Elektron, Proton und Neutron nannten. Eines Tages gesellte sich ihnen noch ein kleines neutrales Teilchen hinzu, das Neutrino. Damit – mit der Vierzahl – glaubten sie, fertig zu sein. Doch die Natur tat ihnen den Gefallen nicht. Erst kam in den 1930er-Jahren als Gegenstück zum Elektron das Positron hinzu, danach entdeckten die Physiker Mesonen, die ihrer Masse nach zwischen den winzigen Elektronen und den größeren Protonen liegen, bald tauchten in den Experimenten exotisch wirkende Teilchen auf, die als Myonen und Kaonen bezeichnet werden und jeweils ihre charakteristischen Besonderheiten aufweisen, und irgendwann kam das Wort vom Elementarteilchenzoo auf, unter dessen zuletzt mehr als Hunderten von Mitgliedern es dringend Ordnung zu schaffen galt.

Zahlreiche Physiker verfielen auf die Idee, eine Anleihe bei dem griechischen Philosophen Platon zu machen, der im antiken Athen den Vorschlag unterbreitet hatte, sich die materielle Welt als eine aus fünf einfachen Körpern gezimmerte vorzustellen. Diese Körper wären laut Platon auf verschiedene Weise anzuordnen und in ihren Kombinationen erzeugten sie die beobachtete Vielfalt. Nun stellte sich die Frage: Konnte man die vielen Elementarteilchen ebenso ordnen und nach Verwandtschaftsbeziehungen einteilen oder Entwicklungslinien zwischen ihnen ziehen? Konnte man sich elementare Urformen der Materie vorstellen, die in geeigneter Gruppierung das ganze Spektrum der nachgewiesenen Teilchen hervorzubringen in der Lage waren?

Die Physiker suchen zu diesem Zweck nach Symmetrien, die mithilfe von besonderen mathematischen Strukturen (Gruppen) zu finden sind. Man hatte nun zu Beginn der 1960er-Jahre eine Gruppe gefunden, die nicht nur alle Teilchen, die durch einen regelmäßigen Aufbau entstanden waren, als Gebilde erkennen ließ, sondern die darüber hinaus noch die Existenz eines Elementarteilchens – mit dem zwar merkwürdigen, aber systematischen Namen »Omega Minus« – vorhersagte. Ebendieses Teilchen kannte man noch nicht, dafür aber entdeckte man es bald. Weil es genau mit den Eigenschaften ausgestattet war, die man aus der Theorie der Gruppen abgeleitet hatte, konnten die Forscher es gezielt suchen und zuletzt auch aufspüren.

Mit diesem Triumph rückte eine große Frage in das Zentrum der Physik, nämlich die Frage, ob sich unter den nachgewiesenen Teilchen eine grundlegendere Schicht der Materie finden lässt, deren Elemente durch Kombination konkret die Rekonstruktion der bekannten Elementarteilchen ermöglicht. So wie man Schneeflocken durch die ihnen zugrunde liegenden Wassermoleküle und ihre physikalisch-chemischen Eigenschaften erklären kann, wollte man auch den Zoo der Elementarteilchen auf einige ihren Formen zugrunde liegende Bausteine zurückführen. Es waren Gell-Mann und Zweig, die 1964 das Bauprinzip entdeckten, das heute mit dem Begriff »Quarks« operiert – wobei sie von Anfang an eine riskante oder mutige Annahme machen mussten, die gemeinhin als verrückt gelten musste.

Ausgangspunkt aller Überlegungen ist die Tatsache, dass die elektrische Ladung wie viele andere Eigenschaften der physikalischen Wirklichkeit Quantencharakter zeigt. Sie existiert nur als Vielfaches einer Elementarladung, die dem Elektron zukommt und die Robert Millikan entdeckt und ausgemessen hatte – also der Physiker, nach dem der Lehrstuhl benannt war, den Gell-Mann später besetzen sollte. Das heißt, man müsste eigentlich sagen, dass es Millikan war, der das Quantum der Ladung entdeckt hat, denn als Gell-Mann den Vorschlag machte, ein Proton aus Quarks aufzubauen, legte er seinen Kollegen die Existenz von Teilchen ans Herz, die nur ein oder zwei Drittel der Elementarladung tragen konnten. Da haben wir erneut das zugleich paradoxe und bewährte Hamlet-Prinzip der Physik – etwas ist Wahnsinn, aber es hat Methode. Und tatsächlich sind die Physiker heutzutage längst von der Existenz der Quarks und ihren Drittelladungen überzeugt, allerdings mit einem berühmten Twist: Quarks existieren nur im Verbund. Sie können nicht alleine (frei) umhereilen. Sie bleiben in den Teilchen eingesperrt, die aus ihnen bestehen. Dieses *confinement*, wie es auf Englisch heißt, kann man sich veranschaulichen, wenn man annimmt, dass die Quarks durch eine Kraft zusammengehalten werden, die wie eine Kette wirkt, mit dem ein Hund an seine Hütte angebunden ist. Solange der Hund in ihrer Nähe bleibt, spürt er die Fessel kaum, die ihn bindet. Will er aber ausreißen, spannt die Kette an und hält ihn fest.

Die Vielfalt der Quarks

Quarks sind offenbar komisch, und wir brauchen inzwischen eine ganze Palette von ihnen, um die Materie – die Atome und ihre Bausteine – aus ihnen rekonstruieren zu können. Am Anfang war dies noch einfacher, da reichten ganze zwei Sorten aus, um etwa ein Proton zu bauen. Als wir oben erwähnt haben, dass solch ein Kernbaustein aus drei Quarks besteht, fiel unter den Tisch, dass sich in dem Trio zwei Arten unterscheiden lassen, die Physiker als Up- und Down-Quark bezeichnen. Diese Namen haben etwas mit einem besonderen Spin zu tun. Es reicht zu wissen, dass ein Up-Quark u zwei Drittel einer (positiven) Elementarladung und ein Down-Quark d ein Drittel einer (negativen) Elementarladung trägt, was der Kombination uud eine ganze (positive) Ladung verleiht: vier Drittel minus ein Drittel – also genau das, was ein Proton braucht.

Die Teilchen, aus denen die Welt besteht

Familie 1	Familie 2	Familie 3
Elektron	Muon	Tau
Elektron-Neutrino	Muon-Neutrino	Tau-Neutrino
Up-Quark	Charm-Quark	Top-Quark
Down-Quark	Strange-Quark	Bottom-Quark

Die Tabelle zeigt, was die Physiker inzwischen Standardmodell der Welt nennen. Danach gibt es vier elementare Teilchen, die eine Familie bilden, und zwar neben dem Elektron ein so-

> genanntes Elektron-Neutrino, das fast unbemerkt den Kosmos durcheilt, und zwei Quarks, die zu ihrer Unterscheidung Vornamen bekommen haben (*up* und *down*). Auf energetisch höheren Ebenen finden sich zwei weitere vierköpfige Familien, deren Mitglieder namentlich aufgeführt sind und im weiteren Text zu den Quarks erläutert werden. Alle genannten Partikel konnten in aufwendigen Experimenten nachgewiesen werden, was eine bewundernswerte Leistung darstellt. Offenbar ist die Welt im Innersten wohlgeordnet, wobei auffällt, dass die Moderne auf dieselbe Vierzahl kommt wie die Antike. (Die Vierzahl steckt merkwürdigerweise auch in der Erbsubstanz DNA mit ihren vier zentralen Bausteinen (Basen), die wiederum aus vier Atomen bestehen.)

Insgesamt konnte Gell-Mann alle bekannten atomaren Bausteine als Quarkkombination bestimmen, und als raffinierte Messungen über eine »tief-inelastische Elektron-Nukleon-Streuung« den Nachweis erbrachten, dass es im Inneren von Protonen und Neutronen andere (kleinere) Strukturen geben musste, galt die Existenz von Quarks als experimentell abgesicherter Tatbestand. Der konnte bald allgemeiner durch den Satz formuliert werden, dass sämtliche Teilchen, die der starken Wechselwirkung unterliegen, aus Quarks zusammengesetzt zu denken sind. Man nennt diese Bausteine der realen Welt Hadronen (nach dem griechischen Wort für »dicht«). Handelt es sich bei den Hadronen um Fermionen, also um Teilchen mit einem halbzahligen Spin, sprechen die Physiker von Baryonen (nach dem griechischen Wort für »schwer«). Diese setzen sich aus drei Quarks zusammen. Handelt es sich bei den Hadronen um Bosonen mit ganzzahligem Spin, sprechen die Physiker von Mesonen (nach dem griechischen Wort für »mittel«). Sie setzen sich aus zwei Quarks zusammen, wobei man eigentlich genauer von einem Quark und einem Antiquark sprechen müsste.

Niemand sollte sich durch die vielen Namen abschrecken lassen. Es ist eben unvermeidlich, dass viele Kinder viele Namen haben, was aber nicht den Blick auf die Attraktivität des Quarkmodells verstellen sollte. Tatsächlich schaffte Gell-Mann auf diese Weise eine erste Ordnung im anfänglich unübersichtlichen Teilchenzoo. Er fand dabei ein Gebilde, das auch Menschen lockte, die nichts oder wenig mit Physik im Sinn hatten. Gell-Mann bemerkte zudem, dass die zwei (ursprünglichen) Quarks auf acht verschiedene Weisen in Dreiergruppen kombiniert werden konnten, um Hadronen zu bilden. Damit gelang es, genauer gesagt, Mesonen und Baryonen in Form von Oktetten anzuordnen, und der nie um große Worte verlegene Gell-Mann nannte dies den »achtfachen Weg«, wohl wissend, dass er damit einen buddhistischen Begriff benutzte.[6] Tatsächlich löste Gell-Manns Vorschlag, in der Welt der Quarks einen achtfachen Weg einzuführen, eine Welle von Literatur über ein mögliches Tao der Physik und eine tiefe Verbindung zwischen östlicher Weisheit und westlicher Wissenschaft aus.

Bald jedoch merkten die Physiker, dass sie mit den Kombinationen aus zwei Quarksorten – *up* und *down* – nicht auskamen und dringend weitere Arten benötigten, die heute als *quark-flavours* – also als Geschmacksrichtungen – unterschieden werden. Wem diese Sprache komisch vorkommt, dem stehen noch weitere Überraschungen ins Haus, denn die zusätzlichen Quarks heißen »charmant«, »seltsam«, »oben« und »unten«. Es gibt also neben den u- und d-Quarks noch c-, s-, t- und b-Quarks, wobei die Buchstaben englische Wörter abkürzen – *charm*, *strange*, *top* und *bottom*. Aber auch

---

6 Der achtfache Weg bezeichnet für einen Buddhisten eine der vier edlen Wahrheiten und gibt eine Anleitung zum Erreichen der Erlösung, die als Nirwana bezeichnet wird.

damit hat das grausame Spiel noch kein Ende, denn wie sich herausstellte, tragen die Quarks neben ihrer Masse nicht nur elektrische Ladungen mit sich herum. Sie zeichnen sich zudem noch durch eine andere Eigenschaft aus, der man den Namen »Farbladung« gegeben hat, obwohl es weder um Farbe noch um Ladung geht, wie wir sie kennen. Ein jedes Quark kann einen von drei Werten annehmen, die man als Rot, Grün und Blau bezeichnet. Und wenn das auch nichts mit den Farben unseres Alltags zu tun hat, so sind die Bezeichnungen doch so gewählt, dass wir damit etwas verstehen können. Denn wenn jemand mit einem Projektor rotes, grünes und blaues Licht auf eine Leinwand wirft, entsteht ein Fleck, den unser Auge als weiß empfindet. (Diese additive Farbmischung darf nicht mit der subtraktiven Mischung verwechselt werden, die bei Malfarben auftritt.) In der Physik kann man das Weiß als null deuten, und die Theorie, die das alles mathematisch sauber erfasst und deshalb Quantenfarbdynamik – oder Quantenchromodynamik – heißt, sagt voraus, dass Quarks nur farbneutral, also weiß, vorliegen können. Folglich ist es ihre Farbe, welche die Quarks an der Kette hält, um an das oben benutzte Bild anzuschließen, und so versteht man, wieso Quarks nicht einzeln in Erscheinung treten.

Die Konstruktion der Quarks

Nicht alle Physiker sind überzeugt, dass die Farben der Quarks wirklich vorhanden sind oder wirklich benötigt werden, um die Realität der atomaren Ebene zu erklären. Und die Quantenchromodynamik kämpft noch mit einer Menge Schwierigkeiten. Trotzdem faszinieren die Quarkteilchen. Sie haben auch Soziologen angelockt, die begreifen wollen, was es mit der Wirklichkeit von Objekten auf sich hat, die nicht als individuelle Teilchen fassbar sind. Sind die Quarks etwas, das es gibt und das entdeckt worden ist – durch Gell-Mann und andere? Oder sind die Quarks etwas, das erfunden worden ist – durch Gell-Mann und andere? Der Wissenschaftshistoriker Andrew Pickering hat dieser Frage in den 1980er-Jahren ein Buch mit dem Titel *Constructing Quarks* gewidmet, in dem er auf den allgemein gültigen, wenn auch oft übersehenen Tatbestand hinweist, dass Physiker kreative und damit aktiv konstruierende Menschen sind, die die Welt, welche real existiert, mit Dingen verstehen, die es vielleicht nur in Lehrbüchern gibt. Tatsächlich hat Gell-Mann seine Quarks anfänglich als »rein mathematische Gebilde« betrachtet, wie Max Planck es bei seinem Quantum der Wirkung und den damit möglichen Quantensprüngen ebenfalls getan hat. Dann aber hat sich Gell-Mann entschlossen, sie als reale physikalische Teilchen zu deuten – eine Entscheidung, mit deren Folgen wir bis heute beschäftigt sind, auch wenn Gell-Mann selbst sich höheren Aufgaben zugewandt hat.

8

Anton Zeilinger (*1945)

Die Welt und unsere Informationen

»Ich bin nicht ein Anhänger des Konstruktivismus, sondern ein Anhänger der Kopenhagener Interpretation. Danach ist der quantenmechanische Zustand die Information, die wir über die Welt haben. Es stellt sich letztlich heraus, dass Information ein wesentlicher Grundbaustein der Welt ist. Wir müssen uns wohl von dem naiven Realismus, nach dem die Welt an sich existiert, ohne unser Zutun und unabhängig von unserer Beobachtung, irgendwann verabschieden.«

So hat sich der aus Ried im Innkreis stammende Anton Zeilinger in den 1990er-Jahren in einem Interview geäußert, das im Internet zugänglich ist. Zeilinger arbeitet nach einigen Jahren in Innsbruck seit 1999 an der Universität Wien, und zwar als Universitätsprofessor für Physik wie es schön wuchtig in der Sprache seiner österreichischen Heimat heißt. Er kümmert sich sowohl um experimentelle als auch um theoretische Belange seines Fachs. Mit dem Gang in die Hauptstadt ist Zeilinger an den Ort zurückgekehrt, an dem er seine Studienzeit verbracht hat. Zuvor aber hat er noch im Januar des letzten Jahres vor Beginn des neuen Jahrhunderts einen fundamental wichtigen Artikel bei der Zeitung *Foundations of Physics* eingereicht. Zeilingers Aufsatz mit dem Titel »Ein Grundlagenprinzip für die Quantenmechanik« verspricht, ein ebensolches vorzustellen, und seine maßgebliche Idee klingt so schlicht und einfach wie überraschend. Sie verbindet die physikalische Welt mit einem alltäglichen Begriff und kommt in acht Worten daher. Zeilingers Prinzip lautet: »Ein elementares System trägt ein Bit an Information.«

Es gibt Kollegen, die meinen, dass die Forschungswelt mit diesem Vorschlag an die Wurzel der physikalischen Wirklichkeit gelangen und durch die unternommene Verknüpfung endlich verstehen kann, wieso es Quantensprünge gibt. Doch bevor wir uns darauf einlassen, soll es um andere Beiträge gehen, die Zeilinger zur Physik geliefert hat.

Bells Ungleichung – digital

Wenn oben von einem Bit die Rede war, dann ist damit die Einheit der Information gemeint, die der Amerikaner Claude Shannon 1948 in *A Mathematical Theory of Communication* einführte, wobei das Kunstwort »Bit« als eine Zusammenziehung von *binary digit* gebildet wurde. Shannon hatte erkannt, dass alle Nachrichten oder Informationen durch Systeme mit zwei Zeichen – eben durch binäre Systeme – ausgedrückt werden können, die am besten durch 0 und 1 zu realisieren sind, weil dabei in einer elektronischen Rechenmaschine entweder ein Strom fließt oder nicht oder ein Schalter ein- oder ausgeschaltet ist. Shannon läutete mit seinen Überlegungen unser digitales Zeitalter ein, das heute durch Computer repräsentiert wird. Jede Nachricht oder Information kann als Folge von Nullen und Einsen geschrieben werden, und das digitale Prinzip kann auch in der Wissenschaft helfen, wenn man Untersuchungen macht, bei denen nur 0 und 1 als Messergebnisse denkbar sind. Dann gibt es jedenfalls kaum Messfehler.

Zwar tauchen die Bits explizit erst 1999 auf, aber das digitale Denken beschäftigte Zeilinger von Anfang an. Wenn man es mit einem Satz sagen will, kann man Zeilingers ersten großen Auftritt in der Welt der Physik aus dem Jahre 1989 so formulieren: Er hat ein Gedankenexperiment ausgetüftelt, bei dem Bells Ungleichung digitalisiert wurde, das heißt, man konnte nun ihre Stimmigkeit durch Ereignisse prüfen, die entweder stattfanden oder nicht, die also entweder eine 1 oder eine 0 ergaben.

Der Grund, aus dem Zeilinger sich mit den Merkwürdigkeiten von Bells Ungleichung beschäftigte, findet sich nicht zuletzt in seinen österreichischen Wurzeln. Sie hatten eine unvermeidliche Verehrung des großen Erwin Schrödinger zur Folge, dem wir den wunderbaren Vorschlag der Verschränktheit verdanken. Ebendiese Qualität der Quantenwelt wird, wie erwähnt, durch Bells Ungleichung überprüfbar. Das klingt im Prinzip gut, aber macht im Detail viel Mühe. Zeilinger kam nun Ende der 1980er-Jahre – in Kooperation mit Daniel Greenberger aus New York und Michael Horn aus Boston – auf die Idee, die Verschränktheit nicht mit den üblichen zwei, sondern mit drei Quantenteilchen zu erproben. Dabei stellte sich heraus, dass in dem Fall die relevanten Wahrscheinlichkeiten (Messergebnisse) nur Null oder Eins sein konnten. Was zunächst nur als Gedankenexperiment konzipiert war, konnte ein Jahrzehnt später durch David Mermin tatsächlich ausgeführt werden. Seitdem spricht die Fachwelt von dem GHZ-Experiment (Greenberger-Horn-Zeilinger-Experiment), mit dem sich das scheinbar Absurde der Quantenwelt als wirkliches Geschehen nachweisen lässt: Ihre Realität ist tatsächlich nichtlokal. Sie wirkt vielmehr weltumspannend, global. Das legt einen Gedanken nahe, der Zeilinger bald erfasste und erregte und um den es in den nächsten Abschnitten geht.

Wir wenden uns zunächst dem GHZ-Experiment zu, das so seine logischen Tücken aufweist. Zeilinger selbst hat in seinem lesenswerten Buch *Einsteins Schleier*, das die neue Welt der Quantenphysik aus seiner Sicht darstellt, das Vertrackte des Nachweises einer nicht-lokalen Quantenwelt, welcher mit dem GHZ-Vorschlag möglich wurde, in ein Märchen verpackt. Dieses spielt in einem fernen Königreich, in dem ein böser Tyrann regiert. Eines Tages erhält der Tyrann die Kunde, dass drei Magier unterwegs seien, um ihn zu töten. Um sie ausfindig zu machen, befragt der Tyrann ein Orakel, das ihm Folgendes sagt: Wenn einer aus der Gruppe der Magier ein Mann ist, dann hat von den beiden anderen einer helles und einer dunkles Haar. Wenn eine Magierin dabei ist, haben die anderen dieselbe Haarfarbe.

Die Frage stellt sich jetzt, wonach der Tyrann suchen lassen soll, und Zeilinger geht – mit freundlicher und logischer Hilfe eines Hofnarren – alle Möglichkeiten durch, was aber dem Tyrannen nichts nützt. Er wird trotzdem umgebracht, weil das Orakel, ohne explizit darauf hinzuweisen, keine klassischen, sondern drei Quantenmagier angekündigt hat, die miteinander verschränkt sind. Das bedeutet in Zeilingers Worten, »dass vor ihrer Beobachtung für keinen von ihnen festgelegt ist, ob sie Mann oder Frau sind und ob sie helles oder dunkles Haar besitzen. In diesem Fall gibt es tatsächlich quantenmechanische Zustände, die den beiden Vorhersagen des Orakels entsprechen, sollten die zugehörigen Beobachtungen durchgeführt werden. Gleichzeitig ist es aber auch möglich, dass in einem solchen quantenmechanischen Zustand eine andere Vorhersage, die das Orakel nicht ausgesprochen hat, ebenfalls richtig ist, nämlich: ›Entweder sind alle drei [Magier] Männer, oder es sind zwei Frauen und ein Mann.‹«

Damit ist charmant und treffend zugleich ein GHZ-Zustand beschrieben, wobei das physikalische Märchen nicht von Magiern, sondern von Teilchen handelt. Es operiert zudem mit dem ewig vertrackten Spin und erzählt von seiner in der klassischen Physik nicht erfassbaren Zweideutigkeit, die Teilchen der Quantensphäre fest miteinander verschränken kann.

Mr. Beam

Wenn man die Nichtlokalität der Wirklichkeit ernst nimmt und darüber ins Sinnieren gerät, taucht bald der Gedanke auf, dass sich verschränkte Quantenzustände übertragen lassen. Dies gelingt inzwischen tatsächlich und wird als Quantenteleportation oder kürzer als Teleportation bezeichnet. Als Pionier der Erkundung dieser metaphysischen Korrelationen hat sich kein anderer als Zeilinger hervorgetan. Ihm und seinen Leuten ist solch eine Quantenmagie im Jahre 1997 gelungen. Teleportation meint dabei eine Beeinflussung von atomaren Teilchen über eine räumliche Distanz hinweg, ohne dass dafür Zeit benötigt wird und ein physikalischer Übertrag stattfindet. Teleportation erfolgt also unphysikalisch, wie man auch sagen kann, und zwar durch etwas, das außerhalb der Physik liegt und somit im Wortsinne zur Metaphysik gehört. Und wenn sich Worte wie »Quantenmetaphysik« oder »Teilchenmetaphysik« auch beim ersten Hören unsinnig anhören oder esoterisch wirken, so kommt man an dem Tatbestand nicht vorbei, dass die Quantenwelt solche Verbindungen (Verschränkungen) auf seriöser wissenschaftlicher Basis zulässt.

Seit Zeilinger nachweisen konnte, dass die von Einstein etwas leichtfertig als »spukhafte Fernwirkung« verspottete Möglichkeit der physikalischen Realität zu unserer Welt gehört, wird er von Kollegen als »Mr. Beam« bezeichnet. Dieser Name verdankt sich dem merkwürdigen Umstand, dass es einmal in einer populären Science-Fiction-Fernsehserie namens *Star Treck* einen Commander Kirk gegeben hat, der ab und zu einmal gerne seinen Aufenthaltsort wechseln wollte, und zwar sofort und ohne Zeitverzug. Er gab dann seinem Chefingenieur Scott den längst legendären, im Original leichtverständlichen und unübersetzbaren Befehl: »Scotty, beam me up!« Und so hat erneut die poetische Fantasie eine wissenschaftlich erreichbare Möglichkeit vorweggenommen, nämlich den Wechsel von einem Ort zum anderen, ohne dass dabei Zeit vergeht, die eine Uhr messen kann. Das heißt, natürlich transportiert ein Experiment zur Teleportation weder Materie noch eine Information, da beide nicht schneller als die Lichtgeschwindigkeit unterwegs sein können und also immer Zeit brauchen, um an ein anderes räumlich getrenntes Ziel zu kommen, selbst wenn das noch so nahe liegt. Was bei der Teleportation übertragen wird, das sind vielmehr die messbaren Eigenschaften von Quantenobjekten – Atomen, Elektronen etc. –, also die Zustände, in die sie durch einen Beobachtungsvorgang gebracht worden sind. Wenn man also sagt, zwei Quantenobjekte sind verschränkt, dann meint man, dass die Messung eines von ihnen zugleich mit bestimmt, was die Messung des zweiten ergeben würde, falls man sie machen würde. Darin liegt auch die experimentelle Schwierigkeit beim Nachweis einer Verschränkung. Sie besteht in der Merkwürdigkeit, dass man zum einen den korrelierten Zustand, über den man etwas behauptet, ohne Messung nicht kennen kann, dass man ihn aber zum anderen im Falle einer Messung erneut verändert.

Trotzdem haben Physiker längst Teleportation über große Distanzen nachgewiesen, wobei man sich das Ergebnis so veranschaulichen kann, dass man zwei Würfel dazu bringt, bei jedem Wurf die gleiche Augenzahl anzuzeigen, ganz gleich, wo sie hinrollen. Zeilinger gelingt das spielend, und wenn man ihn fragt, was er damit anstrebt – neben dem Glücksgefühl, die seltsamen Quantensprünge verstehen zu können und der paradoxen Quantennatur näher zu kommen –, dann weist er unter anderem auf die Möglichkeit von abhörsicheren Kommunikationswegen hin. Denn wenn jemand in einen Quantenvorgang eingreift, ändert er dadurch die Zustände, die korreliert werden. Wenn es also Quantenkommunikation gibt, dann kann man immer wissen, ob jemand die Leitung angezapft hat oder nicht. Mit anderen Worten: schlechte Zeiten für Spione, die keine Quantensprünge kennen.

Quanten und Information

Zeilinger kann noch mehr. Er ist zum Beispiel in der Lage nachzuweisen, dass die Gegenstände dieser Welt auch dann eine Quantennatur zeigen, wenn sie größer, ja viel größer als Elektronen sind. Er hat sich an Neutronen und sogenannte Buckyballs gewagt, die aus rund 50 Kohlenstoffatomen bestehen, und er visiert nun biologische Strukturen wie Viren an. Natürlich kann es dabei nur um Dinge gehen, die wir nicht mit unserem bloßen Auge wahrnehmen können. Denn wenn etwas Sichtbares einen von zwei möglichen Wegen (Doppelspalt) nimmt, sehen wir ja, wo es langläuft, und mit dieser Beobachtung verändern wir das Betrachtete so, dass bei ihm der Quantenspuk vergeht und verpufft.

So spannend dies alles ist – was Zeilinger noch mehr antreibt und schon frühzeitig faszinierte, war der Gedanke des großen Niels Bohr, der darauf beharrte, dass es in der Physik gilt, einen verbreiteten Irrtum aufzugeben. Die Wissenschaft von der Physik, so Bohrs eigentlich banale Ansicht, beschreibt nicht die Natur, wie vielfach angenommen wird; die Physik beschreibt vielmehr das menschliche Wissen von der Natur. Wer diesen Satz ernst nimmt – und Zeilinger tut es –, kann daraus folgern, dass es eigentlich keinen Unterschied zwischen der Wirklichkeit und unserer Information über sie gibt. Realität und Wissen sind, so gesehen, nur zwei Seiten einer Medaille. Diesen Gedanken spricht Zeilinger knallhart aus: »Wirklichkeit und Information sind dasselbe.« Wenn man dies erst einmal geschluckt hat und sich daran erinnert, dass Information durch sogenannte Bits festgelegt und gemessen werden kann – in einem Computer ist das eine Folge aus Nullen und Einsen –, dann wird einem plötzlich etwas klar: Man weiß jetzt, warum die Welt im Bereich der Atome nicht kontinuierlich erscheint und stattdessen ihre Quantennatur offenbart. Unser Wissen über die Natur drücken wir durch die diskreten Einheiten aus, die oben als Bits eingeführt worden sind, und daher tritt uns auch die Welt in dieser Form entgegen. Es gibt in der Wirklichkeit Quanten und Quantensprünge, weil unser Wissen aus diskontinuierlichen (sprunghaften) Einheiten besteht.

Mit diesen Überlegungen sind wir tief in den Bereich der aktuellen Grundlagenforschung, wie sie in der modernen Physik betrieben wird, eingedrungen. Zeilingers Verdienst ist es, dass er schon länger versucht, zwei Einsichten angemessen zu berücksichtigen:

Zum einen weiß die Physik, dass Information etwas grundlegend Physikalisches ist. Sie weiß das, nachdem sie mehr als hundert Jahre gebraucht hat, um den Dämon zu vertreiben, den sich der schottische Physiker James Clerk Maxwell im 19. Jahrhundert ausgedacht hat. Maxwell wollte wissen, ob es einen apparativen Dämon geben kann, der verhindert, dass sich zwei Gefäße mit unterschiedlicher

Temperatur angleichen, und statt dessen dafür sorgt, dass das warme heißer und das kühle kälter wird. Solch einen Dämon, so weiß man heute, kann es nur deshalb nicht geben, weil dieser über die Eigenschaften der in den Gefäßen zu sortierenden Moleküle, die er nicht alle speichern kann, informiert sein müsste. Es sind zu viele Informationen, die er aufnehmen und löschen muss, um zu funktionieren. Und wenn wir auch hier keine Details anführen können, so wird doch einsichtig, dass Information zwar genuin zur physikalischen Beschreibung von Wirklichkeit gehört, dort aber bis heute nicht vorkommt. Das möchte Zeilinger ändern.

Zum Zweiten versucht der scharfsinnige Österreicher konsequent den Gedanken in seine Forschungen einzubinden, dass unser gesamtes Wissen über die Natur aus (ihren und unseren) Informationen stammt. Wenn wir diese Größe unbeachtet lassen, dann muss etwas in unserem Weltbild fehlen. Um diesen Mangel aufzuheben, hat Zeilinger 1999 das eingangs genannte »Grundlagenprinzip für die Quantenmechanik« formuliert, das ganz einfach lautet: »Ein elementares System trägt ein Bit an Information.«

Das ist alles. Aber es ist viel. Es erklärt, warum es überhaupt Quantensprünge gibt (weil wir nur Informationen in dieser diskreten Form bekommen). Und es legt ferner dar, warum es in der atomaren Welt viel der Zufälligkeiten gibt, die Einstein und andere nicht leiden konnten (hier sei nur an Einsteins Worte »Gott würfelt nicht« erinnert.) Wenn wir nämlich ein elementares System, wie es ein Atom mit gegebenen Eigenschaften darstellt, vermessen, gibt es seine Information ab. Mehr geht nicht, denn mehr hat es nicht. Danach kann ihm nicht noch etwas anderes entlockt werden. Jede weitere Messung kann nur noch ein zufälliges Resultat produzieren, wie sich in eleganten Versuchen nachweisen lässt, die Zeilinger mit ersonnen hat.

Zeilinger knüpft mit seinem Prinzip an einen Gedanken des Amerikaners John Wheeler an, der einmal prophezeit hat, dass sich eines Tages die gesamte Physik in der Sprache der Information verstehen lässt. Wheeler hat dies unschlagbar kurz durch die Formel *It from Bit* ausgedrückt, die er so erläuterte: »*It from Bit* steht für die Idee, dass jeder Gegenstand der physikalischen Welt an seiner Basis eine nichtmaterielle Quelle und Erklärung besitzt. Was wir Realität nennen, entsteht letztendlich aus Ja-oder-Nein-Fragen und der Registrierung der entsprechenden Antworten. Kurz gesagt, alle physikalischen Dinge sind ihrem Ursprung nach informationstheoretisch, und das in einem ›partizipatorischen Universum.‹« Damit ist eine Welt gemeint, die nicht nur uns hervorbringt (formt), sondern die auch wir hervorbringen (mitgestalten).

In diesem Zusammenhang kann auch die bei den Quarks beschriebene Einsicht eine neue Bedeutung bekommen, der zufolge eine Wissenschaft die Welt nicht entdeckt, sondern so erfindet und hervorbringt, wie es einem Künstler gelingt. Wer dies sagt, wird oft gefragt, ob er damit bestreitet, dass es überhaupt eine Welt »da draußen« gibt. Die Antwort lautet natürlich Nein. Wir wissen sogar genau, dass es etwas »da draußen« gibt. Wir wissen dies durch den Zufall. Ihn können wir nicht erfinden. Er findet ohne uns seinen Weg zur Wirklichkeit.

Quanteninformation

Zeilingers Prinzip hat Zukunft, obwohl er selbst noch nicht ganz glücklich mit seiner Formulierung ist. Wenn es nämlich heißt, »ein elementares System trägt ein Bit an Information«, was meint man dabei genau mit »trägt«? Zeilinger hat auch schon andere Ausdrucksvarianten probiert: »Der Informationsgehalt eines elementaren Systems ist ein Bit« oder »Ein elementares System entspricht dem Wahrheitswert einer einzelnen Proposition.« Wir wollen offenlassen, welche Formulierung besser passt, und stattdessen betonen, dass Zeilingers Prinzip auf jeden Fall die Möglichkeit bietet, Wheelers Idee und Bohrs Bestehen auf Informationen aus dem Bereich philosophischer Überlegungen in die Sphäre der Physik zu holen. Dabei hat sich ein neues Konzept als hilfreich erwiesen, mit dem die klassische Information ihre Quantenform bekommt. Tatsächlich geistert seit einigen Jahren neben dem Bit das Qubit (sprich: kjubit), das die Quantenversion eines Bits ist, durch die Welt der Wissenschaft. Während ein Bit nur Null oder Eins sein kann, besteht für ein Qubit die Möglichkeit, eine Superposition aus Null und Eins zu sein, etwa eine Eins zu 70 Prozent und eine Null zu 30 Prozent. Bits werden von klassischen Systemen realisiert und Qubits von Quantensystemen. Bits sind wahr (1) oder falsch (0), wie es die klassische Logik will, aber Qubits können alle Werte dazwischen annehmen. Klassisch geht man durch eine Wand mit zwei Schlitzen entweder durch den linken oder durch den rechten Spalt, quantenmechanisch stehen einem beide Möglichkeiten offen, solange niemand fragt, welchen Weg man gewählt hat. Mit Qubits können sehr viel mehr Informationen gespeichert werden, und diese Quanteneinheiten des Wissens können nicht kopiert werden, ohne den ursprünglichen Zustand zu zerstören, wie inzwischen nachgewiesen wurde. Das Qubit, so hat es der Physiker Hans Christian von Baeyer formuliert, »ist das quantenmechanische Werkzeug«, mit dem wir sowohl Wheelers »Gegenstand der physikalischen Welt« als auch Zeilingers »elementares System« beschreiben können. »Das Qubit ist weitaus reichhaltiger als das Bit. Die Stärke von

Zeilingers Prinzip erwächst gerade aus der Konfrontation des Qubits – des irreduziblen Bausteins des Nichtmateriellen – mit dem Bit – dem fundamentalen Quantum menschlichen Wissens. Dass diese beiden in einer einfachen Beziehung zueinander stehen, ist vermutlich die einfachste Annahme und gleichzeitig eine tiefe Einsicht.«

Seit 2004 erkundet Zeilinger, der übrigens hervorragend Cello und Kontrabass spielt, verheiratet ist und drei Kinder hat, als Leiter eines Instituts für Quantenoptik und Quanteninformation, kurz IQOQI, was es mit den Qubits auf sich hat und wie wir mit ihnen die Welt schaffen. Wie eingangs zitiert, er ist kein »Anhänger des Konstruktivismus, sondern ein Anhänger der Kopenhagener Interpretation«, also der Denkweise, die die Pioniere eingeführt haben. Folgt man dieser Anschauung, stellt der quantenmechanische Zustand nichts anderes als die Information dar, die wir über die Welt haben. Nur von ihr ist folglich die Rede, wenn wir über die Welt sprechen. Die Welt selbst muss auf der Information aufgebaut sein. Das bedeutet in philosophischer Hinsicht, dass die Welt dann nicht mehr alles ist, was der Fall ist, wie der berühmte Wiener Philosoph Ludwig Wittgenstein in der Mitte der 1920er-Jahre geschrieben hat. Zeilinger hat den besseren Satz formuliert: »Die Welt ist alles, was der Fall ist, und auch alles, was der Fall sein könnte.« Die Welt ist also voller Möglichkeiten. Es liegt an uns, sie zu nutzen und sie offen zu halten für diejenigen, die nach uns kommen.

Die kommenden Quantensprünge

Es macht immer Probleme, über die Zukunft zu schreiben, wobei wir uns an dieser Stelle sogar auf den großen Niels Bohr berufen können, der einmal davon gesprochen hat, dass Prognosen besonders dann unzuverlässig werden, wenn sie sich auf die Zukunft beziehen. Von dem berühmten Komiker Karl Valentin ist ein ähnlicher Satz über Zukunftsprognosen überliefert. Das sollte uns doppelt vorsichtig sein lassen.

Quantencomputer

Trotzdem scheint klar zu sein, dass nicht nur das Leben, sondern auch die Wissenschaft weitergeht, und die Vermutung liegt nahe, dass dabei immer mehr Aufmerksamkeit auf die Quanteninformation und ihre Qubits gelegt wird. In diesen Tagen kann man viel von abhörsicheren Datenübertragungen lesen, die durch eine sogenannte Quantenkryptografie und mithilfe von Qubits möglich werden. In zahlreichen Aufsätzen werden die grandiosen Aussichten erörtert, die Quantencomputer mit sich bringen, wenn sie denn eines Tages gebaut werden können und uns zur Verfügung stehen. Ein Quantencomputer wäre eine Maschine, die man in die Lage versetzt hätte, die gesamte Komplexität einer quantenmechanischen Wellenfunktion (die Gleichung von Erwin Schrödinger) für viele Teilchen auszunutzen. David Bohm spricht in diesem Zusammenhang von einer *Many Body Wave Function*.

Um zu verstehen, was ein Quantencomputer gegenüber dem gewohnten (klassischen) Computer kann, lohnt ein Vergleich von zwei Lichtquellen: einer gewöhnlichen Glühbirne und einem Laser. Vor der Erfindung des Lasers im Jahre 1960 stand uns das aus vielen verschiedenen Wellenanteilen bestehende und deswegen »inkohärente« Licht etwa von Laternen und Taschenlampen zur Verfügung, die alle ohne Kenntnis der Quantenmechanik konstruiert werden konnten. Mit dem Aufkommen der Quantensprünge zeigte sich, dass man durch die Kontrolle von Quantenübergängen in Atomen deren Lichtemission so stimulieren kann, dass die entsprechenden Wellen in Phase schwingen und parallel laufen. Dieses »kohärente« Laserlicht bietet eine riesige Palette von Anwendungen, die von Augenoperationen bis zum Verschweißen von Autotüren reicht – ohne dass damit natürlich die Glühbirnen im Haushalt überflüssig würden. Niemand beleuchtet seine Küche mit Laserlicht, und so wird auch ein Quantencomputer nicht die schnellere und leistungsfähigere Version der heutigen Computer sein. Er wird eine ganz andere Maschine abgeben, die ganz andere Aufgabe übernehmen wird. Die Herstellung von solchen Quantencomputern wird dann vielleicht auch endlich die Ankündigungen von Managern und Politikern rechtfertigen, dass unsere Zukunft von technologischen Quantensprüngen ebenso abhängt wie von den tatsächlich von Atomen durchgeführten Quantenübergängen.

Natürlich wissen wir heute noch nicht, was funktionierende Quantencomputer eines Tages tatsächlich können. Aber mit dem Stand des aktuellen Wissens lässt sich erahnen, dass dann, wenn die Zähmung der Quantenwelt gelingt, selbst ein nicht besonders üppig ausgestatteter Quantencomputer fähig sein sollte, einige der Rechenprobleme zu lösen, an denen klassische Supercomputer deshalb scheitern, weil sie zu ihrer Lösung mehr Zeit brauchen, als die Geschichte des Universums zur Verfügung stellt.

Quanten im Kopf

Wenn wir von den technischen zu den wissenschaftlichen Möglichkeiten wechseln, möchte ich mir zuletzt gestatten, eine spekulative Hoffnung zu äußern. Mir gefällt das zentrale Element der Quantenwelt, das Verschränkung heißt. Mit gefällt auch, dass die damit bezeichnete Ganzheit durch ihr Gegenstück, die Quantenlücke, erst möglich wird. Analoge Sprünge kennen wir aus dem Bereich des Denkens und Erkennens, wenn uns etwas »plötzlich klar« wird, was bedeutet, dass im Ganzen unseres Geistes ein in diesem Augenblick relevanter Teil ins Bewusstsein springt. Mit anderen Worten, mir scheint, dass uns Gedanken (neuronale Hirnaktivitäten) durch Verschränkung bewusst werden und dass dies die eigentliche Qualität oder Leistung der quantenmechanischen Ganzheit darstellt.

Natürlich benötigt eine solche Vermutung experimentelle Absicherungen, und es ist nicht zu erwarten, dass wir schon bald von ihnen hören. Es gibt aber erste Hinweise, dass das, was bislang auf die physikalische Wirklichkeit beschränkt und in ihr eingesperrt zu sein schien, über diesen Bereich hinaus wichtig und von der Natur lebensrelevant eingesetzt wird. Nur so kann man zum Beispiel verstehen, wie Algen das Sonnenlicht einfangen und damit die für uns alle überlebensnotwendige Photosynthese betreiben. Sie funktioniert nämlich dadurch, dass die eingesetzten molekularen Antennen (die Fotopigmente) quantenmechanisch kooperieren, also verschränkt vorgehen.[7] Durch den allein im Rahmen der Quantenmechanik verständlichen Vorgang der Kohärenz, den wir oben beim Laserlicht erläutert haben, werden die in der Alge eher weit entfernten fotoempfindlichen Moleküle so verschränkt, dass sie mit ausreichender Effizienz das Licht einsammeln können, von dem wir schließlich alle leben.

Diese Entdeckung eines ersten bei gewöhnlichen Temperaturen funktionierenden Quanteneffekts mit Folgen für das Leben wird nicht für sich bleiben. Wenn wir die Quanten im Kopf haben, sind wir auch in der Lage herauszufinden, was sie dort vermögen. So können sie uns zum Beispiel bewusst machen, dass es sie und uns gibt. Ein schöner Quantensprung, weil er zu uns selbst führt.

---

7 Elisabetta Collini et al., »Coherently wired light-harvesting in photosynthetic marine algae at ambient temperature«, in *Nature* 463 (2010): S. 644-647

Literatur

Eigene Titel

Niels Bohr. Die Lektion der Atome, München 1986
Sowohl als auch, Hamburg 1987
Aristoteles, Einstein & Co., München 1995
Die aufschimmernde Nachtseite der Wissenschaft, Lengwil 1995
Einstein, Heidelberg/New York 1996
Das Schöne und das Biest, München 1997
An den Grenzen des Denkens, Freiburg 2000
Leonardo, Heisenberg und Co., München 2000
Die andere Bildung, München 2001
Werner Heisenberg. Das selbstvergessene Genie, München 2001
Einstein, Hawking, Singh und Co., München 2004
Brücken zum Kosmos. Wolfgang Pauli zwischen Kernphysik und Weltharmonie, Lengwil 2004
Einstein für die Westentasche, München 2005
Einstein trifft Picasso und geht mit ihm ins Kino, München 2005
Schrödingers Katze auf dem Mandelbrotbaum, München 2006
Der Physiker. Eine Biographie von Max Planck, München 2007

Titel anderer Autoren

Jürgen Audretsch, *Die sonderbare Welt der Quanten*, München 2008

Hans Christian von Baeyer, *Das informative Universum. Das neue Weltbild der Physik*, München 2005

David Bohm, *Die implizite Ordnung*, München 1989
Niels Bohr, *Atomphysik und menschliche Erkenntnis*, Braunschweig 1985
Max Born, *Physik im Wandel meiner Zeit*, Braunschweig 1983
Max Born, Werner Heisenberg und Pascual Jordan, »Zur Quantenmechanik II«, in: *Zeitschrift für Physik* 35 (1926): S. 557
Max Born und Pascual Jordan, »Zur Quantenmechanik«, in: *Zeitschrift für Physik* 34 (1925): S. 858
Hans-Joachim Braun, *Die 101 wichtigsten Erfindungen der Weltgeschichte*, München 2005
Louis de Broglie, *Licht und Materie*, Hamburg 1939
Louis de Broglie, *Die Elementarteilchen,* Hamburg 1943

Fritjof Capra, *Das Tao der Physik*, München 1997

Paul Davies et al. (Hg.), *Der Geist im Atom*, Frankfurt 1993
Paul Dirac, *The Principles of Quantum Mechanics*, Oxford 1947

Albert Einstein und Max Born, *Briefwechsel 1916–1955* (mit Kommentaren von Max Born), München 1969

Graham Farmelo, *The Strangest Man. The Hidden Life of Paul Dirac, Mystic of the Atom*, New York 2009
Richard P. Feynman, *QED*, München 1997
Richard P. Feynman, »*Sie belieben wohl zu scherzen, Mr. Feynman*«, München 1988
Harald Fritzsch, *Vom Urknall zum Zerfall*, München 1993
Harald Fritzsch, *Quarks. Urstoff der Materie*, München 1982

Louisa Gilder, *The Age of Entanglement*, New York 2009
James Gleick, *Richard Feynman. Leben und Werk des genialen Physikers*, München 1993
Nancy T. Greenspan, *Max Born. Baumeister der Quantenwelt*, München 2006

Anne Hardy und Lore Sexl, *Lise Meitner*, Reinbeck 2002
Werner Heisenberg, *Der Teil und das Ganze*, München 1993

Werner Heisenberg, »Über quantentheoretische Umdeutung kinematischer und mechanischer Beziehungen«, in: *Zeitschrift für Physik* 33 (1925): S. 879

Nick Herbert, *Quantenrealität*, München 1991

Lillian Hoddeson und Vicki Daitch, *True Genius. The Life and Science of John Bardeen*, Washington, DC 2002

Josef M. Jauch, *Die Wirklichkeit der Quanten*, München 1973

C.G. Jung und Wolfgang Pauli, *Naturerklärung und Psyche*, Zürich 1952

Manjut Kumar, *Quanten. Einstein, Bohr und die große Debatte über das Wesen der Wirklichkeit*, Berlin 2008

Lew Landau und Evgenij M. Lifschitz, *Lehrbuch der Theoretischen Physik. Mechanik*, Berlin 1990

Lew Landau et al., *General Physics*, Oxford 1967

Jost Lemmerich, *James Franck. Aufrecht im Sturm der Zeit*, Diepholz 2007

Seth Loyd, *Programming the Universe*, New York 2006

Carl A. Meier (Hg.), *Wolfgang Pauli und C.G. Jung. Ein Briefwechsel 1932–1958*, Heidelberg 1992

Lise Meitner, »Wege und Irrwege zur Kernenergie«, in: *Naturwissenschaftliche Rundschau* 16 (1963): S. 167-169

Walter Moore, *Schrödinger. Life and Thought*, Cambridge 1989

John von Neumann, *Mathematische Grundlagen der Quantenmechanik*, Heidelberg 1968

Wolfgang Neuser (Hg.), *Quantenphilosophie*, Heidelberg 1996

Wolfgang Pauli, *Wissenschaftlicher Briefwechsel* (mit Bohr, Einstein, Heisenberg u.a.), Heidelberg 1979

Wolfgang Pauli, *Physik und Erkenntnistheorie*, Braunschweig 1984

Hans Roos und Armin Herrmann (Hg.), *Max Planck. Vorträge, Reden, Erinnerungen*, Berlin 2001

Karl Schlögel, *Terror und Traum. Moskau 1937*, München 2009
Erwin Schrödinger, *Was ist Leben?*, München 1987
Franco Selleri, *Die Debatte um die Quantentheorie*, Braunschweig 1990
Roman U. Sexl, *Was die Welt zusammenhält*, Berlin 1984
Ruth L. Sime, *Lise Meitner. A Life in Physics*, Berkeley 1996

Vlatko Vredal, *Decoding Reality. The Universe as Quantum Information*, Oxford 2010

Carl Friedrich von Weizsäcker, *Die Einheit der Natur*, München 1971
Carl Friedrich von Weizsäcker, *Wahrnehmung der Neuzeit*, München 1983
Carl Friedrich von Weizsäcker, *Lieber Freund! Lieber Gegner!*, München 2002

Anton Zeilinger, *Einsteins Schleier. Die neue Welt der Quantenphysik*, München 2003
Anton Zeilinger, *Einsteins Spuk. Teleportation und weitere Mysterien der Quantenphysik*, München 2006
Ernst Zimmer, *Umsturz im Weltbild der Physik*, München 1964

Dank

An dieser Stelle möchte ich Sabine Jaenicke für das Vertrauen danken, das sie in die Entstehung dieses Buches und in den Autor gesteckt hat (und hoffentlich weiter tut), sowie Iris Forster für den wunderbaren Feinschliff des Textes im Lektorat. Mein Dank gilt ferner und grundsätzlich meiner Verlegerin Brigitte Fleissner-Mikorey für die angenehme Zusammenarbeit, die nun schon über Jahre währt.

Register

Aharonov-Bohm-Effekt 273f.
Alphastrahlen 46ff., 211
Alpher, Ralph 211, 218f.
Anode 88, 239
Antimaterie 206
Aristoteles 187
Aspect, Alain 302, 304
Atombombe 58, 61, 67, 70, 84f., 91, 99, 110, 129, 164ff., 182ff., 189, 192f., 212, 248, 265ff., 285f.
Atomkern 26, 36, 44f., 48ff., 61ff., 66, 90, 107, 112, 120, 167, 185, 189ff., 214ff., 227, 247, 262, 310
Atommodell (Bohr) 27, 35, 89, 100, 113, 236
Ausschließungs-Prinzip *siehe* Pauli-Prinzip

Baeyer, Hans Christian von 332
Bardeen, John 233ff.
Becquerel, Henri 45
Bell, John 83, 126, 276, 294ff.
Bell'sche Ungleichung 300f., 304, 323f.
Betastrahlen 46f., 60ff.
Betazerfall 62, 161ff., 189f., 194, 214, 289, 312
Bethe, Hans 211, 218, 286

Bethe-Weizsäcker-Zyklus 261f.
Bit 255, 257, 323, 329ff.
Bloch, Felix 126, 238
Bloch'sches Theorem 238, 246
Bohm, David 271ff., 294ff., 335
Bohm-Diffusion 273
Bohr, Niels 9, 26f., 35f., 51, 61f., 66, 79ff., 82, 89, 100, 106ff., 158, 162, 176ff., 189, 207, 210, 214, 224, 247f., 254, 263, 265, 304f., 328f., 332, 335
Boltzmann, Ludwig 56
Born, Max 90, 94ff., 174, 176, 188, 201, 210, 297
Bose-Einstein-Kondensation 83f.
Bose-Einstein-Statistik 196
Bosonen 191, 195, 318
Brattain, Walter 239, 241f.
Broglie, Louis de 135f., 146ff., 214

Chadwick, James 52, 63
Cockroft, John 52
Condon, Edward 86, 90
Cooper, Leon 245
Cooper-Paare 245

Davisson, Clinton 149f.

Delbrück, Max 118
Dichtematrix 223
Dirac, Paul 195, 199ff., 214, 250, 287ff.
Dirac-Gleichung 205ff., 250
»Drei-Männer-Arbeit« 96, 176, 201
Dualität 72, 74, 116, 146, 150, 152

Einstein, Albert 17, 19f., 31ff., 40, 42, 68ff., 87, 95, 97, 99f., 104, 111, 122ff., 135, 146, 148, 152, 156f., 169, 181, 196, 203, 205, 209, 219, 223, 235, 247f., 251ff., 272, 275, 288, 295, 300ff., 325f., 330
Elementarteilchen 151, 162, 190, 205, 214, 231, 250, 294, 296, 299, 311, 314ff.
Elektron 11f., 14, 26, 34ff., 46, 48, 50f., 61ff., 75ff., 79, 87ff., 100, 107, 111ff., 116, 120, 122, 125, 134f., 147, 149f., 158f., 161, 169, 172ff., 189, 195f., 205ff., 124ff., 231, 235f., 238, 240ff., 245f., 248, 250f., 272ff., 245f., 248, 250f., 272ff., 282f., 287ff., 298ff., 305, 314, 316, 317f., 327f.
Emission 75f., 336
Entropie 253
EPR-Experiment 82, 122
EPR-Paradoxon 301ff.
ESP-Korrelationen 307
Everett, Hugh 250

Farbladung 312, 320
Fermi, Enrico 55, 162, 188ff., 214
Fermi-Dirac-Statistik 195
Fermi-Fragen 196ff.
Fermionen 195f., 318
Feynman, Richard 207, 213, 249f., 281ff., 309, 312
Feynman-Diagramme 250, 282, 284, 288f.
Fierz, Markus 164
Franck, James 86ff., 97, 194
Franck-Condon-Prinzip 86, 90
Franck-Hertz-Versuch 86f.
Franck-Report 86, 91, 194
Frisch, Otto Robert 65, 267

Gamow, George 120f., 209ff., 250
Geiger, Hans 48
Gell-Mann, Murray 308ff.
Gene 142f., 212f., 219
genetischer Code 142, 212f.
Germer, Lester 149f.
GHZ-Experiment 324f.
Goethe, Johann Wolfgang von 18, 168, 174, 279, 311
»Gott würfelt nicht« 79f., 100, 203, 330
Göttinger Sieben 186
Greenberger, Daniel 324

Hahn, Otto 45, 53ff., 58ff., 64ff., 193f., 265, 267
Halbleiter 109, 237, 239ff., 242ff.
Halbwertszeit 47

Heisenberg, Werner 25, 27, 31f., 38, 41f., 90, 95ff., 108, 116, 126, 128f., 134, 137, 141, 157f., 171ff., 200ff., 208, 214, 222, 224, 259ff., 265, 274, 283, 300
Heisenberg-Schnitt 173
Helium 47f., 121, 216f., 225ff., 231, 262
Heliumkerne 46, 48
Hertz, Gustav Ludwig 87ff.
Hevesy, George de 92
Hilbert, David 96
Hintergrundsphysik (Pauli) 167ff.
Hologramm 278f.
Horn, Michael 324

implizite Ordnung 271, 276ff., 280
Institut für Theoretische Physik (Kopenhagen) 108, 115
Institute for Advanced Studies (Princeton) 70, 99, 235, 247
Institute of Technology (Caltech) 281, 284, 291, 309, 312
Isotop 128, 182, 247f., 261

Jordan, Pascual 96, 176, 201
Jung, Carl Gustav 160f., 163f., 166ff.

Kapitza, Pjotr 225, 230
Kathode 88, 239
Kernenergie 65, 84, 109, 128, 192, 212, 267

Kernphysik 45, 189ff., 218, 247, 266, 294
Kernspaltung 45, 55, 65ff., 84, 127, 182, 194, 247, 262, 265, 267
Kettenreaktion 84, 183, 192f., 247
Kilby, Jack 244
Kirchhoff, Robert 21
Komplementarität 80, 108, 116ff., 122, 125, 131, 250
Kopenhagener Deutung/Interpretation 108f., 137, 178ff., 250, 272, 322, 333
Kybernetik 264

Landau, Lew 120, 202, 221ff., 245
Laser 76f., 82, 104, 109, 278, 302, 336, 338
Leibniz, Wilhelm 13, 55
Leitungsband 236, 240f.
Lichtquanten 82f., 152
Lichtquantenhypothese 78, 113
Lifschitz, Jewgeni 229
London, Fritz 238, 244
London, Heinz 238, 244

Mach, Ernst 156
Manhattan-Projekt 194, 218, 248, 251, 271, 285f.
Marsden, Ernest 48
Materiewelle 146f., 149ff.
Matrizen 175f.
Matrizenmechanik 134, 200
Maxwell, James Clerk 287, 329

Meitner, Lise 19, 45f., 53ff., 127, 247, 262, 267
Molekularbiologie 109, 212

Nanotechnologie 290
Nationalsozialismus/Nazi-Deutschland 28, 42, 53, 67, 70, 92, 99, 126, 128, 141, 181, 184, 188
Neumann, John von 295, 297
Neutrino 62, 162, 289, 314, 317f.
Neutron 52, 63ff., 161, 185, 193ff., 214, 218, 247f., 252, 262, 265, 289, 314, 318, 328
Nukleosynthese 217

Oppenheimer, Robert 90, 98f., 101, 104, 194, 251f., 271, 285

Paradoxon (Einstein) 122ff.
Pauli, Wolfgang 31, 36, 39, 41, 46, 62, 97, 116, 154ff., 195, 204, 214, 261, 298f.
Pauli-Prinzip 158f., 195
Photon 76, 113, 146, 150, 152, 158, 191, 274f., 289, 302ff.
Planck, Max 9ff., 13, 15ff., 32ff., 38, 40, 53f., 56f., 59f., 68f., 75ff., 87, 107, 111, 135, 141, 147f., 151, 155, 172, 174, 203, 214, 264, 269, 300, 321
Planck'sche Konstante 24

Planck'sches Quantum der Wirkung 15, 23ff., 40, 106f., 155, 174, 300, 321
Plasma 219, 272f.
Platon 165, 315
Podolsky, Boris 81, 122, 124, 301f.
Pohl, Robert 97
Proton 52, 61, 63, 66, 161, 185, 196, 214, 217f., 248, 289, 310, 314, 316ff.
Pythagoras 37, 41

Quanten 10, 35, 41, 73, 77ff., 87, 95, 107, 112f., 134f., 137, 139, 146, 148f., 152, 155, 205, 212, 227, 236, 247, 257, 274, 283, 298, 306, 328ff., 337f.
Quantenchromodynamik (QCD) 312, 320
Quantencomputer 335f.
Quantenelektrodynamik (QED) 282, 286f., 312
Quantenfarbdynamik 320
Quantenflüssigkeit 227, 229f.
Quanteninformation 331ff., 335
Quantenkommunikation 328
Quantenkryptografie 335
Quantenmechanik 24, 78ff., 81ff., 95f., 100, 103, 107ff., 120, 122f., 125, 129, 136, 150, 158f., 169, 171, 173, 175f., 208f., 226, 250, 262, 272ff., 282f., 286ff., 295, 301f., 304, 306, 322, 330, 336, 338

Quantenmetaphysik 326
Quantenpotenziale 275
Quantenzahl 36f., 39, 41, 113, 159, 206, 299
Quark 308ff.
Qubit 332ff.

Raumzeit 68f., 223, 252, 279
RBQs (Really Big Questions) 254ff.
Relativitätstheorie 32, 34, 40, 69f., 72ff., 80, 95, 104, 156f., 205, 219, 222, 252, 304
Roosevelt, Franklin 70, 84f., 110, 248
Rosen, Nathan 81, 122, 124, 301f.
Rosinenkuchenmodell (J.J. Thomson) 46, 48, 50
Rutherford, Ernest 44ff., 61, 107, 111f., 114, 119, 189, 211

Schalenmodell 36
Schrieffer, Robert 244ff.
Schrödinger, Erwin 25, 83, 133ff., 158, 200, 212, 215, 222, 245, 295, 305, 324, 335
Schrödinger-Gleichung 133, 136, 138, 215, 245
Schrödingers Katze 133, 137ff.
Schwarzes Loch 251, 253f.
Shannon, Claude 323
Shockley, William 241f.
Silizium 240ff.
Singularität 252f., 288f.
Szilard, Leo 84, 192f.
Soddy, Frederik 47

Solvay-Konferenz 148, 203
Sommerfeld, Arnold 31ff., 94, 157, 176f.
Sommerfeld'sche Feinstrukturkonstante 41
Spektrallinien 38ff., 112
Spin 159, 185, 206, 249, 275, 299, 317f., 326
Spitzenentladungen 86f.
Stark, Johannes 38
Streuversuche 48, 51, 61
Straßmann, Fritz 45, 64ff., 194
Suprafluidität 225ff.
Supraleitung 225, 234, 238, 243ff.
Symmetrie 155, 162f., 165, 229, 231, 315
Symmetriebrechung 231, 245

Teleportation 326f.
Teller, Edward 101, 104
Thomson, Joseph John 46, 48, 50
Transformationstheorie 200
Transistor 233, 237, 241ff.
Tübinger Memorandum 269
Tunneleffekt 212, 214ff.

Unbestimmtheitsrelation 108, 172f., 180
Urknall 212, 216f., 219f., 250f.

Valenzband 236f., 240
Verschränkung/Verschränktheit 83, 139, 276, 305f., 324ff., 337

Vielkörpertheorie 273
Vielweltensicht 250

Walton, Ernest 52
Warburg, Emil 87
Wechselwirkung 40, 83, 124f., 139, 149, 151, 162f., 170, 188f., 190f., 195f., 245, 250, 273, 277, 282, 297ff., 305, 311f., 318
Weizsäcker, Carl Friedrich von 126, 128, 174, 183, 259ff.

Wheeler, John 247ff., 331f.
Wigner, Eugene 207, 235
Wittgenstein, Ludwig 333
»Wunderjahr von 1905« 68, 71ff., 77

Ylem 216ff.

Zeeman, Pieter 38
Zeilinger, Anton 322ff.
Zentrum für Kernphysik (CERN) 294, 296f.
Zweig, George 310, 316

Ernst Peter Fischer
Die Kosmische Hintertreppe
Die Erforschung des Himmels von Aristoteles
bis Stephen Hawking
Band 19024

Seit jeher betrachten die Menschen fasziniert den nächtlichen Sternenhimmel und versuchen die kosmischen Dimensionen zu verstehen. Ernst Peter Fischer erklärt Schritt für Schritt, wie unser Verständnis des Himmels zustande gekommen ist und welche Personen dazu beigetragen haben. Dabei beleuchtet er nicht nur die wissenschaftlichen Errungenschaften, sondern bietet auch Einblick in das Leben der großen Sternenkundler.

»Der Wissenschaftshistoriker Ernst Peter Fischer
bringt die wahre Qualität naturwissenschaftlichen
Denkens in Erinnerung.«
Die Zeit

Fischer Taschenbuch Verlag

Den Genen auf der Schliche

Bakterien und Schafe. Die Genetik arbeitete sich vor, bis sie schließlich das Eigentliche ins Visier nahm: den Menschen. Sein Genom zu entschlüsseln und seine Erbanlagen zu identifizieren, ist zweifellos ein Höhepunkt in der Forschung an uns selbst. Schließlich lässt sich nun das, was jeden von uns zu einem Individuum macht, biochemisch erfassen und damit nutzen.

Der renommierte Wissenschaftshistoriker Ernst Peter Fischer erzählt die rasante Erfolgsgeschichte der Genetik anhand der wichtigsten Erkenntnisstufen, stellt markante Köpfe der Disziplin vor und verrät, dass Durchbrüche in der Forschung auch immer mit glücklichen Zufällen zu tun haben. Wissen für alle – unterhaltsam und spannend.

Ernst Peter Fischer
GENial! Was Klonschaf Dolly den Erbsen verdankt

352 Seiten mit Abb., ISBN 978-3-7766-2684-1

HERBiG www.herbig-verlag.de